基于BIM的广州周大福金融中心项目施工总承包管理系统的开发与应用

叶浩文　邹　俊　孙　晖　著

中国建筑工业出版社

图书在版编目（CIP）数据

基于BIM的广州周大福金融中心项目施工总承包管理系统的开发与应用 / 叶浩文，邹俊，孙晖著．—北京：中国建筑工业出版社，2016.8

ISBN 978-7-112-19565-7

Ⅰ．①基… Ⅱ．①叶…②邹…③孙… Ⅲ．①金融建筑—建筑工程—工程施工—管理系统（软件）—研究 Ⅳ．①TU247.1-39

中国版本图书馆CIP数据核字（2016）第152919号

广州周大福金融中心项目在施工中采用施工总承包管理模式，由于项目体量庞大，工期紧张，分包众多，进度、图纸、合同等海量信息交互管理困难，各专业协调难度大等，且国内外尚未有任何一款BIM系统和管理软件能满足项目施工总承包过程中对于多专业综合建模、施工模拟、全专业碰撞检查、进度过程管控、工作面管控、图纸管理、工程算量、成本核算、合约商务管理、劳务管理、运营维护等全方位的技术和管理需求，因此，项目自主开发了一套“基于BIM技术的施工总承包管理系统”。

本书以图文并茂的方式，对“基于BIM技术的施工总承包管理系统”的研发和实施过程进行了详实的总结，是国内鲜见的系统介绍超大型建设项目总承包管理BIM系统研发与应用的著作。以期成为超大型建设项目BIM技术研发与应用的典型范例，提高超大型建设项目总承包管理水平。

责任编辑：赵晓菲　朱晓瑜
书籍设计：京点制版
责任校对：李美娜　姜小莲

基于BIM的广州周大福金融中心项目
施工总承包管理系统的开发与应用
叶浩文　邹　俊　孙　晖　著

*

中国建筑工业出版社出版、发行（北京西郊百万庄）
各地新华书店、建筑书店经销
北京京点图文设计有限公司制版
北京建筑工业印刷厂印刷

*

开本：787×1092 毫米　1/16　印张：15¾　字数：270千字
2016年8月第一版　2020年2月第二次印刷
定价：36.00元
ISBN 978-7-112-19565-7
(29062)

前 言

广州周大福金融中心（原名广州东塔，以下统称广州东塔）项目是华南地区在建超高层建筑之一，广东省重点工程，广州市的新地标、新名片，是集办公、生活、休闲娱乐于一体的超大型项目。该项目由香港周大福金融集团旗下的广州新御房地产开发有限公司组织建设，新世界发展有限公司进行项目管理，中国建筑股份有限公司施工总承包。

广州东塔项目在施工中采用施工总承包管理模式，由于项目体量庞大，工期紧张，分包众多，进度、图纸、合同等海量信息交互管理困难，各专业协调难度大；项目虽在内地，但业主方为香港企业，采用典型的港资管理模式，直接增加了总承包管理单位的管理难度，给总包管理带来了很多新的问题；此外，国内外尚未有任何一款 BIM 系统和管理软件能满足广州东塔项目施工总承包过程中对于多专业综合建模、施工模拟、全专业碰撞检查、进度过程管控、工作面管控、图纸管理、工程算量、成本核算、合约商务管理、劳务管理、运营维护等全方位的技术和管理需求。基于上述情况，项目自主开发了一套“基于 BIM 技术的施工总承包管理系统”。

本书以图文并茂的方式，对“基于 BIM 技术的施工总承包管理系统”的研发和实施过程进行了详实的总结，既可供企业内部传承经验，又可向企业外部发扬光大，以期成为超大型建设项目 BIM 技术研发与应用的典型范例，提高超大型建设项目总承包管理水平。

全书由 5 章组成：

第 1 章对广州东塔项目 BIM 系统研发进行了概述。介绍了广州东塔项目的工程概况和广州东塔项目 BIM 研发的背景；在深入理解 BIM 的基础上，从 BIM 信息集成平台需求分析、常规的 BIM 需求分析和创新的 BIM 需求分析三个方面，进行了广州东塔 BIM 的需求策划；从应用定位、解决思路、BIM 系统的总体架构、

BIM 系统的软硬件配置四个方面，介绍了广州东塔项目 BIM 研发设计，简要描述了广州东塔项目 BIM 研发的组织与应用绩效考核。

第 2 章对广州东塔项目 BIM 信息集成平台进行了详细介绍。包括：BIM 信息集成平台的构成与功能、模型集成与版本管理、信息集成与数据关联、综合管理等。

第 3 章从模型的展示和浏览、信息的快速获取和查询、三维可视化的施工模拟、工程量的快速计算与获取、碰撞检查、三维深化设计等六个方面，对东塔项目常规 BIM 应用进行了详实的介绍。

第 4 章主要描述了东塔项目 BIM 创新功能的研发，包括进度管理、工作面管理、图纸管理、合同管理、成本管理 、劳务管理、运维管理等内容。

第 5 章分析了广州东塔项目 BIM 系统的主要特点与实施效果。通过广州东塔 BIM 系统与传统项目管理软件的比较、广州东塔 BIM 系统与国内外现有 BIM 软件的对比分析，总结了广州东塔项目 BIM 系统的创新点及领先之处；介绍了广州东塔项目各功能系统的实施效果和系统总体的实施效果；通过三个典型案例，介绍了广州东塔 BIM 系统在其他项目的应用情况；最后对该系统的研发和应用进行了总结与展望。

本书由中国建筑股份有限公司广州周大福金融中心总承包工程项目部著，是国内鲜见的系统介绍超大型建设项目总承包管理 BIM 系统研发与应用的著作，可供广大建筑施工企业的领导层及中层、基层管理人员 、高等学校和科研机构从事建筑施工管理和 BIM 技术研发与应用研究的理论工作者阅读参考。

限于时间和水平，本书错讹之处在所难免，敬请广大读者批评指正。

目　录

第1章　广州东塔项目BIM系统研发概述

第2章　广州东塔项目BIM信息集成平台

第3章　东塔项目常规BIM应用

第4章 东塔项目BIM创新功能

第5章 广州东塔项目BIM系统的主要特点与实施效果

第 1 章 广州东塔项目 BIM 系统研发概述

1.1 广州东塔项目工程概况

1.1.1 总体概况

1.1.1.1 基本情况

广州周大福金融中心（原名广州东塔，以下统称广州东塔）项目是华南地区在建超高层建筑之一，广东省重点工程，广州市的新地标、新名片，是集办公、生活、休闲娱乐于一体的超大型项目。该项目坐落于广州 CBD 珠江新城核心区中轴线上的东边（J2-1、J2-3 地块），位于珠江东路东侧、冼村路西侧，北望花城大道，南临广州市新图书馆，占地面积 2.6 万 m^2。参见图 1-1。

图 1–1 广州东塔远景图

广州东塔项目由香港周大福金融集团旗下的广州新御房地产开发有限公司组织建设，新世界发展有限公司进行项目管理，中国建筑股份有限公司施工总承包。各参建单位如表 1-1 所示。

广州东塔项目的参建单位　　表1-1

性质	参建单位	性质	参建单位
建设单位	广州市新御房地产开发有限公司	幕墙顾问	ALT LIMTED
项目管理公司	新发展策划管理有限公司	监理单位	广州珠江工程建设监理有限公司
概念设计师	KPF 建筑师事务所	设计单位	广州市设计院
建筑设计师	利安建筑师事务所（香港）有限公司	工料测量师	利比有限公司
结构工程师	奥雅纳工程咨询（上海）有限公司深圳分公司	基坑设计单位	华南理工大学建筑设计研究院
机电工程师	柏诚工程技术（北京）有限公司	施工总承包	中国建筑股份有限公司

1.1.1.2　周边环境

广州东塔项目北、西侧市政道路已投入使用，北侧下有地铁五号线；南侧花城南路；东侧靠北段为合景房地产公司用地，靠南段为富力房地产公司用地，与东塔项目同期展开地下与地上的施工；中间为规划道路，周边地势平整。参见图 1-2。

图 1-2　广州东塔项目周边环境

1.1.1.3　建筑设计概况

广州东塔项目建筑总高度 530m，共 116 层，建筑总面积 50.77 万 m^2。其中，塔楼地上 111 层，高 530m，建筑面积约 30 万 m^2；裙楼地上 9 层，高 49.35m，建筑面积约 10.48 万 m^2；地下室共 5 层，深 28.7m，建筑面积约 10.29 万 m^2。参见图 1-3。

1.1.1.4　塔楼结构概况

（1）结构形式。广州东塔塔楼主体结构由内部核心筒、外框筒 8 根巨柱、连接巨柱的 6 个空间环桁架以及 4 个伸臂桁架共同形成带加强层的框架筒体结构。塔楼核心筒 F16 以下墙体内设有双层劲性钢板，内外皆浇筑 C80 高强度混凝土。F68 以下外框筒巨柱内灌注 C80 高强度混凝土。参见图 1-4。

图 1–3　广州东塔立面效果图

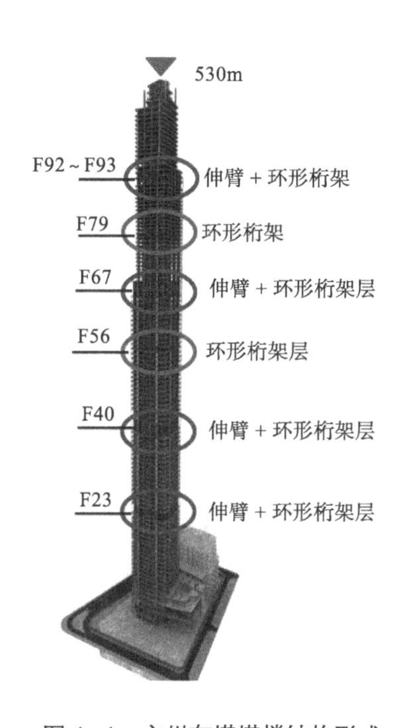

图 1–4　广州东塔塔楼结构形式

（2）巨柱。外框巨柱最大尺寸为 3600mm × 5700mm × 50mm × 50mm，并随层逐渐演变为 1150mm × 2400mm × 20mm × 20mm，最终伴随建筑构造形式的改变，巨柱逐渐内收。参见图 1-5。

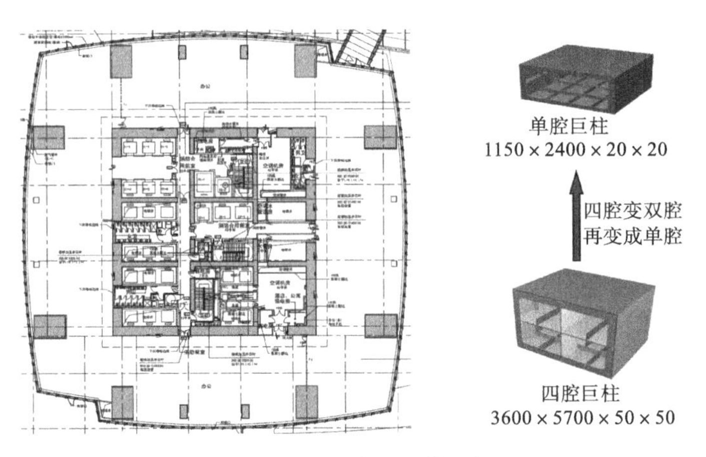

图 1–5　广州东塔塔楼巨柱

（3）环桁架。广州东塔塔楼共 4 道伸臂桁架加 6 个环桁架层，其中 F23、F40、F67、F92 ～ F93 为伸臂 + 环桁架层，F56、F79 为独立环桁架层。参见图 1-6。

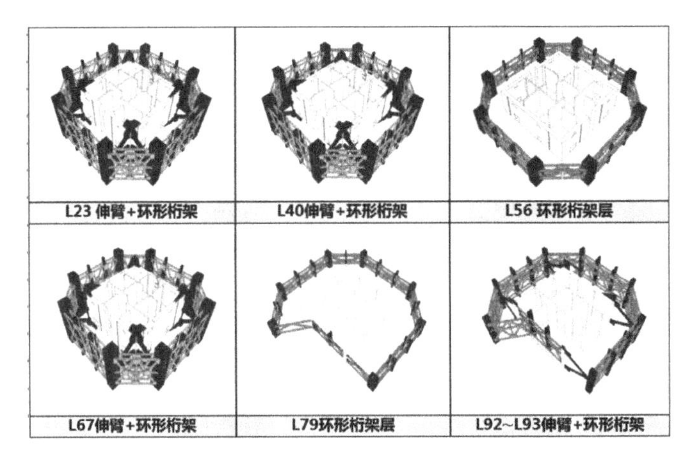

图 1–6　广州东塔塔楼环桁架

1.1.1.5　工程平面分区

工程平面分区分为塔楼区和非塔楼区。参见图 1-7。

为了不影响塔楼区域的正常施工，将非塔楼区域地下室在平面上划分为 A、B、C 三个施工区。先施工 A 区，待塔楼地下室完成换撑后再施工 B 区，待 B 区地下室顶板施工完成，具备提供塔楼施工场地的条件下，再进行 C 区土方开挖与地下室结构施工。

1.1.2　施工总承包管理特点分析

1.1.2.1　港资管理模式给总包管理带来的新问题

广州东塔作为广州市的新名片、新地标，项目施工中采用施工总承包管理模式，项目体量庞大，工期紧张，分包众多，进度、图纸、合同等海量信息交互管理困难，各专业协调难度大；项目虽在内地，但业主方为香港企业，采用典型的港资管理模式，即项目建筑、结构、机电、装修等专业设计不由一家固定的设计单位完成，而是聘用了十数个顾问公司，直接增加了总承包管理单位的管理难度，给总包管理带来了很多新的问题：

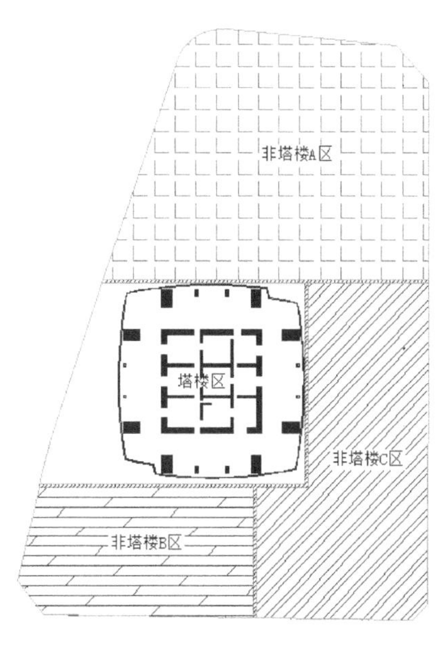

图 1–7　工程平面分区

（1）顾问公司的设计以概念设计为主（机电、钢结构），具体的施工图及综合图需由总承包单位完成，深化工作量大，时间紧，任务重，涉及专业多，一旦出现错漏，将给总承包单位带来工期和成本的巨大损失。

（2）深化设计需要经过十数家顾问公司的轮流审批，报审流程漫长，图纸追索定位困难，极容易出现因为图纸审批过程的人为疏漏而引起的进度延误。

（3）顾问公司间各自为政，缺乏协调，设计的图纸往往矛盾众多（标高、定位、尺寸、形态、功能、做法等），修改量巨大，极大增加了总包在进度、图纸管理及与各专业协同深化设计中的难度，更增加了总包各专业间协调的工作量及难度。

1.1.2.2　传统总承包管理中存在的重点和难点问题

施工总承包管理的核心是保障项目在既定的进度工期内，高质量、保安全地完成合同内所签订的内容，并且把控项目成本，最终实现利润最大化。项目管理的内容则包含了进度、成本、合约、技术、现场质量、安全、劳务等的把控。除了上述港资管理模式下，多顾问咨询给东塔项目总承包管理带来的困扰之外，传统施工总承包管理中存在若干重点和难点问题，也必须给予充分的重视。

（1）体量庞大，工期紧张。以东塔项目为例，总工期 1554 个日历天，其中地上主体结构施工时间仅有645个日历天，排除塔吊安拆、顶模安拆、塔吊和顶模爬升等的时间，平均每个标准层仅有约3.5天的施工时间。此外，地上结构中平均层高超过10m的4道伸臂桁架层和6道环桁架层工序复杂、施工时间长，使工期更为紧张。在如此大的工期压力下，任何一道工序的延误都会压缩后续楼层的施工时间，对结构施工总工期造成极大的影响。伴随着工程的进一步推进，幕墙、砌体、机电、电梯、精装修等专业逐步插入，各道工序紧锣密鼓，协调管理工作极为繁重复杂。如何保证每一道工序合理有序地开展，是保证紧张工期的关键。

（2）分包众多，各工作面各专业穿插复杂，总包管理难度大。东塔项目主塔楼地上111层、地下5层、裙楼地上9层，工作面众多。同时各工作面施工作业包含结构、砌体、幕墙、暖通、空调、给水排水、消防、强电、弱点、精装修、擦窗机、真空垃圾处理等专业，共有数十家分包。各家分包根据建设进程在各楼层、各工作面展开施工，各专业内工序多，各专业间交接频繁，相互依存、相互制约。如何实现各工作面施工的顺利进行、各专业穿插合理有序，避免分包管理和施工的混乱无序，实现对工期进度的实时把控、偏差分析及进度调整，是项目总承包管理面临的一个重大难题。

（3）图纸资料管理难度大。业主对项目各个使用功能区段的要求极为严格，房间的布局及精装修的风格会伴随着设计的优化不断发生变化。至2015年1季度，总包共收到业主发放图纸超过5万张，变更超过5000条，图纸、资料管理非常困难。此外，总包方还负责钢结构、机电等专业的图纸深化工作，深化图纸需经业主、顾问（结构顾问、建筑顾问、机电顾问等）、监理等多家单位审批，送审数量多，审批流程繁琐、时间长，跟踪非常困难。

（4）变更签证工作量大，时效性强，成本实时把控难度大。业主变更频繁，作为总包，需要在合同约定的变更发生后的7天内完成变更索偿的相应工作，变更索赔时效性强，各个部门协同工作要求高，同时实时的收入支出对比工作量繁重，难度很大，如何实现变更工程量的快速核算，并与模型构件对应单价关联，实现变更成本的实时快速的核算，是项目成本管理工作的重难点。

（5）合同条款数量庞大，时效性强，查询困难。广州东塔项目总包合同条款极为细致，内容众多，信息分散，查询难度大；时效条款众多、容易因为缺乏及时的预警提醒及人为疏漏而导致相关工作的缺失，造成经济损失。同时项目分包众多，各分包合同数量庞大，如何实现总、分包合同的条款对应，实现成本、风险条款的准确对应及有效传递，是合同管理的重难点之一。

（6）管理信息量庞大，人为传递效率低；关联程度差，碎片化，信息孤岛；传递不完整、不及时。项目管理所产生的进度、成本、合约、技术、质量、安全等信息量庞大，内容纷繁复杂，梳理沟通难度大，耗时长；各个业务部门分别掌握不同的数据信息，信息的关联程度非常低，没有一个实时传递的平台，碎片化的信息无法有效整合，呈相对独立的状态，生成多个信息孤岛；信息传递主要通过会议讨论和文件发放等形式实现，信息传递滞后，并伴随着信息传递疏漏、传递的准确性无法得到保障、理解存在偏差等问题。

上述问题，极大地影响了项目各项工作开展的及时性和有效性，并直接影响了项目的工期进度管控和成本管控。

1.2　广州东塔项目 BIM 研发的背景

1.2.1　国内背景

建筑信息模型（Building Information Modeling，简称 BIM）作为一项新的信息技术，得到了我国政府的高度重视和建筑业界的普遍关注，并对其寄予厚望。

国家在“十五”、“十一五”科技攻关计划和“十二五”科技支撑计划中，均启动支持了有关 BIM 技术的研究课题，科学技术部还于 2013 年批准成立了“建筑信息模型（BIM）产业技术创新战略联盟”。

住房和城乡建设部将 BIM 技术列为我国建筑业“十二五”规划重点推广的新技术之一，并在 2011 年 5 月印发的《2011 年 ~ 2015 年建筑业信息化发展纲要》中明确要求，“十二五”期间，基本实现建筑企业信息系统的普及应用，加快建筑信息模型（BIM）、基于网络的协同工作等新技术在工程中的应用，推动信息化标准建设，促进具有自主知识产权软件的产业化，形成一批信息技术应用达到国际先进水平的建筑企业。

中国建筑股份有限公司十分重视 BIM 技术的研究和应用。在其《“十二五”科学和技术发展规划》中明确提出：积极探索城市综合领域设计、施工一体化模式，引领建筑信息模型（BIM）技术的研究与应用，提升“中国建筑”在城市综合领域的科技竞争力,实现科技在转型发展中的支撑作用;并于2012年12月印发了《关于推进中建BIM技术加速发展的若干意见》。

1.2.2 BIM发展及应用现状

在上述背景下,各大建筑企业积极探索,纷纷开展了BIM技术在集团层面、项目层面的应用尝试,也出现了众多BIM研发的软件厂商和种类、品牌繁多的BIM软件。但在施工阶段,BIM技术的应用仍然存在很多的困难,主要体现在以下几方面。

1.2.2.1 软件功能

(1)功能上无法完全满足总承包管理多功能集成应用的需求。现有的软件多为专项应用为主,能够解决单一专业、单一业务问题,但缺少项目集成应用,无法为项目管理提供数据支撑。

(2)信息集成与共享存在障碍。主要表现在:BIM数据标准缺乏,数据格式多样、不统一,软件之间数据交互困难;施工阶段难以复用设计阶段模型,重复建模现象普遍。

1.2.2.2 应用方面

(1)专项应用多、集成应用少。三维可视化交底、碰撞检查、深化设计、施工进度模拟、工序模拟、预制加工、工程量计算等专项应用很多,其中基于BIM的碰撞检查、深化设计应用最多,效益明显,但集成应用相对偏少。施工进度模拟应用较多,主要用于形象进度展示。

(2)BIM应用标准缺乏。缺乏建模标准、关联属性标准等。

(3)与施工项目管理结合少。由于各业各部管理内容庞杂、综合应用难度很大。BIM与进度管理、成本管理、合同管理、资料管理等项目现场管理业务的结合应用还较少。

1.2.2.3 人员方面

(1)施工现场人员。施工现场人员较少机会系统学习BIM,加之固有工作模式、思维根深蒂固，普遍没有 BIM 软件操作能力。

（2）BIM 技术人员。大多数 BIM 技术人员只是精通某一两款 BIM 软件，专业 BIM 咨询公司多以 BIM 建模服务为主。

（3）“BIM 架构师”。同时精通施工现场业务与 BIM 技术理念的“BIM 架构师”少，导致 BIM 应用缺乏合理规划。

1.2.3　广州东塔项目采用 BIM 的原因

“基于 BIM 技术的施工总承包管理系统”是以广州周大福金融中心总承包工程项目为载体展开研发及应用的。

广州东塔项目开工初期，项目部的管理团队敏锐地意识到 BIM 的先进性及其在建筑业未来发展中的重要性，积极策划对 BIM 的研究及应用。项目部首先对目前国内外大型的软件开发商及已有相对较成熟的 BIM 系统的公司（Bently、Autodesk、ITWO、广联达、达索、鲁班、天宝等）进行了详细的走访和调研，并在调研之前，就目前国内这种港资管理下的施工总承包管理模式进行了详细的需求分解，并与所有调研对象进行了深入的探讨。经过调研和探讨发现，现存 BIM 系统多集中于三维模拟展示、进度模拟、工程算量、碰撞检查，且多为单点应用。而且还发现市面上现有的项目管理软件主要存在如下问题：

（1）系统或者软件的开发主要通过项目流程梳理的思路开展，在国内各施工企业、各项目的管理链条和管理流程尚未标准化的现状下，通用性极低，很难被广泛地推广应用。

（2）各种专业软件数据格式不统一，信息集成困难。

（3）信息传递被动，更多地需要人为主动地从系统中项目实施过程的展示中了解，缺乏系统对管理工作的主动性提醒、预警。

（4）各个部门实时信息与系统的互动主要通过表格填报的形式进行，通过过程记录填报，形成过程文档，文档数据量庞大，不能及时得到梳理，文档信息间也缺乏关联，不同部门间的各种信息仍然相对独立，容易形成信息孤岛，信息不能有效及时地传递。

所以，目前国内外尚未有任何一款 BIM 系统和管理软件能满足广州东塔项目施工总承包过程中对于综合建模、施工模拟、全专业碰撞检查、进度过程管控、工作面管控、图纸管理、工程算量、成本核算、合约商务管理、劳务管理、运营维护等全方位的技术和管理需求，亟须研究开发一款涵盖施工总承包管理领域各项业务需求的 BIM 系统，真正打通各项技术和管理功能。

基于这一现实，广州东塔项目决定自主开发一套 BIM 系统，并最终定义其为“基于 BIM 技术的施工总承包管理系统”。

1.3 广州东塔 BIM 需求策划

1.3.1 东塔项目对 BIM 的理解

基于客观事实、施工总承包过程中的技术和管理需求及重难点，东塔项目对 BIM 的理解为：建立建筑信息模型，通过带数据的模型，实施数字化的技术与经济的管理。BIM 不仅仅是动态模型，BIM 还有数据支持。通过含数据的建筑信息模型来实施技术方面和经济方面的管理工作。其中，技术方面包含深化设计、进度管理、工作面管理、图纸管理、管线和构件的碰撞检查及运营维护；经济方面包含工程量计算、预算管理、合同及成本管理、劳务管理。参见图 1-8。

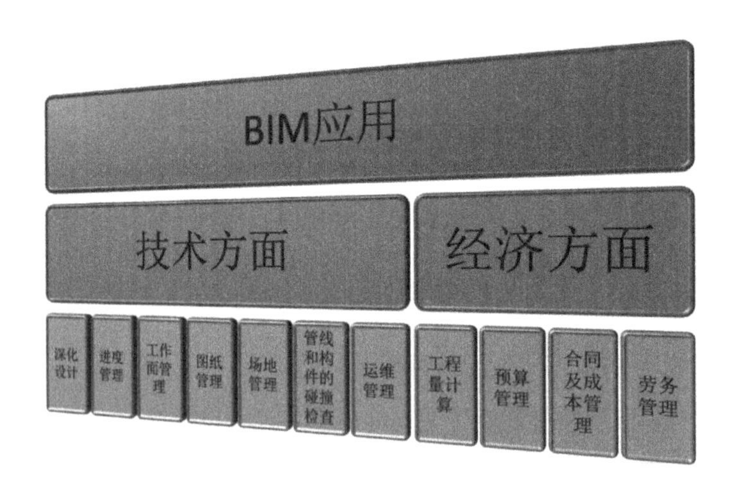

图 1–8 广州东塔项目对 BIM 的理解

在广州东塔项目，BIM 的研发及应用有其自身的特殊性。在项目中，业主并未要求参建各方使用 BIM 技术，而在设计过程中，设计单位也未考虑施工阶段 BIM 的应用衔接，构筑的结构计算模型和建筑效果模型仅可应用于结构受力计算及外观效果展示，完全无法融入施工过程管理及技术的相关信息。在没有业主及设计单位的支持下，项目的 BIM 研发应用完全由总承包单位自发组织，建立系统开发团队、建模团队、信息数据录入团队，自主开展系统开发、模型建立、信息录入、系统测试及应用等所有工作，所以，定义东塔 BIM 系统为 BIM 技术半生命期的应用，涵盖了施工及运维两个阶段。

东塔项目的 BIM 系统不能仅仅局限于 BIM 的单点应用，而是应该以模型为载体，以信息为纽带，以进度为主线，以成本为核心，以合同为保障，创新设计出满足国内外施工总承包管理领域中进度、资金、合同、质量、安全、深化设计等管理需求的基于 BIM 技术的施工总承包管理系统。

在上述理解中，BIM 模型是所有信息的载体和一切技术及管理实现的基础。总包管理的需求和细度，决定了模型建立的细度，一个包括结构、砌体、机电、粗装修、精装修、幕墙等各个专业的模型，是实现施工总承包管理的首要条件。

在模型的基础上，进度、工作面、图纸、工程量、成本、合约、质量、安全、机械设备、劳务、碰撞检查、运维等海量信息与模型对应构件及分区的关联集成及提取应用，是利用 BIM 模型实现管理的关键。只有根据总包管理的需求给模型赋予相对应的海量信息，实现所有信息快速灵活的提取应用，并利用模型实现各业各部之间实时准确的信息交互，才能避免传统管理模式中人为管理所存在的诸多问题，包括信息传递依靠会议、电话等方式，信息传递分散零碎、不系统、不及时、易缺失，信息理解存在偏差等，并且有效解决各个部门间虽有信息联系，但由于各部门间的联动依靠人为驱动，导致信息联系被动迟缓，各部门之间的管理和信息相对分散独立的问题，真正实现实时、高效、灵活、系统、完整的基于 BIM 技术的施工总承包管理。

1.3.2　BIM 信息集成平台需求分析

为了让 BIM 发挥更大的价值和协同作用，需要建设统一的平台作为模型和信息的载体，支撑总承包管理工作。将独立建立的各个单专业的深化设计模型统一导入这个平台中，形成集成的全专业建筑信息模型，同时平台汇总各业务口的信息，实现各业务信息与模型中对应构件及分区的集成关联，消除项目中的信息孤岛，并且将得到的信息结合 BIM 模型进行整理和储存，便于总承包管理各个部门随时共享信息及数据交换。项目信息的集中存储以及各业务部门可以随时调用权限范围内的项目集成信息，可以有效避免因为项目文件过多而造成的信息难以获取的问题。

构筑这一模型和信息的整合平台，主要需要解决以下多点难题：

（1）各专业建模标准不统一，原点及坐标等空间关系不同，各专业模型整合后在空间上不对应。

（2）各专业建模软件各异，数据信息格式不统一，各专业模型之间和信息数据之间互不兼容。

（3）项目管理过程中的信息量巨大，信息与模型构件之间的逐条挂接工作量繁重且极容易出现错漏，如何实现信息与模型的批量挂接，是一大难点。

（4）现场各业务部门工作量大，传统工作模式根深蒂固，所以，BIM 的推广应用不宜过多增加现场的工作量，以使现场工长更快地接收并掌握系统应用。

BIM 平台通过基于 BIM 的数据交换标准，与多个 BIM 专业软件，包括土建、钢构、机电、装修等系统实现数据交换和数据整合，形成完整的建筑信息模型，减少信息的重复录入；在 BIM 平台提供模型浏览、信息查询等统一的操作界面；同时，BIM 平台为项目管理的核心过程，包括商务管理、成本管理、进度管理、材料管理、变更管理、图纸资料管理、多专业协同提供统一、一致的信息。

平台应提供以下的功能：与各个专业软件的数据接口、模型的管理与浏览、模型信息的管理。

1.3.3 常规的 BIM 需求分析

1.3.3.1 可浏览、可操作的三维可视化施工模拟

广州东塔项目 BIM 系统需要提供统一的三维可视化模型浏览、信息查询、关键节点及复杂节点的施工模拟交底、模型版本管理等基本功能，用以支撑项目技术交底及相关施工协调会议使用。

通过国际 BIM 数据交换标准，在 BIM 平台实现各专业建模软件的模型集成和整合，并提供统一的模型浏览、信息查询等操作功能和界面。

（1）模型浏览。首先，在模型中可以使用漫游、旋转、平移、放大、缩小等通用的浏览功能；其次，可以对模型进行视点管理，即在自己设置的特定视角下观看模型，并在此视角下对模型进行红线批注、文字批注等操作，保存视点后，可随时点击视点名称切换到所保存的视角来观察模型及批注。最后，还可以根据构件类型、所处楼层等信息快速检索构件。另外，模型中还可以根据需要设置切面对模型进行剖切，并对切面进行移动、隐藏显示等操作。

（2）信息管理。首先可以查看构件的属性信息，包括其基本属性、材质强度、进度计划以及运维信息等。其次可以查询各构件对应的图纸资料等，也可链接至项目管理平台图纸管理中的对应图纸信息，并能够查询模型的版本信息。最后，平台模型中可以查询工程量，包括构件工程量、清单工程量、分包工程量等信息，并可通过 Excel 等其他软件导入、导出工程量信息。

1.3.3.2　各专业间的深化设计及碰撞检查

在国内，专业内及各专业间的深化设计一般由专业的设计院完成，但是广州东塔项目在特殊的港资管理模式下，十数家顾问公司的设计多为概念设计，具体的深化设计及施工图都要由总承包单位完成，对总承包单位的深化设计，尤其是对综合深化提出了很高的要求。

广州东塔总承包项目部不但需要完成机电专业内通风空调、给水排水、消防、强弱电等数家机电单位之间的综合深化，同时需要进行土建、钢结构、机电等多专业间的综合深化设计，以尽量避免现场碰撞问题的发生，减少碰撞问题的解决过程对进度和成本的影响。

同时，系统需要具备多专业间碰撞检查的功能，该功能需要根据专业、楼层、栋号等条件定义，进行指定部位的指定专业间或专业内的碰撞检查，实现碰撞的预警，要求能够直观地显示各专业间存在的矛盾，避免出现临时发现问题而导致的返工现象，保证施工过程中的质量、安全、进度及成本，达到项目精细化管理目标。

例如，在二次结构及机电安装专业施工前，可进行这两专业的碰撞检查，对碰撞检查结果进行分析后，对机电安装专业进行再深化，避免实际施工过程中出现的开洞或者返工等现象，也可以为二次结构施工批次顺序的确定提供有效的依据。

1.3.3.3 BIM 精细化算量

考虑到项目商务部的实际需求，从前期 BIM 架构设计的时候就应考虑各软件各专业 BIM 模型工程量计算的解决方案。BIM 模型应与算量计价软件深度结合，各建模软件创建的专业 BIM 模型可直接进行算量和计价工作。同时满足在平台中查询模型的基本工程量、总包清单量及分包清单量，以满足管理人员不同情况下的使用需求。

1.3.4 创新的 BIM 需求

1.3.4.1 实时的进度和工作面把控

进度管理的核心需求，在于对全项目各个工作面实体进度的实时跟踪，深入了解各个工作面当前实际完成的情况，以及相关实体工作对应的配套工作（方案、图纸、合约、材料、设备、人员等）的跟进状态。通过对各工作面实体进度的实时掌控，可进一步实现与计划进度各条项进行对比，及时发现进度的偏差点、偏差程度，通过配套工作的进展情况，可深入分析进度偏差原因，并可以此为依据，快速进行进度计划的调整。

同时，进度计划需要更深入地指导实体工作对应的所有技术、商务、物资、设备、质量、安全等配套工作的开展，明确各项工作对应的开始时间、完成时间以及各项工作之间的逻辑关系，并实现对各个部门的主动推送和实时提醒，改变传统进度计划管理中，进度计划仅停留于实体工序，对应配套工作完全通过会议或者发文来触发、开展被动、信息分散、信息传递迟缓、工作间开展不紧凑等诸多问题，保证技术、合约、成本、质量、安全、物资、设备等全业务口的配套工作对实体进度的实时跟进和服务。

1.3.4.2 主分包合同管理

合同管理的重点是合约规划，合约的规划重点是合同拆分，根据一定的规则进行主合同信息拆分，并对应主合同各项约定（服务内容、工期、造价、质量、风险等）明确各分包工程对应的详细的条款。通过给每个主合同条款附上进度属性，形成详细的按时间分解的分包合约规划框架，并附上总承包方对分包的二次附加要求，便可快速形成各专业的分包合同，由此保证了主合同和分包合同的各项条款和风险的对应。首先将主合同风险有效地传递到分包合同中，确保主合同的风险能在分包中对应分解承担，避免人为的疏漏。其次为成本分析服务，实现主合同和分包合同的成本科目的统一，并实现各风险条款的对应及预警。

1.3.4.3 实时的成本管理

在进度管控及合同分解的基础上，将算量软件（工程量）及清单价格信息导入 BIM 平台，按照项目成本管理要求进行科目分解，并关联全专业建筑信息模型。利用 BIM 模型的汇总计算功能，按照不同的维度统计项目不同部位、不同时间段，或者根据其他的预设属性，进行实时的工程量统计分析；并且可以将合同收入、预算成本、实际成本等不同成本进行对比分析，实现三算对比和成本风险把控。

1.3.4.4 图纸及变更的动态管理

广州东塔项目专业众多，每个专业的图纸量庞大，仅土建和钢构的图纸已经数千份，图纸管理和查询的难度极大。伴随建筑功能的修改，各个专业图纸变更频繁，变更指令、变更咨询单、变更小白图等的数量庞大，变更之间的替代关系复杂，仅依靠个人对图纸的记忆和翻查，极易出现疏漏，造成现场施工的错误和返工。此外，钢结构、机电、精装修等专业海量图纸的深化、报审、修改、再报审等的工作内容繁重，跟踪工作量大，人为跟踪极为困难。因此，在 BIM 系统中应当构筑图纸管理模块，实现图纸、变更、深化等内容的实时记录、准确跟踪、定时提醒预警以及灵活快速的查询。这是图纸管理工作的重中之重，也是保证现场施工准确性和实时性的核心要素之一。

1.3.4.5 运维管理

运维交付提供运维信息的批量导入、批量导出和运维影响分析，为后续的运维过程提供基础数据。批量导入运维相关的信息，如供货商、供货商电话、使用年限、用户自定义属性等信息；也可以将模型中的运维信息，以 Excel 的格式导出，方便用户后续使用；通过管道之间的关系、末端与房间的空间位置，系统应可以计算出用户指定的某一阀门（或某一末端）所影响的管道范围和相应房间。

1.3.4.6 劳务管理

劳务队是施工项目现场管理的重点之一。随时了解劳务队信息，能够便于掌握劳务分包单位施工状况，以便进行协调管理。所以，BIM 系统应包含劳务队信息及人员名册、劳务队进出场记录及施工情况、劳务人员工资发放的信息等。

1.4 广州东塔项目 BIM 的研发

1.4.1 广州东塔项目 BIM 的应用定位

1.4.1.1 指导思想

基于上述的需求策划，广州东塔项目 BIM 应用的指导思想是：

（1）研发和实施从施工阶段开始，涵盖运维。

（2）为施工总包管理工作提供基础信息支撑。

（3）侧重总包管理工作信息交互，尽量避免涉及工作流程。

1.4.1.2 功能定位

按照上述指导思想，广州东塔项目的功能定位主要体现在以下方面：

（1）打造一个各专业和各业务口信息实时交互的集成平台。

（2）实现集成信息的多维度快速查询功能。

（3）实现全专业全工序的动态三维模拟施工。

（4）实现总包主要管理工作的信息支撑。

1.4.2 广州东塔项目 BIM 的解决思路

1.4.2.1 总体思路

基于广州周大福金融中心项目管理难点及应用目标，结合项目实际需求，定制开发 BIM 集成管理平台（简称“广州东塔项目 BIM 系统”），该系统以进度计划为主线，以 BIM5D 模型为载体，以成本为核心，将各专业设计模型及算量模型进行整合，实现施工总承包管理中全专业全业务大量信息数据在建筑信息模型中不同深度的集成，以及快速灵活的提取应用；通过多维度的信息交互、工作任务的自动分派、时效内容的自动提醒及预警、信息数据的积累等一系列功能和方法，实现基于该系统的施工总承包项目进度、工作面、质量、安全、图纸、合同、成本、工程量、碰撞检查、劳务、运维等的数字化、精细化管理。

从该系统的通用性出发，项目管理的业务流程被弱化，而更强调系统中的数据流，以模型载体和数据信息将整个系统对项目的管理串联起来，使该系统更加适用于各种不同管理链条、不同业务流程的项目。

1.4.2.2　具体步骤

针对广州东塔项目 BIM 的应用定位，相应的解决思路是：建立三维深化设计模型，并制定一系列的规则，实现信息数据与模型的挂接，达到信息共享的目的，同时在集成信息平台上设置开放端口，支撑与各专业软件的信息互通。主要包括以下四个步骤：

（1）制定统一的土建、钢构、机电、钢筋等专业的建模规范，构筑单专业深化设计 BIM 模型。参见图 1-9。

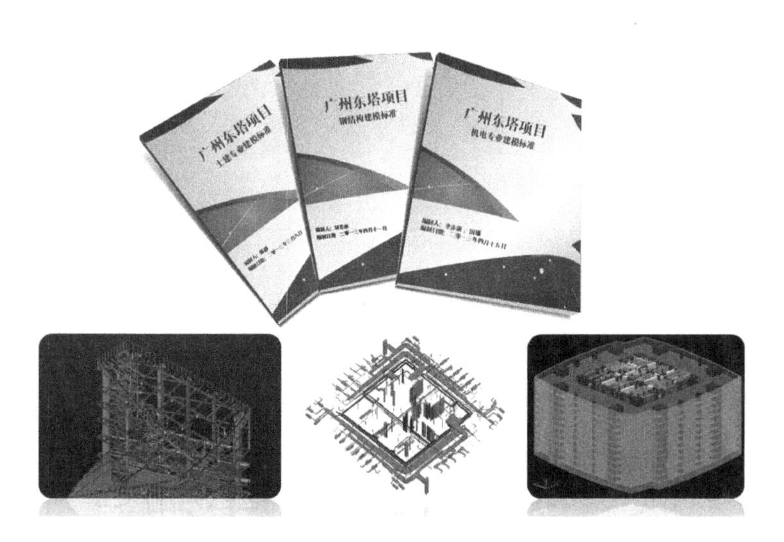

图 1–9　制定统一的专业的建模规范和单专业深化设计 BIM 模型

（2）联合软件公司，开发 BIM 信息集成平台，实现各专业深化设计 BIM 模型集成，形成“全专业深化设计 BIM 模型”。参见图 1-10。

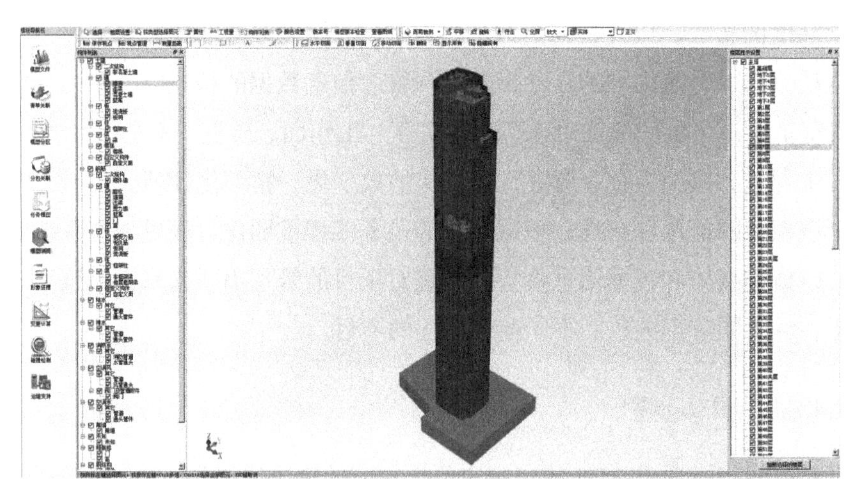

图 1–10　形成“全专业深化设计 BIM 模型”

（3）通过统一的信息关联规则，实现模型与进度、工作面、图纸、清单、合同条款等信息数据的自动关联。参见图 1-11。

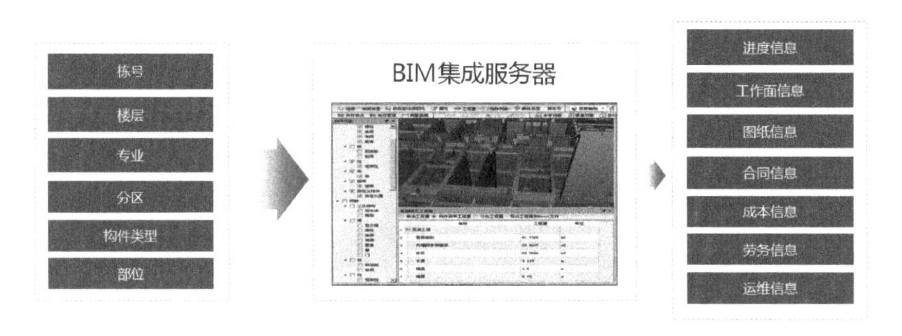

图 1–11　实现模型与各类信息数据的自动关联

（4）在 BIM 集成信息平台基础上，开放数据端口，定制开发适用于总承包管理的项目管理系统，应用于施工现场日常管理。参见图 1-12。针对广州东塔项目的实际需求，在基础平台搭建完成的情况下，定制开发进度管理、工作面管理、图纸管理、合同管理、成本管理、劳务管理、综合管理七大管理模块，为项目部各业务部门提供服务。在开发具体模块功能过程中，项目部各直接业务部门经理及核心成员均参与模块开发的需求调研及需求制定工作，并提供试用反馈意见，以保障业务模块的实用性，同时可保障广州东塔项目的 BIM 应用落地。

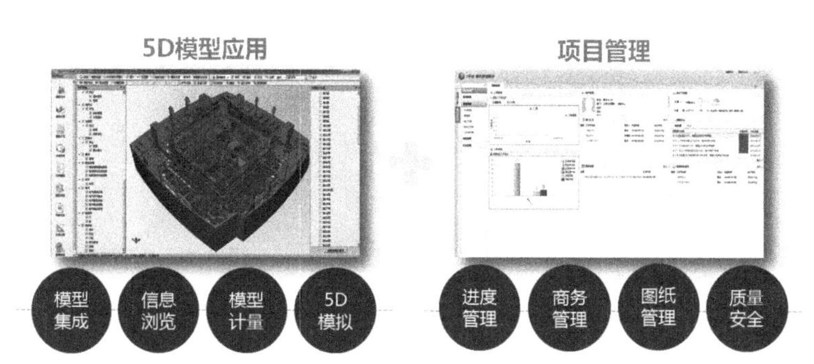

图 1-12 定制开发适用于总承包管理的项目管理系统

1.4.3 广州东塔 BIM 系统的总体架构

广州东塔 BIM 系统的总体架构包括基础层、服务层、应用层和表现层四个层次。在客户端方面主要包括 BIM 信息集成平台（BIM5D）和基于 BIM 的项目管理平台（BPIM）两个部分。参见图 1-13。

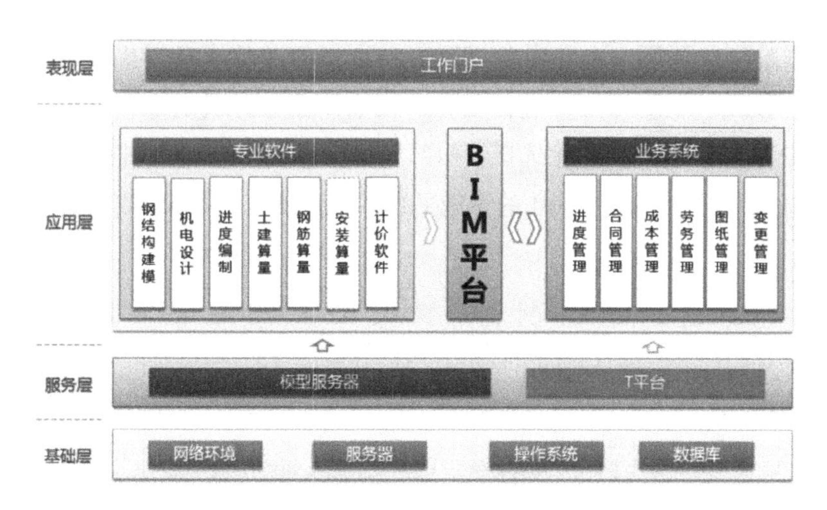

图 1-13 广州东塔 BIM 系统的总体架构

广州东塔 BIM 系统的数据表现层级包括建模、协同、应用三个层级，如图 1-14 所示。

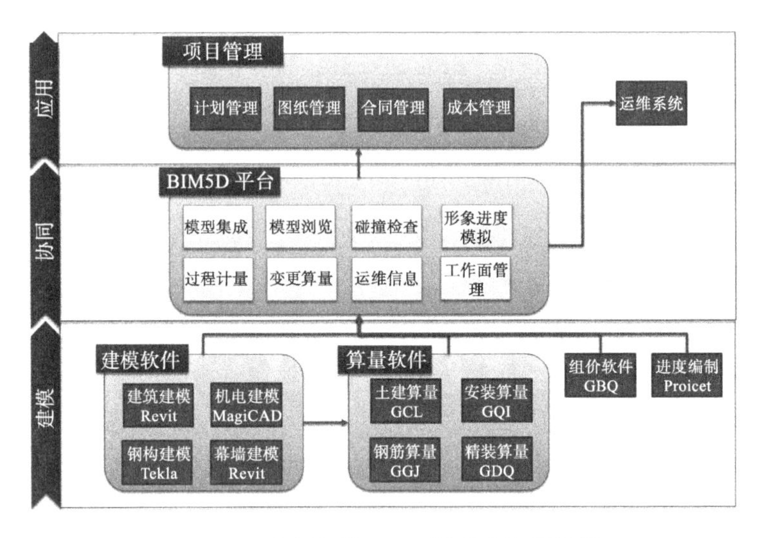

图 1-14　广州东塔 BIM 系统数据表现层级

1.4.4　广州东塔 BIM 系统的软硬件配置

1.4.4.1　软件配置

广州东塔项目在建模软件的选择上，遵循不额外增加现场管理人员工作量及工作难度的原则，土建专业模型创建选择商务部本身需要使用的算量软件（土建 GCL、钢筋 GGJ）进行创建，机电专业选择机电部深化设计使用的 MagiCAD 软件，钢结构专业选择钢构部深化设计使用的 Tekla 软件。系统平台采用 BIM 集成平台、基于 BIM 的管理平台。项目使用的 BIM 软件介绍如表 1-2 所示。

东塔项目使用的BIM软件介绍　　表1-2

软件	在东塔项目中完成的任务	在东塔项目中最有效的功能	需要改进之处
MAGICAD	1. 机电各专业建模 2. 机电设备库丰富；定制设备模型 3. 各专业碰撞检测；错、漏、碰、缺的调整及综合管线优化排布 4. 任意位置生成剖切图；自动生成孔洞图并导出孔洞报告 5. 标准 IFC 接口模型及数据导出	1. 风、水、电、消防各系统建模 2. 丰富的 BIM 机电设备模型库，设备库用户扩充及备定制 3. 碰撞检测和编辑调整 4. 自动剖切和预留孔洞 5. 良好的兼容性及丰富的数据接口	1. 建模后模型调整较为麻烦，需断开连接关系后调整，调整后再连接 2. 剖面图的出图有待完善，需补充较多信息才能达到出图要求

续表

软件	在东塔项目中完成的任务	在东塔项目中最有效的功能	需要改进之处
Tekla	1. 钢结构构件建模 2. 可添加多种属性 3. 构件信息多元化零件包含丰富的信息	1. 钢结构构件建模 2. 可添加多种属性，构件信息多元化包含丰富的信息	1. 模型导出IFC是单向的 2. 导出IFC信息丢失
GCL	1. 快速土建建模 2. 快速套用做法，通过三维建模计算建筑工程内土建范围的工程量和相应的做法工程量 3. 依附装修构件，专业精确的处理粗装修业务	1. 三维建模操作简单，易上手；内置各地土建计算规则，无需记忆平法规则 2. 内置多套数据分析表格，方便过程提量；内置做法规则自动套取，大幅提高做法套用的速度 3. 工程量计算准确，效率高	需要扩充零星构件的范围
GGJ	1. 利用设计的CAD图纸快速建模 2. 利用三维模型，快速计算各钢筋工程量	1. 内置03G101、11G101平法规则 2. 操作简单，易上手 3. 内置数据分析表格，方便过程提量 4. 工程量计算准确，效率高	1. 需要扩充零星构件的范围 2. 增加对型钢混凝土的处理
GProject	1. 编制各专业总控、阶段、月周计划 2. 进度计划与模型的批量挂接 3. 基于工作面的计划合理性分析，计划与实际的对比	1. 基于工作面的计划编制方法，极大提高编制及挂接模型的效率 2. 基于任意维度的计划分析，确保建立安排合理、均衡施工的进度计划 3. 灵活的工作面查看，让现场任意一眼就看清楚现场的施工状态及预警	1. 任务逻辑关系需以网络图方式呈现 2. 需增加任务属性视图 3. 改进打印输出的效果
BIM信息集成平台BIM5D（自主开发）	1. 各专业模型集成 2. 模型划分工作面 3. 模型与清单、进度、合同、图纸等属性的关联 4. 为业主报量和分包报量审核提供模型数据参考 5. 变更工程量的计算 6. 运维属性录入及运维影响分析	1. 可集成不同格式的模型文件，实现全专业模型浏览 2. 可分层、分专业、分部位、分切面浏览模型及相关属性 3. 模型加载速度快、浏览效率高 4. 可以快速对比计算出变更工程量，减少人工分析工作 5. 提供清单工程量、构件工程量和分包工程量，可以为业主报量、做材料计划和分包报量审核提供参考数据	1. 软件易用性有待改进 2. 需考虑同时支持多项目模式
基于BIM的项目管理平台BPIM（自主开发）	1. 快速查看项目进度，更新施工日报 2. 集成劳务数据、进度数据和合同等商务数据，自动进行成本分析 3. 实现工作项和预警自动推送	1. 进度查看，日报实时更新到进度计划内，计划执行监控 2. 模型自动计算每期对外报量、对内审核量，提高工作效率	1. 批量操作的易用性需要提升 2. 网页格式的大数据量的效率需要提升

1.4.4.2 硬件配置

东塔项目 BIM 系统的硬件配置如表 1-3 所示。

东塔项目BIM系统的硬件配置 表1-3

硬件			配置
客户端		CPU	I3
		内存	4G
		显卡	独立 512M 显存显卡
		硬盘	500G
建模机器		CPU	I5-i7
		内存	8G~16G
		显卡	独立 1G ~ 2G 显存显卡
		硬盘	1TB
服务器	项目管理服务器	CPU	两颗 Intel Xeon E5-2630
		内存	32GB
		硬盘	4 块 HP 600G 6G SAS 10K-rpm SFF
		显卡	Matrox Graphics G200eH (HP) (16 MB)
	模型服务器	CPU	两颗 Intel Xeon E5-2630
		内存	32GB
		硬盘	4 块 HP 600G 6G SAS 10K-rpm SFF
		显卡	GTx460v2

1.5 广州东塔项目 BIM 研发的组织架构与绩效考核

1.5.1 BIM 研发的组织架构

为了有效地推动广州东塔项目 BIM 的研发，施工总承包项目经理部设置了强有力的 BIM 研发组织架构，如图 1-15 所示。

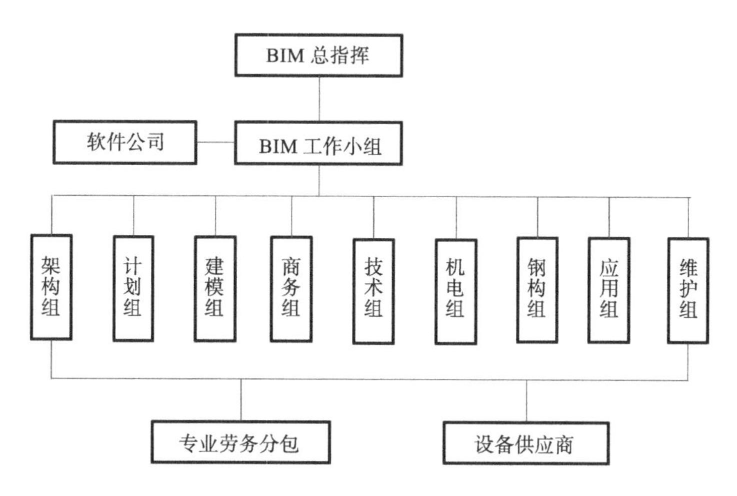

图 1–15　东塔项目 BIM 研发组织架构

1.5.2　BIM 应用绩效考核

（1）建模和平台系统研发阶段。对建模准确性、及时性给予奖罚。三天一层建模任务，所有建模工作若如期完成，则奖励每人 500 元，否则罚款 500 元。

（2）BIM 系统试上线阶段。进度计划、图纸管理、施工日报三个模块上线，对数据的及时性、准确性奖罚，每月 25 日考核，奖励与处罚标准均为 300 元。

（3）BIM 系统全面上线阶段。培训 3 轮，对数据的及时性、准确性奖罚，每月 25 日考核，奖励与处罚标准均为 300 元。

第2章 广州东塔项目BIM信息集成平台

立足于超高层建筑项目构建BIM信息集成平台是一项复杂的系统工程。这一系统工程中不仅有着复杂的施工流程和工程环境，还充斥着海量的数据流和信息流。因此，立足于国内原有的BIM实践经验，将广州东塔项目中的重要数据和信息与BIM平台相互集成，实现立足于传统BIM开发上的应用创新是广州东塔项目BIM信息集成平台开发的重要使命。

2.1 BIM信息集成平台的构成与功能

2.1.1 BIM信息集成平台的构成

基于广州东塔项目BIM系统实施的九大需求分析，为了让拟构建的广州东塔项目BIM系统发挥更大的价值和协同作用，需要建设统一的服务平台作为载体进行协同工作。图2-1给出了广州东塔项目BIM信息集成平台总体构成。

从图2-1可以看出，广州东塔项目BIM信息集成平台建设跳出了传统BIM的设计维度和开发理念，它以传统BIM三维设计核心理念为主导，结合业界的BIM开发核心技术开发出广州东塔项目BIM平台，然后借助BIM专业工具实现广州东塔各专业的深化设计BIM模型建设和专业算量，同时基于广州东塔工程施工所特有的工作包库编制广州东塔施工进度Gproject，并将特定进度与对应的专业模型与构件相融合关联，实现了基于BIM平台的广州东塔施工中的时间、成本、工程量管理及碰撞检查等。最终，借助广州东塔项目BIM信息集成平台服务于广州东塔工程施工中的进度、合同、成本、资料和劳务的管理与控制。整个开发过程不仅对传统 BIM 设计理念进行了突破，同时也推进了国内 BIM5D 开发理念的形成和项目实践。

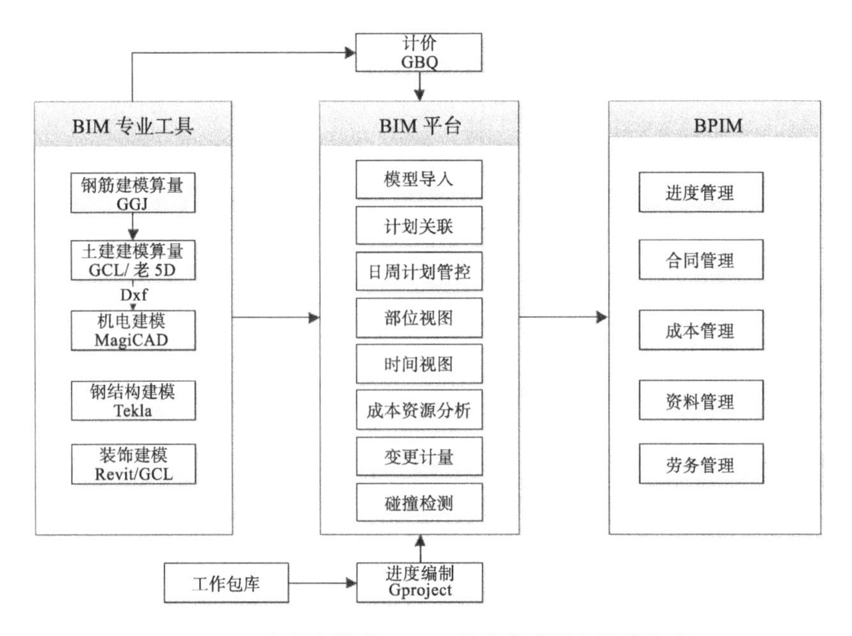

图 2–1　广州东塔项目 BIM 信息集成平台总体构成

2.1.2　BIM 信息集成平台的功能

广州东塔项目 BIM 信息集成平台的功能构成如图 2-2 所示。具体主要体现在以下三个方面。

2.1.2.1　各个专业软件的数据接口

BIM 信息集成平台与各个专业软件的数据接口主要包括：

（1）通过内部数据交换标准 GFC，实现与土建建模及算量 GCL、钢筋建模及算量 GGJ、安装建模及算量 GQI 等产品的数据接口，可以导入上述软件中模型的三维数据、属性数据以及模型上附加的工程量、清单等造价信息。

（2）通过国际 BIM 数据交换标准 IFC，实现与钢结构 Tekla、机电软件 MagiCAD 等支持 IFC 标准的软件接口，导入上述软件中模型的三维数据、属性数据。

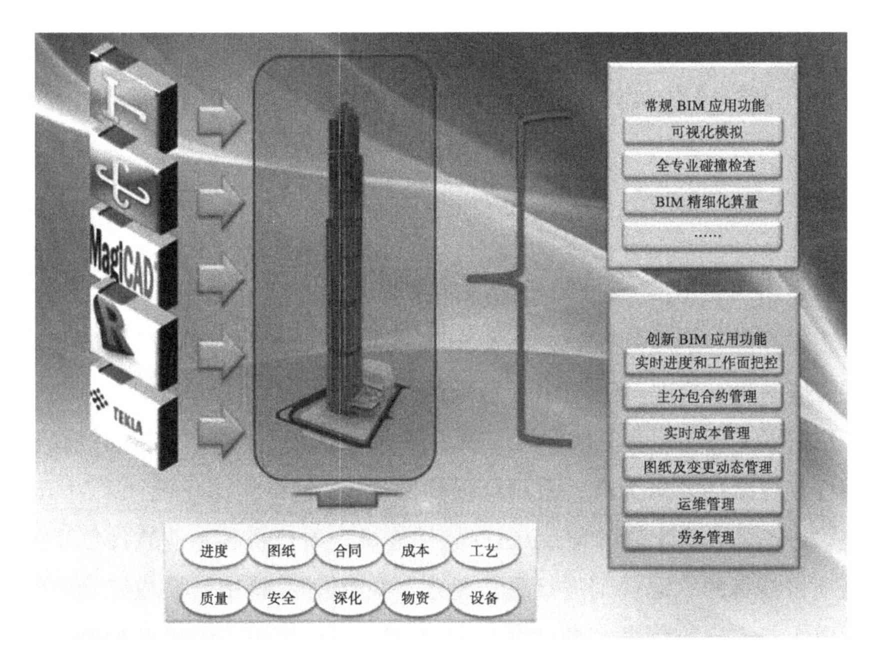

图 2-2　广州东塔项目 BIM 信息集成平台功能构成

2.1.2.2　模型管理与浏览

BIM 信息集成平台的模型管理与浏览功能可实现如下操作：

（1）多专业模型的合并。

（2）在模型中漫游、旋转、平移、放大、缩小等通用的浏览功能。

（3）在模型中进行红线批注、浏览位置（视点）管理等。

（4）构件检索。可以根据构件类型、所处楼层等信息检索构件。

（5）模型更新。根据设计图纸变更，实时更新并保存新的模型。

2.1.2.3　模型信息管理

BIM 信息集成平台的模型信息管理功能可实现如下操作：

（1）模型的属性、工程量等信息的导入、导出，可以通过 Excel 等其他软件，为模型增加信息，也能将模型信息导出，给其他应用使用。

（2）在模型构件中附加文件、图纸等资料和信息。

（3）通过应用程序接口 API 为其他应用，包括进度管理系统、商务合同管理、成本管理系统等提供数据。

2.2 模型集成与版本管理

2.2.1 模型集成

广州东塔项目BIM系统模型的应用是将各专业建立的模型文件（钢结构、机电、土建算量、钢筋翻样等）导入BIM平台，以此作为BIM模型的基础。并实现对文件的版本管理，作为BIM应用的基础模型。

广州东塔项目在模型集成方面实现了很大的突破，土建专业建模以满足商务土建翻样和算量的要求为准，采用算量软件建模；钢结构深化设计采用Tekla软件建模；机电深化设计采用MagiCAD软件建模。项目将各专业软件创建的模型按照该项目特有的编码规则进行重新组合，在BIM系统中转换成统一的数据格式，形成完整的建筑信息模型，在BIM模型平台提供统一的模型浏览、信息查询等操作功能，并极大地提升了大模型显示及加载效率，从而真正意义上实现了超高层项目或其他建筑面积体量大项目BIM模型整合应用。

BIM平台提供的版本管理，可以将变更后的模型更替到原有模型，产生不同的模型版本，平台默认显示最新版本模型，同时，更新模型时，可以通过设置变更编号作为原模型与变更后模型的联系纽带，实现可视化的变更管理。在变更计算模块，通过选择变更编号以及对应的模型文件版本，可自动计算出变更前后模型量的对比，便于商务人员进行变更索赔。

2.2.1.1 模型文件上传

在完成各专业深化设计BIM模型构建的同时，将这些专业的深化设计BIM模型文件载入到广州东塔项目BIM信息集成平台，是模型集成的重点。

上传模型文件首先需要设置分组，以便按专业管理模型文件。然后再选择需要上传的工程文件上传到BIM平台的指定位置。以上传广州东塔主塔楼10 ~ 23层土建模型文件为例：在土建专业模型建立之后，在BIM5D的新建组中，设置分组名称和类型为“土建”（图2-3）。然后，将本地硬盘中已经构建好的10 ~ 23层土建模型上传到对应工程文件类目下（图2-4），并选择合并到所属的楼宇（图2-5）。最后，通过“更新到BIM平台”定义好文件说明信息，将所添加的 10 ~ 23 层主塔楼土建专业工程文件更新到 BIM 平台中（图 2-6），更新后整个模型上传操作界面将回到不可编辑状态（图 2-7）。

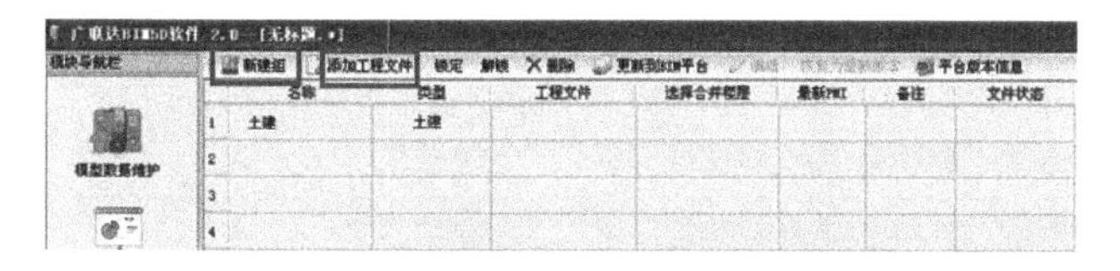

图 2-3　新建组名称和类型设置

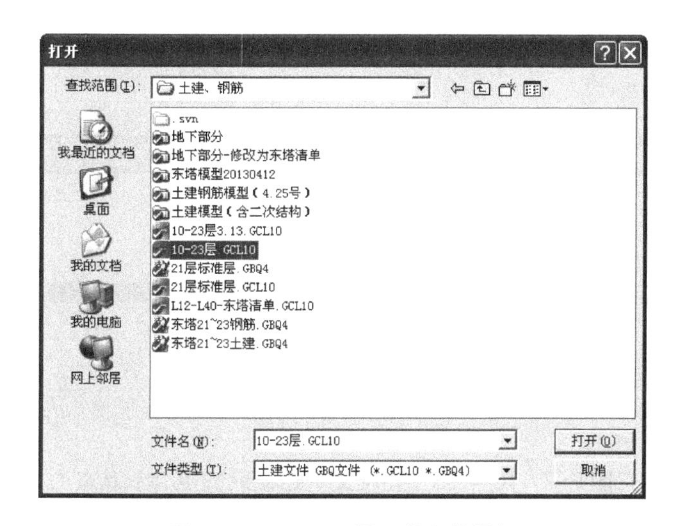

图 2-4　10 ~ 23 层工程文件添加

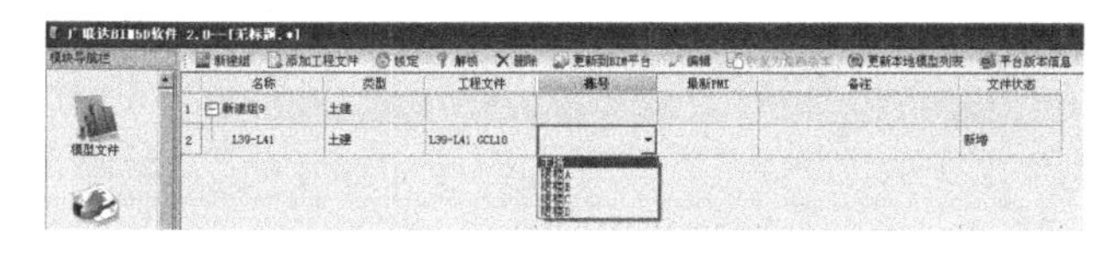

图 2-5　10 ~ 23 层隶属楼宇选择

广州东塔项目 BIM 信息集成平台中的模型集成过程充分考虑了用户操作过程中可能导致的误载问题。如果不小心添加了错误的工程文件，可以在平台中进行修正。仍以 10 ~ 23 层的工程文件上传为例，若发现上传的 10 ~ 23 层土建工程文件中的模型版本是错误的，可以通过点击相应组别的工程文件类目下所对应文件后的“三点”省略标识（即双击工程文件栏目下对应文件的“…”标识）实现工程文件的重新选择，更正误载的 10 ~ 23 层土建工程文件（图 2-8）。

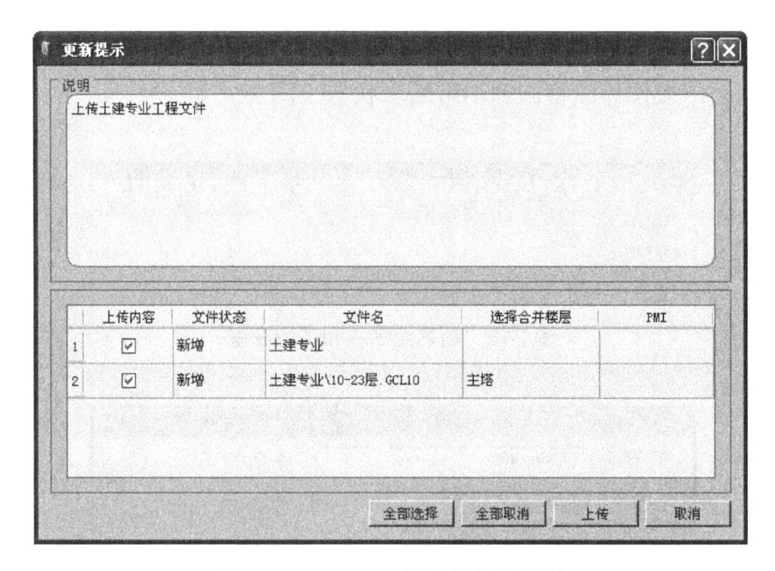

图 2-6　10 ~ 23 层工程文件更新

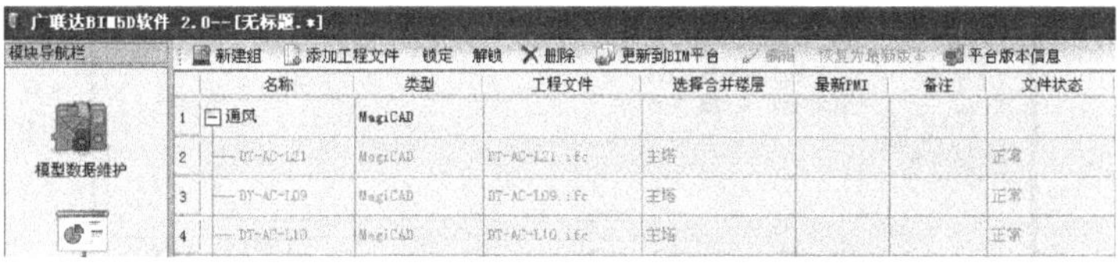

图 2-7　10 ~ 23 层工程文件更新后的不可编辑状态

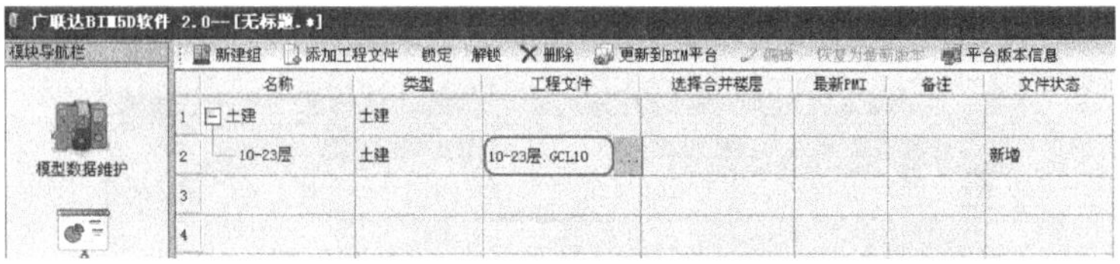

图 2-8　10 ~ 23 层工程文件添加错误时的可更改状态

2.2.1.2　模型文件编辑

在模型集成后，权限范围内的用户还可以对广州东塔项目 BIM 信息集成平台中上传的模型文件进行编辑操作。需要明确的是，在模型文件上传过程中的模型文件编辑只是将已经通过深化设计并且添加到广州东塔项目 BIM 信息集成平台中的模型文件进行编辑，而不是对模型的专业设计内容进行变更。对所添加的模型文件进行编辑时需要获取对应的编辑项目，待对应编辑项目进入可编辑状态时进行操作。以对主塔楼 B4 ~ B1 钢结构工程文件进行编辑为例：先选择对应的第 53 项中的 B4 ~ B1 信息栏，然后通过平台中的锁定按钮来获取可编辑状态，如图 2-9 所示。然后通过工具栏上的编辑项对工程文件进行编辑，待工程文件编辑完毕后，将调整后的内容添加、更新到 BIM 平台中。

图 2-9　主塔楼 B4 ~ B1 钢结构工程文件编辑

模型集成时需要特别注意的是：当用户需要对模型文件的设计内容修改，则需要在本机上安装相应的建模软件，IFC 格式的文件修改需要在 MagiCAD 或 Tekla 软件中进行，重新导出 IFC 文件，通过工程文件框中的三点按钮，重新添加到 BIM 平台。编辑过程中，发现编辑内容错误，则可以关闭工程文件，恢复为最新版本，就可以将当前工程文件恢复为平台上的最新版本，然后进行重新编辑。

2.2.2　版本管理

2.2.2.1　BIM 平台版本管理

广州东塔项目 BIM 信息集成平台也是一个在工程实践基础上逐渐完善的系统，会随其功能性的完善或接口的扩展对平台加以调整，这自然就会涉及对 BIM 信息集成平台在运行的不同阶段进行升级。为此，广州东塔项目 BIM 信息集成平台设置了专门的 BIM 平台版本管理功能，对 BIM 信息集成平台版本的变化进行实时反馈。例如，2013 年 5 月 31 日因新建组 2 产生调整而产生的版本变动信息，可以通过 BIM 平台版本信息查看整个平台的版本情况，并可以通过设置时间和责任人进行搜索，如图 2-10 所示。

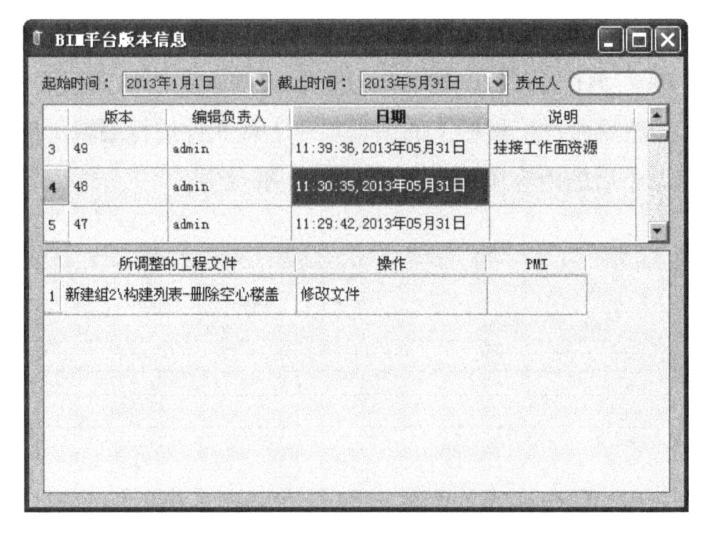

图 2-10　BIM 平台版本管理

2.2.2.2　文件版本管理

由于广州东塔项目 BIM 信息集成平台中所添加的工程文件众多，并且这些工程文件在施工过程中会随着图纸变更而发生版本的变化。因此，广州东塔项目 BIM 信息集成平台设置了文件版本功能，对所添加的特定专业工程深化模型文件进行文件版本管理。该功能主要是提取了对应文件的版本更新信息、系统添加日期、内容说明、对应的图纸指令（PMI）和编辑责任人等项目。当具体操作权限的用户选择某一特定的工程文件时可在文件版本信息模块中看到该文件的版本相关内容，如图 2-11 所示。

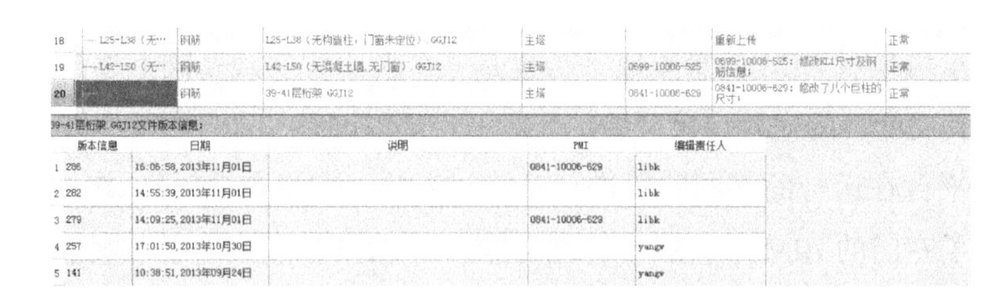

图 2-11　文件版本管理

2.2.2.3　模型版本检查与更新

在广州东塔项目 BIM 信息集成平台中，判断用户自己的客户端或者其他客户端是否有更新，可以通过操作平台来检查模型版本，平台会自动给出检查结果。同时，当平台检查到有新版本模型时，也可以通过此功能实现模型的更新。参见图 2-12。

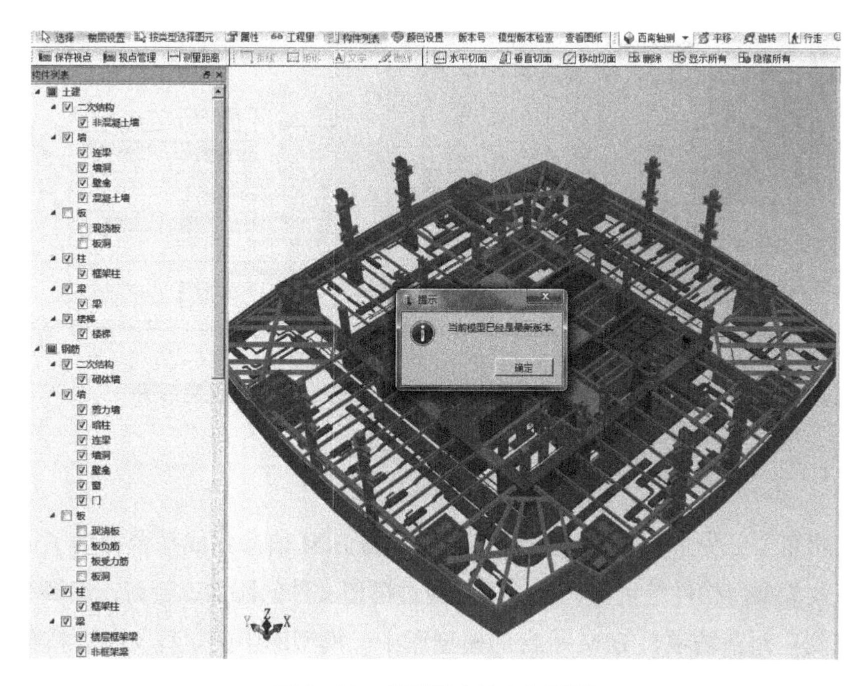

图 2-12　模型版本检查与更新

2.3　信息集成

2.3.1　信息集成流程分析

2.3.1.1　信息生产、集成与应用的关系

广州东塔项目 BIM 信息集成平台的信息流主要包括信息的生产、集成和应用三个环节。其中专业建模、算量等软件为信息生产提供了基本的工具；所构建的 BIM 信息平台为所生产的信息提供了集成的空间，使得信息模型、工程量、时间、成本、进度等相关信息能有机地集成在一个统一的信息平台中，并服务于广州东塔工程施工的成本、合同、进度等管理与应用。广州东塔项目 BIM 信息集成平台的信息生产、集成与应用的关系如图 2-13 所示。

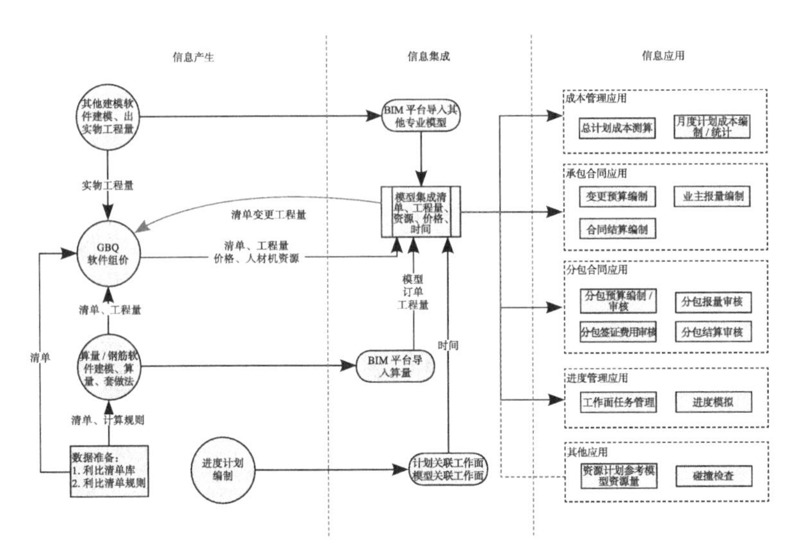

图 2-13　广州东塔项目 BIM 信息集成平台的信息流关系图

2.3.1.2　信息集成流程

广州东塔各专业建模标准为广州东塔项目 BIM 信息集成平台提供了可集成的各专业模型、构件等资源，这些模型经过模型文件的添加、更新、编辑等操作被集成到广州东塔项目 BIM 平台的模型库中。模型库中的工程文件、模型、构件等为广州东塔项目 BIM 信息集成提供了最基本的信息来源。信息集成的流程可以描述为：在各专业建模标准的指导下构建出广州东塔项目 BIM 模型，然后通过将工程量和价格清单与模型的集成，形成带清单的信息模型，再将这些带清单的信息模型与进度信息集成，从而构建出带成本和进度的广州东塔项目 BIM5D 信息模型。参见图 2-14。

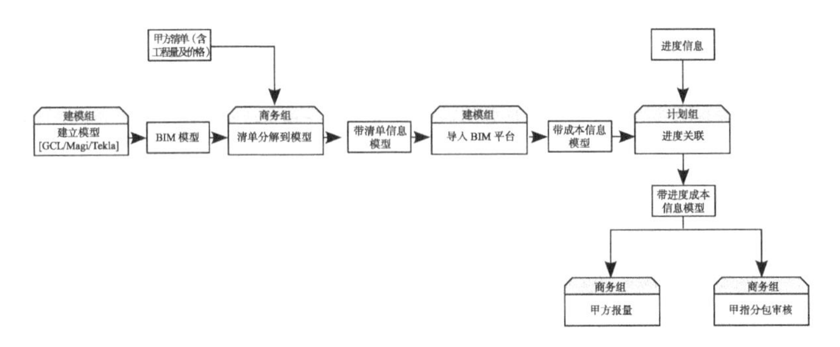

图 2-14　广州东塔项目 BIM 信息集成平台的信息集成流程

2.3.1.3 信息集成规则

为使广州东塔项目 BIM 信息集成平台中的信息得以集成，需要依赖一系列的信息集成规则，这些信息集成规则涉及土建、机电、钢构等各专业。以机电专业的信息集成规划构成为例：首先需要明确机电计划，并结合机电模型确立相应的分区编码、形态、专业和系统等共有的属性，然后根据这些属性建立机电模型所具有的分区、规格、材质等机电清单。具体如图 2-15 所示。

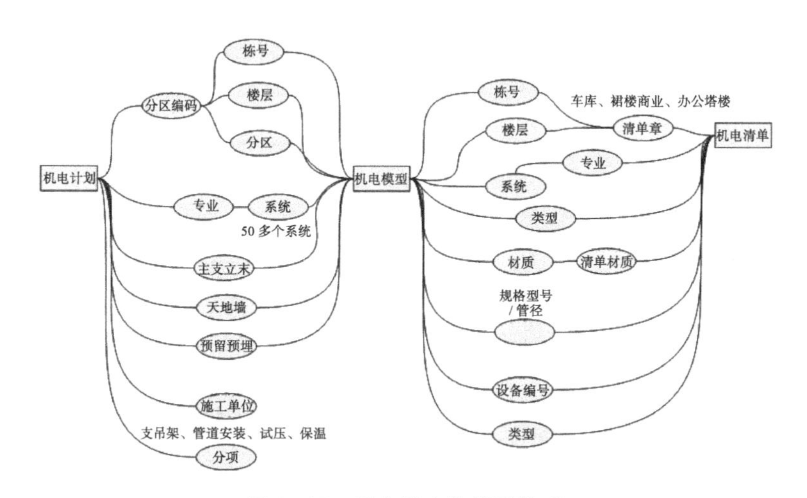

图 2-15 机电信息集规则构成

2.3.2 信息集成过程

广州东塔项目 BIM 系统通过制定一系列的关联规则及编码，将进度计划、实际进度、工作面、合同、成本、图纸、质量安全问题等大量施工全过程信息与对应的 BIM 模型构件及分区关联集成，并将模型、数据、文档分块存储、集成应用，形成了以模型为载体和纽带，各业各部海量信息互通互联的统一体，为施工总承包管理各环节的过程管控提供了详尽的信息支撑。

2.3.2.1 模型与清单信息集成

构件是整个模型库中所有模型的最原始单位，即广州东塔项目 BIM 信息集成平台中的模型都是由一个或多个构件组成的。因而，在模型与清单进行信息集成时，构件便成了与清单直接关联的对象。为了便于广州东塔项目 BIM 信息集成平台对信息的集成，在平台开发时特别构建了清单库和构件列表，这些清单库和构件列表之间可以通过手动选择，将特定的清单项添加到指定构件下，实现模型与清单信息的集成。参见图 2-16 ~图 2-18。

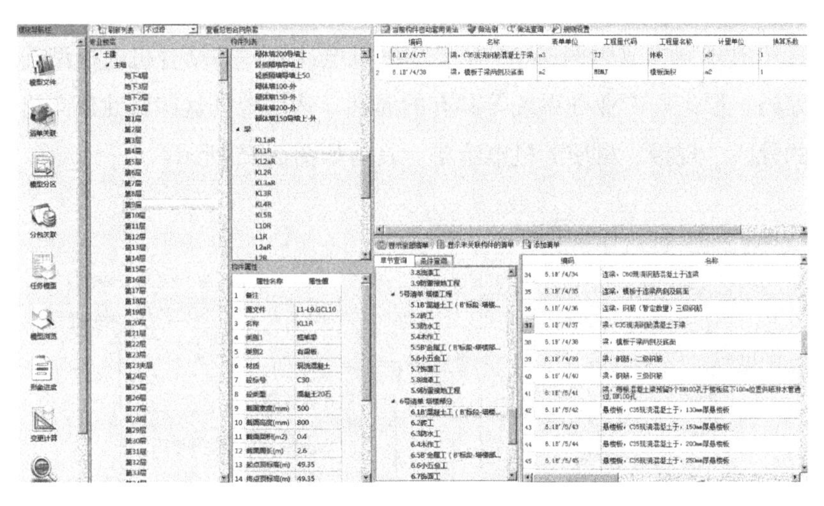

图 2–16　模型与清单信息集成（1）

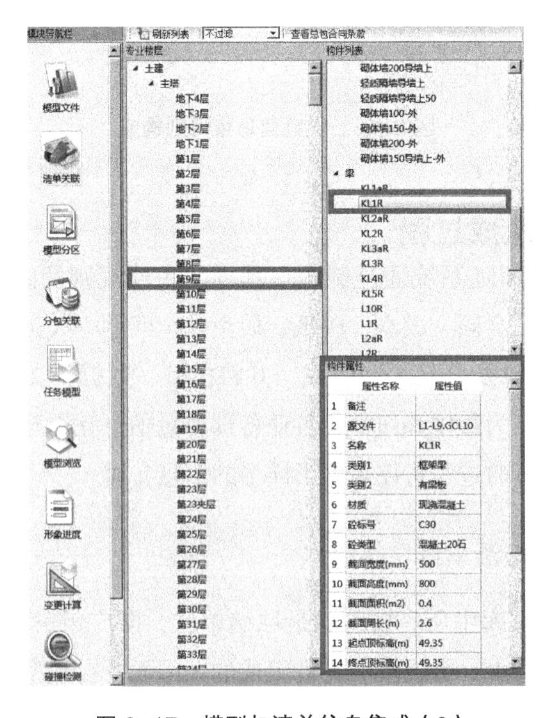

图 2–17　模型与清单信息集成（2）

当前构件自动套用做法 做法刷 做法查询 规则设置

	编码	名称	清单单位	工程量代码	工程量名称	计量单位	换算系数
1	6.1B'/4/37	梁，C35现浇钢筋混凝土于梁	m3	TJ	体积	m3	1
2	6.1B'/4/38	梁，模板于梁两侧及底面	m2	MBMJ	模板面积	m2	1

图 2-18 模型与清单信息集成（3）

在实现模型与清单信息集成的过程中，广州东塔项目 BIM 信息集成平台充分考虑了其中可能产生的错误。比如，当发现所集成的清单错误，则可以直接删除对应构件的错误清单，然后再次进行信息集成。

2.3.2.2 构件清单与工程量信息集成

不同专业模型的构件所对应的工程量信息是不一样的，比如土建专业模型的构件所对应的工程量一般都是按容积单位算，而钢结构模型的构件单位则一般按重量单位来衡量。因此，在进行构件与清单信息集成的同时，清单库也与特定构件的工程量代码库中的信息进行集成。在实现清单与模型集成时，通过工程量代码框指定该清单对应的构件工程量，如图 2-19 所示。

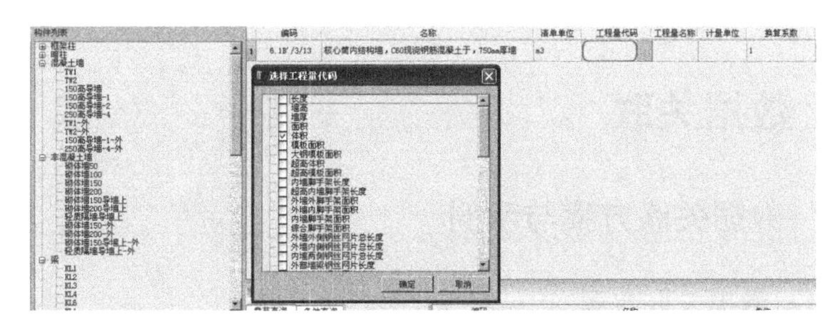

图 2-19 构件清单与工程量信息集成

2.3.2.3 构件与清单的自动集成

为了提高广州东塔项目 BIM 信息集成平台的信息集成效率，在设置清单信息集成规则后，还可以通过平台实现构件与清单的自动集成。通过信息集成规则的设置，可以通过清单库中的任意清单选择，在对应属性框中指定相关的属性项和属性值，同时在其工程量代码中选择对应工程量，并根据单位确定换算系数。参见图 2-20。

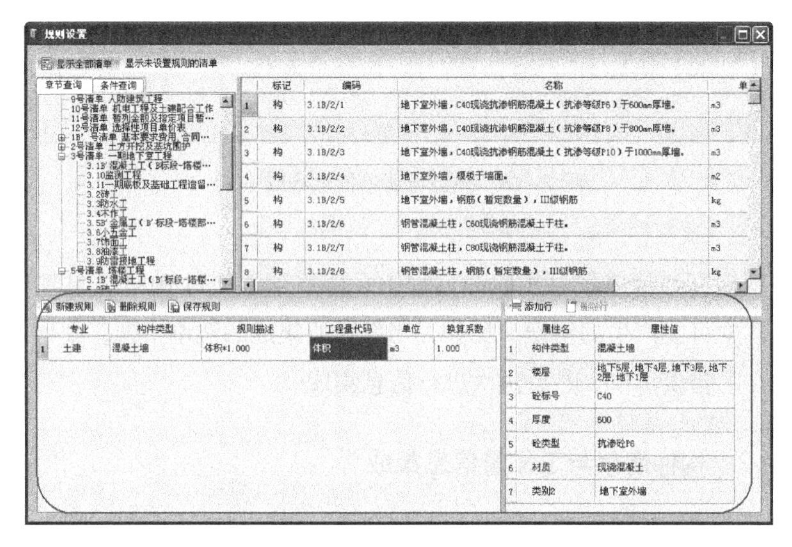

图 2-20　构件与清单的自动集成

经过上述的集成过程，可以将集成后的广州东塔项目 BIM 信息展现在特定的平台中，以便服务于东塔项目的施工管理，支撑总承包方对工程施工的管理，发挥更大的价值和协同作用。

2.4　数据关联

2.4.1　数据关联方案与示例

2.4.1.1　数据关联方案

在广州东塔 BIM 系统中，通过统一的信息关联规则，实现模型与进度、工作面、图纸、清单、合同条款等大量信息数据的自动关联。其数据关联方案如图 2-21 所示。

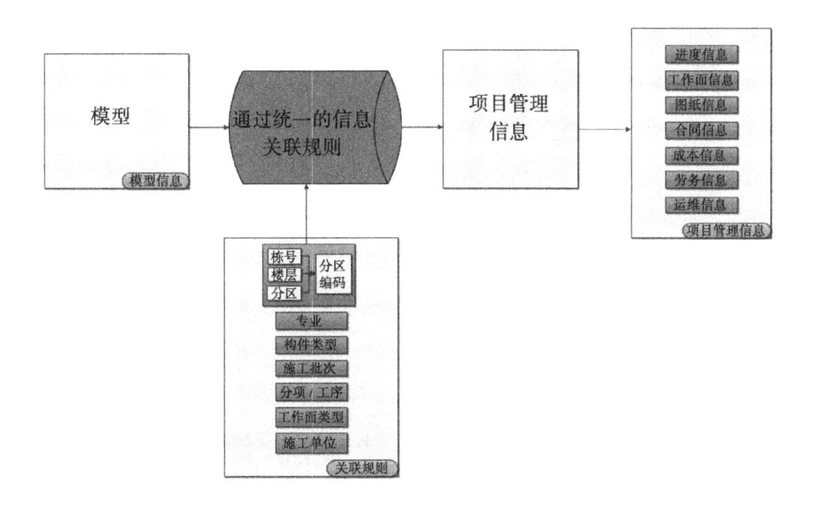

图 2-21 广州东塔项目 BIM 系统数据关联方案

2.4.1.2 数据关联示例

（1）图纸与模型关联。图纸依据相应属性与模型关联，参见图 2-22。

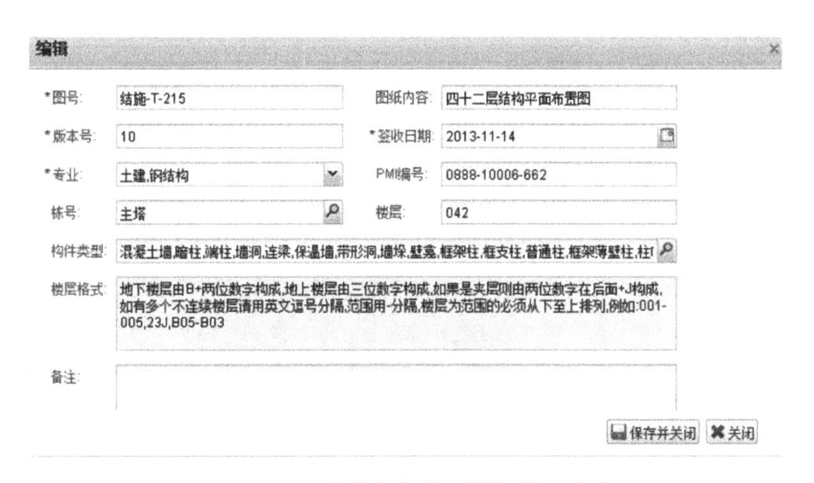

图 2-22 图纸依据相应属性与模型关联

（2）进度与模型关联。广州东塔 BIM 系统通过对模型设置专项属性（包括栋号、专业、分区、楼层、分项、构件类型、施工批次等），实现模型和计划的自动关联，参见图 2-23。

分区编码	栋号	楼层	分区类型	专业	分项	机电系统	部位	构件类型
ZTN005	主塔	第5层	核心筒内	土建	混凝土			混凝土墙,暗柱,连梁,核心筒墙,连梁
ZTN006	主塔	第6层	核心筒内	土建	混凝土			混凝土墙,暗柱,连梁,核心筒墙,连梁
ZTN007	主塔	第7层	核心筒内	土建	混凝土			混凝土墙,暗柱,连梁,核心筒墙,连梁
ZTN008	主塔	第8层	核心筒内	土建	混凝土			混凝土墙,暗柱,连梁,核心筒墙,连梁
ZTN009	主塔	第9层	核心筒内	土建	混凝土			混凝土墙,暗柱,连梁,核心筒墙,连梁
ZTN009	主塔	第9层	核心筒内					
ZTN009	主塔	第9层	核心筒内	土建	混凝土			
ZTN010	主塔	第10层	核心筒内	土建	混凝土			混凝土墙,暗柱,连梁,核心筒墙,连梁
ZTN011	主塔	第11层	核心筒内	土建	混凝土			混凝土墙,暗柱,连梁,核心筒墙,连梁
ZTN012	主塔	第12层	核心筒内	土建	混凝土			混凝土墙,暗柱,连梁,核心筒墙,连梁
ZTN013	主塔	第13层	核心筒内	土建	混凝土			混凝土墙,暗柱,连梁,核心筒墙,连梁
ZTN014	主塔	第14层	核心筒内	土建	混凝土			混凝土墙,暗柱,连梁,核心筒墙,连梁
ZTN014	主塔	第14层	核心筒内	土建	混凝土			
ZTN014	主塔	第14层	核心筒内	土建	混凝土			
ZTN015	主塔	第15层	核心筒内	土建	混凝土			混凝土墙,暗柱,连梁,核心筒墙,连梁
ZTN016	主塔	第16层	核心筒内	土建	混凝土			混凝土墙,暗柱,连梁,核心筒墙,连梁
ZTN017	主塔	第17层	核心筒内	土建	混凝土			混凝土墙,暗柱,连梁,核心筒墙,连梁
ZTN018	主塔	第18层	核心筒内	土建	混凝土			混凝土墙,暗柱,连梁,核心筒墙,连梁
ZTN019	主塔	第19层	核心筒内	土建	混凝土			混凝土墙,暗柱,连梁,核心筒墙,连梁
ZTN019	主塔	第19层	核心筒内	土建	混凝土			
ZTN019	主塔	第19层	核心筒内	土建	混凝土			
ZTN020	主塔	第20层	核心筒内	土建	混凝土			混凝土墙,暗柱,墙洞,连梁,核心筒墙,连梁,剪力墙,暗梁,墙洞,连梁
ZTN021	主塔	第21层	核心筒内	土建	混凝土			混凝土墙,暗柱,墙洞,连梁,核心筒墙,连梁,剪力墙,暗梁,墙洞,连梁
ZTN022	主塔	第22层	核心筒内	土建	混凝土			混凝土墙,暗柱,墙洞,连梁,核心筒墙,连梁,剪力墙,暗梁,墙洞,连梁
ZTN023	主塔	第23层	核心筒内	土建	混凝土			混凝土墙,暗柱,墙洞,连梁,核心筒墙,连梁,剪力墙,暗梁,墙洞,连梁
ZTN023	主塔	第23层	核心筒内	土建	混凝土			混凝土墙,暗柱,墙洞,连梁,核心筒墙,连梁,剪力墙,暗梁,墙洞,连梁
ZTN023	主塔	第23层	核心筒内	土建	混凝土			
ZTN023	主塔	第23层	核心筒内	土建	混凝土			混凝土墙,暗柱,墙洞,连梁,核心筒墙,连梁,剪力墙,暗梁,墙洞,连梁
ZTN23J	主塔	第23...	核心筒内	土建	混凝土			混凝土墙,暗柱,墙洞,连梁,核心筒墙,连梁,剪力墙,暗梁,墙洞,连梁
ZTN024	主塔	第24层	核心筒内	土建	混凝土			混凝土墙,暗柱,墙洞,连梁,核心筒墙,连梁,剪力墙,暗梁,墙洞,连梁

图 2-23　进度依据相应属性、编码与模型关联

（3）合同与模型关联。广州东塔 BIM 系统通过选择合同及费用明细项、选择该合同费用明细项对应的范围、填写单位换算系数，实现合同与模型的自动关联，参见图 2-24。

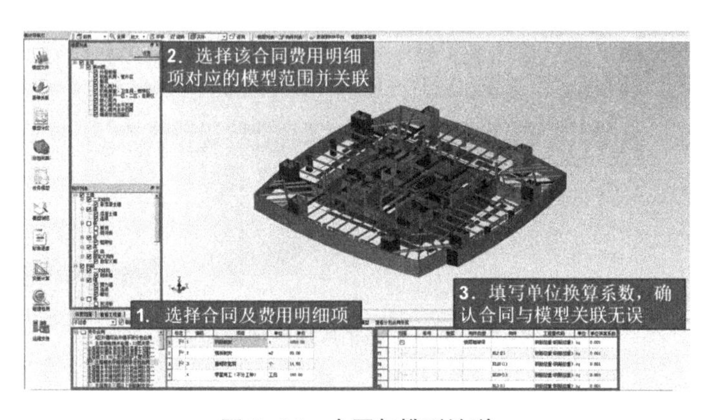

图 2-24　合同与模型关联

（4）进度计划与 BIM 模型的双向关联。广州东塔 BIM 系统通过在 BIM 模型上建立分区，以分区和其他属性值的方式进行进度计划与 BIM 模型的双向关

联，参见图 2-25、图 2-26。

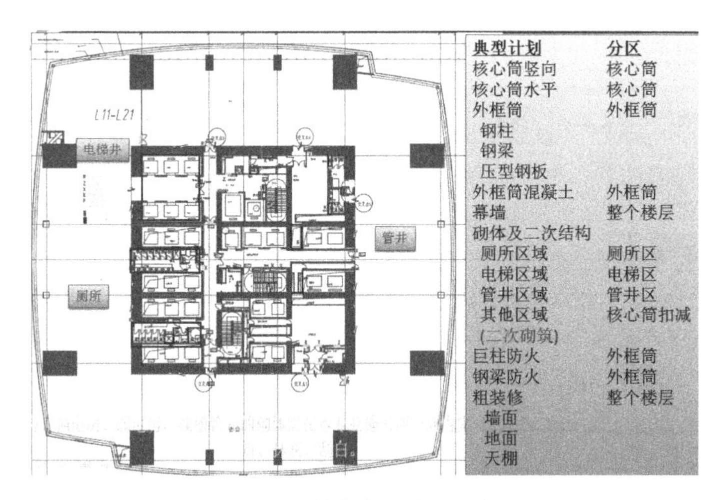

图 2-25 结构专业分区示意图

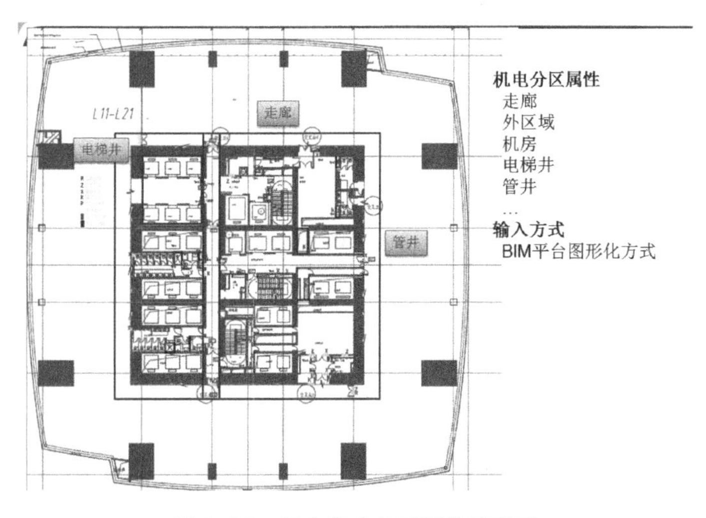

图 2-26 机电专业分区划分示意图

2.4.2 专业 BIM 模型关联属性

2.4.2.1 结构专业 BIM 模型关联属性

结构专业模型的进度关联属性包括：栋号、专业、分区、楼层、分项、构件类型、施工批次。如图 2-27 所示。

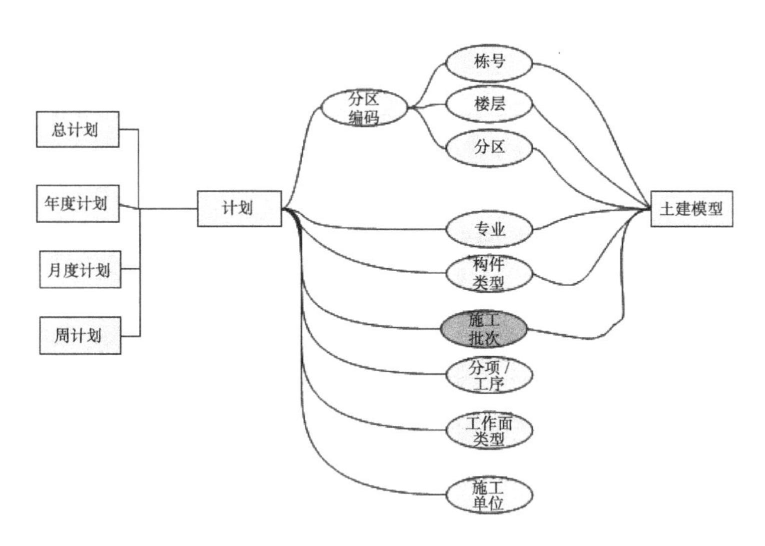

图 2-27　结构专业模型关联属性

结构专业中的关联属性的输入方式及规则，参见表 2-1。

结构专业关联关系表　　表2-1

序号	属性	土建 GCL	钢构 Tekla
1	栋号	文件属性	文件属性
2	楼层	建模时输入	根据构件编码确定
3	分区	BIM 平台划分	BIM 平台划分
4	专业	根据系统确定	根据系统确定
5	主支立末	不需要	不需要
6	天地墙	只有二次结构部分需要：吊顶、墙面、地面构件	不需要
7	预留预埋（预留）	不需要	不需要
8	类型 / 部件设备名称	构件属性	构件属性
9	材质	构件属性	构件属性
10	规格型号 / 管径	构件属性	构件属性

2.4.2.2　机电专业 BIM 模型关联属性

机电专业进度计划与 BIM 模型关联的主要属性包括：栋号、分区、专业、系统、管道类型（主支立末）、结构部位（天地墙）、分项、施工单位等。如图 2-28 所示。

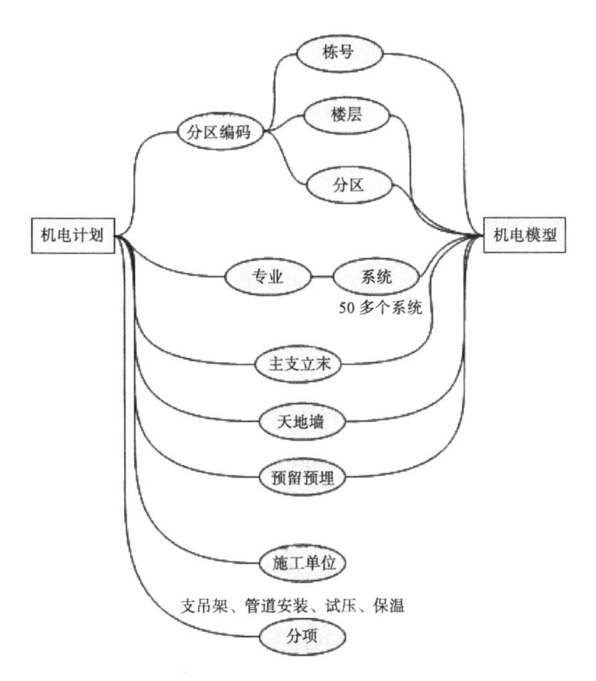

图 2-28　机电专业关联属性示意图

机电专业中的关联属性的输入方式及规则，参见表 2-2。

机电专业关联关系表　　表2-2

序号	属性	给水排水 MagiCAD	电气 GQI	暖通 MagiCAD
1	栋号	文件属性	文件属性	文件属性
2	楼层	建模时输入	建模时输入	建模时输入
3	分区	BIM 平台划分	BIM 平台划分	BIM 平台划分
4	专业	根据系统确定	根据系统确定	根据系统确定
5	主支立末	状态属性	构件属性	状态属性
6	天地墙	用户变量 1	构件属性	用户变量 1
7	预留预埋（预留）	用户变量 2	构件属性	用户变量 2
8	类型 / 部件设备名称	构件属性	构件属性	构件属性
9	材质	构件属性	构件属性	构件属性
10	规格型号 / 管径	构件属性	构件属性	构件属性

第3章 东塔项目常规BIM应用

常规BIM应用是指目前已经成功实现并得到广泛应用的BIM基本功能。BIM技术被认为是一项能够彻底改变建筑业现状的强大工具，它在建筑业各个方面的应用都在被不断扩展和深化。然而，BIM的基本功能依然是被运用最为广泛的功能，其他方面的应用扩展也多是基于基本功能发展而来的。

广州东塔BIM系统实现的常规BIM应用主要包括模型的展示和浏览、信息的快速获取和查询、三维可视化施工模拟、工程量快速计算、碰撞检查与三维深化设计等六个方面。

3.1 模型的展示和浏览

将传统的二维设计转换成为三维模型是BIM技术实现的最基本的功能，也是BIM技术实现的突破性功能之一。三维可视化展示在建设项目中的应用具有非常重要的作用，它可直接模拟将要建成的建筑物形态，实现“所见即所得”。以往的建筑设计，只是将各个构件的信息在二维图纸上采用线条绘制表达，其真正的构造形式就需要建设项目的参与人员重新在脑中构建。现代建筑构造越来越复杂，仅凭人去想象真实的建筑构造越来越困难，也增加了出错的可能性。东塔项目BIM系统实现了此传统的BIM功能，将项目设计、建造过程中的沟通、讨论、决策在三维可视化的BIM模型中进行。

3.1.1 查看模型

广州东塔项目的BIM模型是由高度集成的MagiCAD、Tekla、土建（GCL）、钢筋建模软件（GGJ）、计划编制软件MS Project、MS Word、MS Excel共同建立的。各专业软件创建的模型按照广州东塔特有的编码规则进行重新组合，在BIM系统中转换成统一的数据格式，形成完整的建筑信息模型。BIM系统提供统一的模型浏览、信息查询功能，同时提升了大模型的显示和加载效率。参见图3-1。

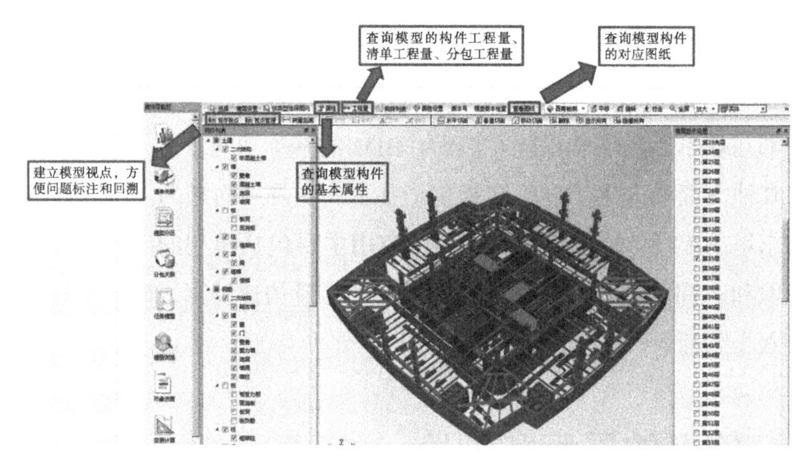

图3–1 模型浏览界面

广州东塔BIM系统模型查看功能可实现楼层和构件的双重过滤筛选，满足项目管理人员查看模型特定结构部件的需求，同时使得模型加载相对高效。例如，项目管理人员希望查看广州东塔BIM模型的42和43层模型信息，管理人员可在楼层显示设置中选择需查看的42和43层，参见图3-2。若管理人员只希望查看模型中42和43层的土建和钢筋构件，则可在构件列表中选择需要查看的土建和钢筋构件，参见图3-3。

3.1.2 查看模型工程量

广州东塔BIM模型同样具有快速计算和查看工程量的功能。在BIM模型中

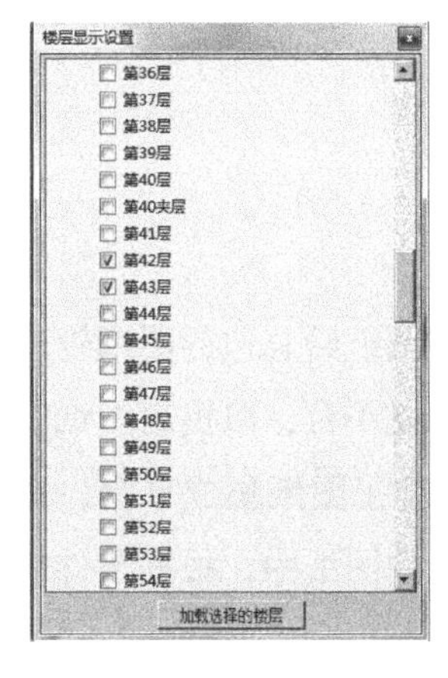

图 3-2 楼层显示设置图

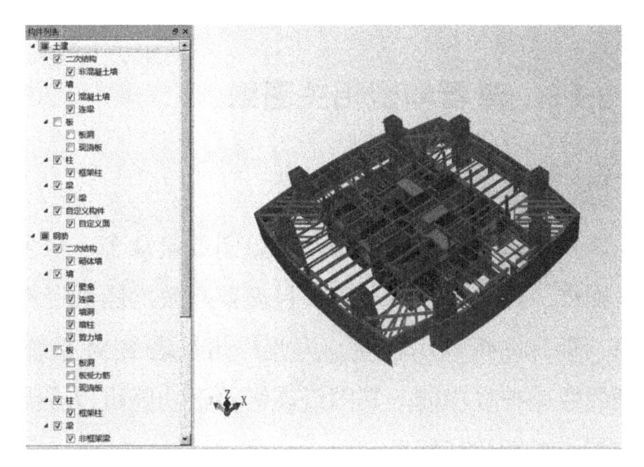

图 3-3 构件列表过滤图

选定特定楼层的特定构件之后，模型平台支持查看特定构件对象的工程量信息和材料单价，这使得施工管理人员可以快速地得知某特定施工构件的施工材料需求量，以及材料的价格信息。此项功能为项目实施过程中材料准备提供了可靠的数据支持，同时获得了材料成本支出信息。例如，项目管理人员希望查看广州东塔42和43层框架柱的工程量，则可在3.1.1查看模型操作之后选择框架柱，然后点击工程量计算，参见图3-4，即可得到包含所选构件的工程量信息、各种材料的综合单价和总价、合同工程量和合同金额。

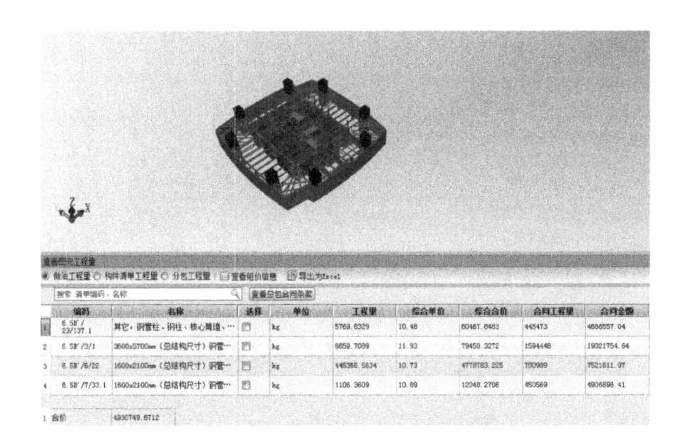

图 3-4 42 和 43 层框架柱工程量查看

快速查看工程量功能的使用，为基于工程量的其他项目管理工作提供了数据支持，提高了如成本管理、合同管理、材料管理等工作的效率。

3.1.3 查看模型相关图纸

3.1.3.1 图纸检索

广州东塔项目的施工图、变更图数量众多，众多的图纸给总包的图纸管理带来了困难。因此，广州东塔项目需要高效的图纸资料集成平台，以提高图纸管理效率，提升图纸利用程度。为此广州东塔BIM系统建立了图纸集成平台，提供图纸的快速查看功能。其图纸高级检索功能可以在海量的图纸中，根据条件快速锁定相应图纸及其信息。

在广州东塔BIM模型中选定特定构件之后，选择查看图纸功能，则可进入图纸管理界面，进行图纸查询。例如，项目管理人员希望查看广州东塔43层的钢结构相关图纸，则可在选择43层之后进入图纸管理界面，查询到43层所有的钢结构相关图纸，参见图3-5。或者，项目管理人员希望查看东塔项目第8层的所有强电弱电专业图纸，也可利用BIM系统中的图纸高级检索功能，输入图纸的基本信息和附加信息进行检索。其中，基本信息包括图号、图纸内容、PMI编号、专业、栋号、楼层、构件类型、签收时间（时间段）、编制日期（时间段）等。附加信息包括CIP编号、PMI编号、内容简述、签发日期（时间段）等。实际操作时，只需进行模糊的基本信息和附加信息填写，便可查询所需图纸，得到查询结果，参见图3-6。

图纸信息

新增 修改 查看 删除 | 导入 附件列表 版本管理 | 刷新 导出当前版本 图纸版本查询 更改目录

	图号	图纸内容	版本号	PMI编号	专业	栋号	楼层	构件类型	签收日期
1	结施-T-017	塔楼楼板边缘大样	7	0988-8887	土建.钢结构	主塔	001-113		2013-
2	结施-T-020	塔楼钢结构典型构造要求（一）	7	0502-10006-371	土建.钢结构	主塔	001-113		2012-
3	结施-T-020.1	塔楼钢结构典型构造要求（十四）	4	0611-10006-453	土建.钢结构	主塔	001-113		2012-
4	结施-T-023	塔楼钢结构典型构造要求（四）	8	0502-10006-371	土建.钢结构	主塔	001-113		2012-
5	结施-T-023.1	塔楼钢结构典型构造要求（五）	7	0502-10006-371	土建.钢结构	主塔	001-113		2012-
6	结施-T-023.2	塔楼钢结构典型构造要求（六）	8	0611-10006-453	土建.钢结构	主塔	001-113		2013-

第 1 页共3页 | 每页显示 25 条记录　　显示1-25条，共55条

配套工作 | 图纸修改单 | 技术咨询单 | 设计变更洽商单 | 答疑文件 | 其他附件

新增 修改 删除 查看 从模板选择 保存到模板 从计划选择

名称	工作类型	工作分类	重要性	指导开始时间	指导完成时间	实际开始时间	实际完成时间	处理状态	工作面
安全交底	常规工作	方案类	重要	2013-10-01	2013-10-29	2013-10-03	2013-10-27	已完成	
钢筋劳务队伍交底	常规工作	方案类	重要	2013-09-30	2013-10-29	2013-09-30	2013-10-28	已完成	
钢筋劳务队伍交底	常规工作	签证审核类	重要	2013-10-03	2013-11-06	2013-10-03	2013-11-05	已完成	

图3–5 43层钢梁图纸管理

图 3–6　8 层强弱电专业图高级检索

根据经验估计，若采用人工翻找的传统方式搜索图纸，多人共同工作，至少需要 1 小时以上，才能从广州东塔大量的专业图纸中查询到需要的图纸。使用查看图纸功能之后，只需一人在 BIM 系统中搜索，图纸搜索用时也缩短到了几秒钟。此功能节约了人力资源，提高了图纸查询效率。

3.1.3.2　变更与深化设计申报

东塔项目除施工图纸以外，图纸变更和深化设计图数量也很多。截止到 2014 年 9 月，图纸变更就有 3624 条，深化设计图纸数量虽未明确统计，但也是千份数量级的。如此多的变更和深化设计，都需要由业主、相关专业设计单位以及监理单位多方审批，追踪难度大。据管理人员估计，平均每个项目的申报工作需要完成三次申报才能合格，每次申报都会产生大量的附件信息。按照以往的经验，汇总一次审批意见需要 0.5 工日，而实时查询一次申报结果也需要 1 个小时的工作量。如何高效追踪图纸申报过程、获取申报信息，成为东塔项目图纸管理中需要重点解决的一个问题。

为解决该问题，东塔 BIM 系统实现了申报工作查询的功能，所有的图纸申报工作全部在 BIM 平台上实现，所有的图纸申报进度信息和相关附件信息全部集成到平台之中。借助该功能，图纸管理人员无须建立线下台账，发生申报时只需及时录入系统，系统就可实时汇总申报信息，方便管理人员将来查询。例如，钢结构施工管理人员需要查看43层钢梁深化图纸方案的申报状态，则可直接进入图纸管理界面，选择图纸申报项目选项，搜索到43层钢梁的深化图纸方案，系统即可自动汇总实时的图纸申报的进度信息和审批结果，参见图3-7。

图3-7 43层钢梁图纸方案申报

在使用此申报功能之后，广州东塔项目所有的图纸审批工作无须专人查询和追踪，只需通过系统查询，就能在几秒钟之内获取审批结果。

3.1.4 查看模型属性

广州东塔项目施工过程涉及材料、进度以及其他信息众多，若缺乏统一的信息集成平台，这些信息在施工项目参与方之间交换和共享会产生困难，影响东塔项目的施工效率。因此，广州东塔项目将材料、进度等相关信息全部集成到BIM模型中，并在BIM系统中加入了快速查看模型属性功能，以方便相关管理人员进行信息查询。

3.1.4.1 构件属性

东塔BIM模型支持查询任意建筑构件的属性，此功能保证施工管理人员能够快速查看他们希望查询的复杂构件的详细信息。例如，东塔项目的土建施工到

43 层,施工管理人员希望查看 43 层巨柱的详细信息。则可直接筛选到 43 层巨柱，选择属性，进入属性显示界面，得到巨柱的构件属性信息，参见图 3-8。

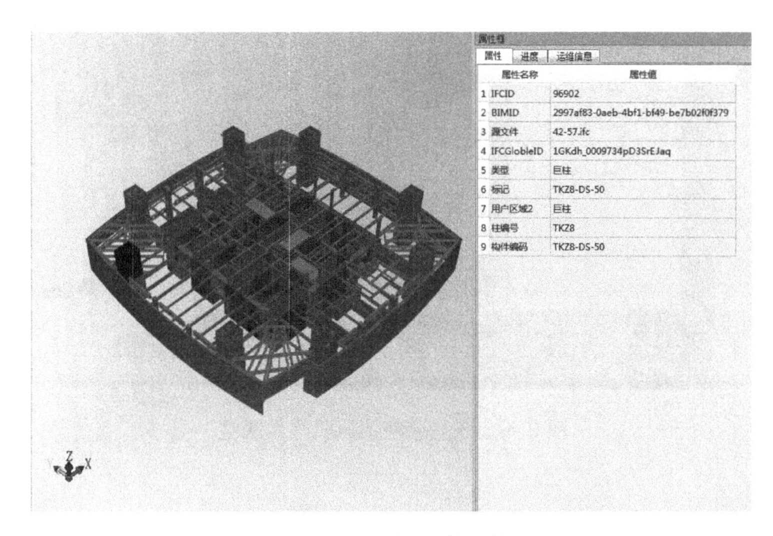

图 3–8　43 层巨柱属性

东塔项目专业构件数量众多，给项目后期的运维管理带来了很大的困难。获得隐蔽工程、机电管线、阀组等专业构件的定位、尺寸、型号、材质、厂商等基础数据和信息,对东塔项目的运维管理具有重要的意义。借助构建属性功能，运维管理人员可方便地查询东塔中各专业设备的详细信息，便于对设备进行更换、维修等工作。例如，东塔某处的空调风机需要进行维护，运维管理人员则可在 BIM 模型中筛选到此构件，查询到此空调风机的设备型号及厂家信息，参见图 3-9。

3.1.4.2　进度属性

东塔 BIM 模型还支持查询任意建筑构件的施工工序进度和配套工作进度，此功能可以使施工管理人员无须亲自到达施工工作面，也无须和其他专业施工团队进行面对面的交涉，就能够了解到任意工作面施工构件的施工状态，进而在施工中避免工作面冲突，实现不同队伍间的高效协作。以 3.1.4.1 节中的土建施工管理人员为例，他查看完 43 层巨柱钢筋设计信息之后，还希望查看此巨柱建造的配套工作是否完成，以决定是否能够进入此作业面进行 43 层巨柱的施工作业。

图 3–9　东塔某空调风机构件属性

为此，可直接在 43 层巨柱属性管理界面中选择进度，得到巨柱的配套工作信息，参见图 3-10。由图 3-10 可知，43 层巨柱施工的相关配套工作，包括钢筋的进场、钢筋验收和钢筋加工都已经完成。因此，土建施工队伍已经具备了开始 43 层巨柱施工的条件。

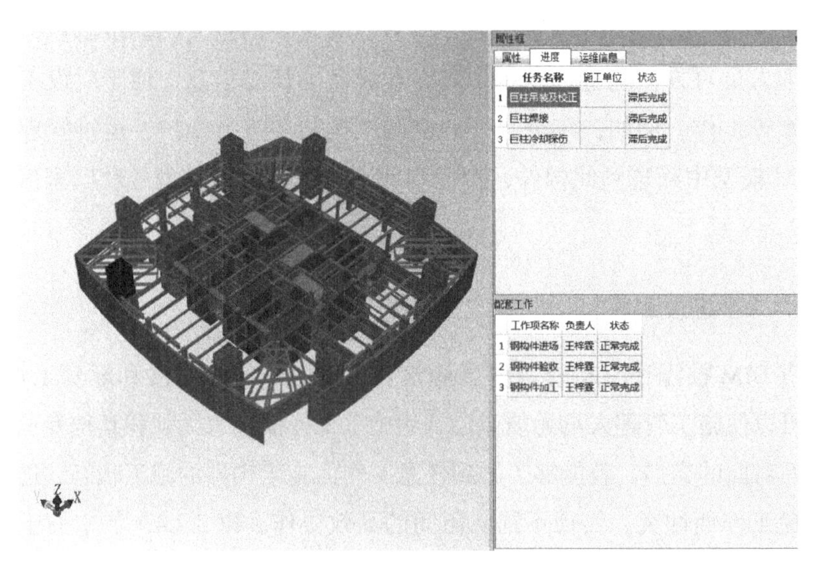

图 3–10　43 层巨柱进度状态

3.2　信息的快速获取和查询

建设项目的阶段性和多方参与性等特点决定了建设项目在实施过程中容易形成信息孤岛，造成信息传递不畅的情况。将与建设项目相关的重要信息集成在三维的 BIM 模型中，方便建设项目实施各阶段的各参与方共享建设项目信息，是 BIM 技术实现的又一个重要的基本功能。东塔项目开发的 BIM 系统同样遵循集成建筑信息的理念，使得东塔项目建造不同阶段的各参与方，不仅能较好地继承之前项目参与者的信息，也能较好地与同一时间参与项目的其他参与方进行信息交流与共享，解决了信息传递不畅的问题。

BIM 模型中集成了构件的各种信息，包括各施工工作的配套工作信息、图纸信息、工程量和合同信息。将建筑模型各个构件附加实际进度信息，无须进度管理人员进行人工的现场进度追踪，便可实现高效的实体施工进度更新。配合本已集成在模型中的其他信息，可以方便管理人员安排相关配套工作、快速获取图纸方案、准备材料和资金、掌握已完成合同状态。

3.2.1　快速获取实体进度相关配套工作信息

据统计，东塔项目各部门配套工作众多，平均每个部门需承担 660 项配套工作，导致各部门执行配套工作管理时，容易出现互相配合不善等人为疏漏，给工程进度管理带来困难。而广州东塔的 BIM 模型中集成了实体进度的配套工作信息，同时加入了快速获取的功能，方便各部门管理人员进行查询，保证各部门及时完成配套工作，为主要施工工序做好准备。

在 BIM 系统中选择 BIM 模型，选定特定楼层的特定构件之后，便可查询构件的实体进度配套工作。例如，项目管理人员希望获得东塔 42 层核心筒结构内主梁的实体配套工作信息，则可在 BIM 模型中选择 42 层核心筒主梁，查看进度，获得实体进度配套工作信息，参见图 3-11。此外，系统还可实现配套工作对进度的影响分析，若某楼层配套工作未能及时完成，且会对整体的施工进度带来影响，系统自动会向施工人员发出进度警告，参见图 3-12。

图 3-11　42 层核心筒主梁实体进度配套工作信息

楼层	核心筒竖向 进度预警	配套状态	施工状态	核心筒水平楼板 进度预警	配套状态	施工状态	外框巨柱 进度预警	配套状态	施工状态	外框 进度预警	配套状态
1 主塔											
2 第59层	正常	不影响计划		正常	不影响计划		正常	不影响计划		正常	不影响计划
3 第60层	正常	不影响计划		正常	不影响计划		正常	不影响计划		正常	不影响计划
4 第61层	正常	不影响计划		正常	不影响计划		正常	不影响计划		正常	不影响计划
5 第62层	正常	不影响计划		正常	不影响计划		正常	不影响计划		正常	不影响计划
6 第63层	正常	不影响计划		正常	不影响计划		正常	不影响计划		正常	不影响计划
7 第64层	正常	不影响计划		正常	不影响计划		正常	不影响计划		正常	不影响计划
8 第65层	正常	不影响计划		正常	不影响计划		正常	不影响计划		正常	不影响计划
9 第66层	正常	不影响计划		正常	不影响计划		正常	不影响计划		正常	不影响计划

任务名称	分区	施工单位	工作类型	计划开始	计划结束	实际开始	实际结束	任务状态
1 [illegible]				2013-02-20	2014-02-19			未开始
主塔楼施工进度计划				2013-02-20	2014-02-19			未开始
核心筒竖向墙体一				2013-02-24	2014-01-15			未开始
[illegible]	[illegible]			2013-06-28	2013-06-29			未开始

图 3-12　42 层核心筒主梁实体进度配套工作信息

3.2.2　快速获取实体进度相关的图纸信息

广州东塔项目的施工图、深化图和变更图数量众多。众多的图纸和图纸变更给总包的图纸管理带来了极大的困难。各专业的施工管理人员每到一个新的工作面，都需要检索此工作面的施工图纸。若采用传统人工翻找的方式，每一次都需要在如此众多的图纸中搜寻自己需要的多张图纸，每一次的搜索同时又会消耗大量的时间。再加上东塔项目的施工专业队伍众多，工作面也很多，导致搜索图纸将会浪费专业施工队伍大量的工作时间。

广州东塔的BIM模型不仅实现了实体进度模拟，还关联挂接了所有构件的设计图纸，这使得各专业施工管理人员不再需要从众多的设计图纸中人工寻找当前施工进度需要的图纸。他们只需在模型中选择当前时间节点和作业面，BIM模型便能显示出实体已完成和未完成的构件，管理人员直接选择模型中显示未完成的构件，则可快速获取正在施工的图纸，并直接打开或下载使用。假如项目施工到达第8层的强电弱电的专业施工，强弱电施工管理人员希望快速获取施工图纸，指导操作人员进行施工作业，则可直接在东塔BIM系统中选择项目管理模块，进入图纸管理页签。再利用高级检索功能，检索到第8层的强电弱电专业图纸。结果参见图3-13。从检索结果列表中，选择附件列表，则可将第8层的强电弱电专业图纸直接打开或下载。结果参见图3-14。

图3-13　8层的强弱电专业图纸检索结果

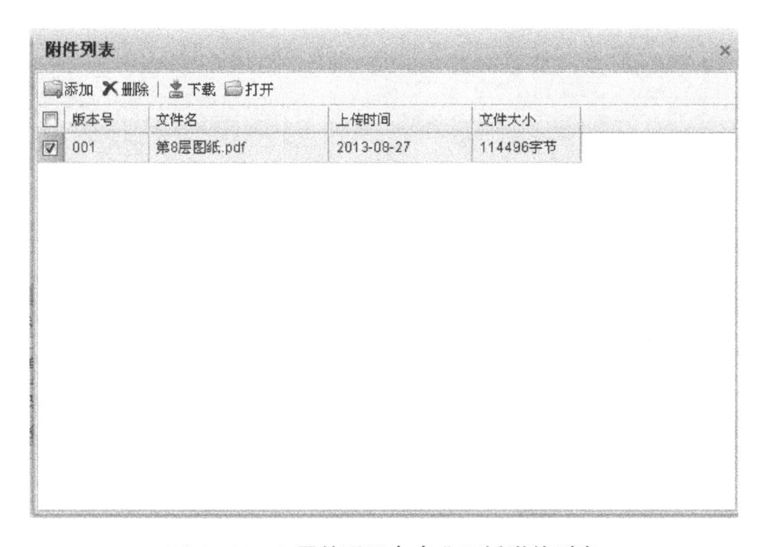

图3-14　8层的强弱电专业图纸附件列表

3.2.3 快速获取实体进度相关的工程量信息

作为超高层建筑，广州东塔项目建筑体量巨大，结构相对复杂。若采用传统的工程量人工核算，会消耗过多的时间，同时准确性不高。而广州东塔的BIM模型集成了实体进度的带价工程量信息，系统能识别并自动提取建筑构件的清单类型和工程量等信息，自动计算实体进度建筑构件的资源用量及综合总价。同时，BIM平台加入了快速获取的功能，项目进度管理人员只需简单的操作，就可以按楼层、进度计划、工作面及时间维度查询施工实体的相关工程量及汇总情况。这些数据为物资采购计划、材料准备及领料提供了相应的数据支持。

在广州东塔BIM模型中点选模型，选定特定楼层之后，便可查询到此层楼面所有的已经完成的实体构件的带价工程量。例如，项目管理人员希望获得东塔42层的实体工程量信息。则可在BIM模型中选择42层，查看进度，选择做法工程量，获得实体进度工程量信息。结果参见图3-15。实体进度工程量的重要信息包括工作名称、工程量、每种材料的综合单价和总价。经过查询，截至查询当日，核心筒42层C60钢筋混凝土墙完成188.93m^3，占到了此种构件合同工程量的4.02%，其他构件，包括连梁、梁悬楼板等的实体施工进度也可以由BIM模型自动实施获取。

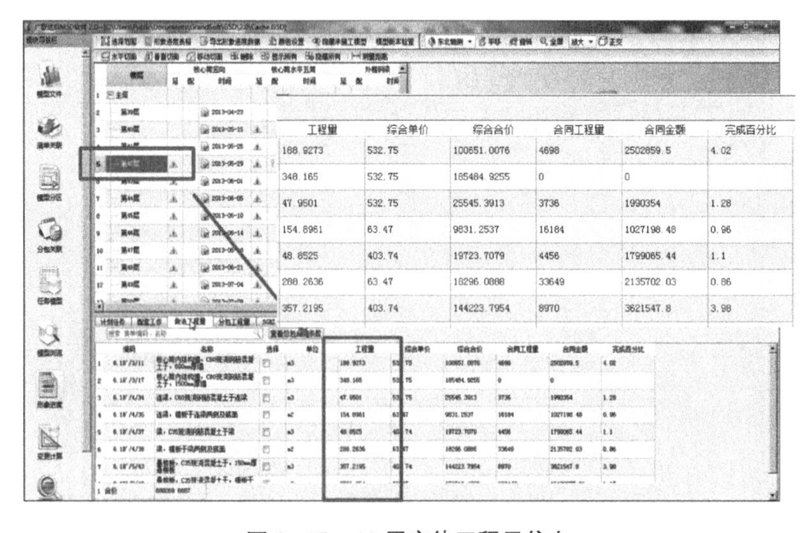

图3-15 42层实体工程量信息

广州东塔项目管理人员使用快速获取实体进度工程量功能之后，可以实时掌握工程量的计划完工和实际完工情况。同时提高了实体进度工程量和成本支出计算的效率，为工程管理追踪施工材料使用情况以及成本核算提供了数据支持。便于管理人员预备下一阶段的施工材料和运转资金。

3.2.4　快速获取实体进度相关的合同信息

广州东塔项目签订的合同数量庞大、合同条款总数众多。若在施工过程漏掉合同条款，将会造成合同上的经济损失。东塔 BIM 系统首先将总承包合同储存在 BIM 系统中，管理人员可以登陆 BIM 系统查询合同的所有条款。参见图 3-16。之后将合同信息集成于模型中，管理人员可以点选任意构件，查询相应的合同条款。同时，合同信息还与施工实体进度相关联，可为管理人员提供实时的合同完成状态信息。由于与进度信息关联，BIM 系统还实现了合同条款的自动预警功能，保证有时限的合同条款即时执行。

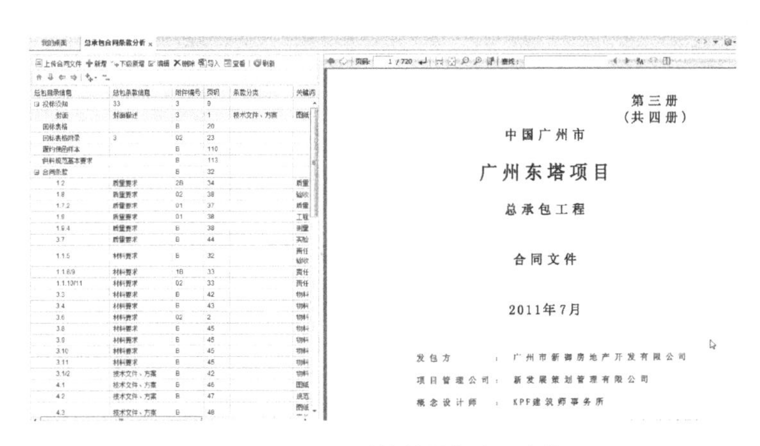

图 3-16　BIM 系统总承包合同查询

3.2.4.1　合同工程量信息

广州东塔的 BIM 模型中集成了各建筑构件的合同工程量信息，在自动计算实体进度工程量的基础之上，可以得到此建筑构件完成合同的百分比。

在 BIM 系统中选择模型，选定特定楼层之后，便可查询到此层楼面所有已完成的实体构件的合同完成百分比。同样以 42 层实体工程为例，项目管理人员希望获得东塔此层的合同完成百分比信息。则可在BIM模型中选择到42层，查看进度，选择做法工程量，获得合同完成百分比信息。参见图3-15。合同工程量关心的重要信息包括工作名称、工程量、合同工程量、合同金额、合同完成百分比。

管理人员使用此功能之后，可以实时掌握已经完成建筑构件的工程量占合同中此构件总工程量的百分比情况。快速的自动计算，弥补了人工计算合同完成情况耗时耗力的缺点，方便项目管理人员实时追踪项目合同的执行情况，减少时效条款执行延后情况的发生。此项功能还为业主报量、分包报量提供了数据支撑。

3.2.4.2 合同单价与总价信息

广州东塔的BIM模型还集成了各建筑构件的总、分包合同单价和总价信息，在自动计算实体进度工程量的基础之上，可以得到此建筑构件建造的财务情况，便于实时掌控施工成本，同时为总承包、分包商结算工程资金和准备后一阶段的建造资金提供数据支持。关联进度信息的东塔BIM模型对商务模块的支持关系参见图3-17。以第4层的土建合同信息为例，若管理人员还希望获取土建工程的合同价格信息，选择楼层到4层，选择土建项目的所有构件，查看分包工程量项目，得到土建构件合同具体价格信息。参见图3-18。

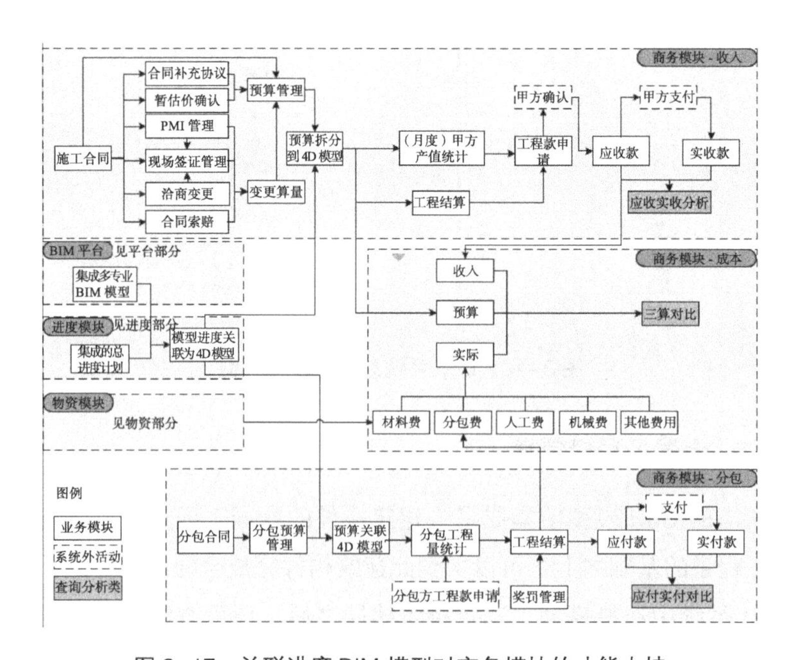

图3-17 关联进度BIM模型对商务模块的功能支持

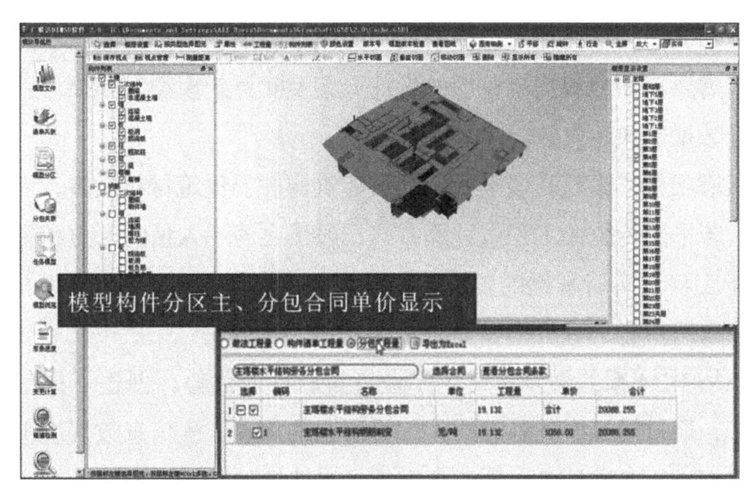

图 3-18　4 层土建项目的合同单价信息

东塔的 BIM 模型为总包和各分包结算提供了便利，为施工的成本提供了数据信息，节约大量人工核算时间。另外，BIM 系统利用此功能模块，还实现了分包签证、临工登记审核、变更索偿等工作。

3.3　工程量的快速计算与获取

工程量快速计算是 BIM 技术实现较早，目前国内应用最为广泛的成熟技术之一。广州东塔项目 BIM 系统通过建立 5D 关联数据库，可以根据施工进度准确快速计算工程量。同时，东塔 BIM 数据库中的数据细度已经达到构件级，可以为项目各方面管理工作提供快速的工程量数据信息支撑，从而有效地提升了施工管理效率。

3.3.1　工程量自动计算

传统建设工程的工程量计算是由人工根据图纸或者 CAD 文件进行测量，或者根据图纸、CAD 文件，使用专门的造价计算软件重新建模后由计算机自动进行统计。人工计算的方式需要专门的造价人员对照施工图纸列出计算公式，分别计算分项工程量，汇总工程量。若使用人工计算，不仅需要消耗大量的人工，而且比较容易出现手工计算差错。并且，人工计算还无法对有机关联的成本数据进行实时计算和共享，从而无法实现精细化的成本管理。若采用专门软件重新建模计算，同样需要不断地根据调整后的设计方案及时更新模型，如果滞后，得到的工程量统计数据也往往失效。

广州东塔项目作为超高层建筑，涉及建筑构件、建筑材料众多，工程变更也时有发生。若采用传统的工程量计算方式，显然会消耗大量的人力和时间。也无法满足对于工程量实时掌握的要求。因此，广州东塔 BIM 系统实现了工程量快速计算和获取的功能，解决了以上问题。

广州东塔 BIM 系统继承了传统专业算量软件的优势，创建了具有结构化的工程数据库，通过建筑中的各种构件，将所有的管理工程信息数据组织、储存起来，并对它们进行各种计算。同时还继承了专业算量软件强大的计算能力，可以进行相当复杂、高效且准确的 3D 实体计算，进行任意条件的瞬时统计分析和海量工程数据的快速搜索。

广州东塔 BIM 系统在传统专业算量软件的基础之上增加了新的功能，突破性地将综合单价、合同信息和图纸信息加入到模型中，并实现了实时动态的施工现场模拟。这极大地扩展了自动工程量计算的应用范围和能力，使得工程量自动计算可以为成本分析、材料管理、工程变更和结算提供实时的数据支撑。BIM 技术的应用有效提高了建筑生产过程中成本计算的可靠性，同时将使东塔造价工程师从繁琐的劳动中解放出来，将更多的精力用于更有价值的工作。

3.3.1.1 成本分析支持

施工成本分析是在成本形成的过程中，对施工项目成本进行对比、评价和总结工作，贯穿于施工成本管理的全过程。在施工成本形成的过程中，管理人员主要利用施工项目的成本核算资料，与目标成本、预算成本以及施工项目的实际成本等进行比较，了解成本的变动情况，必要时也要分析主要技术经济指标对成本的影响。

“三算对比”是工程成本分析中一种重要的分析方法，具体是指在施工过程中将收入、预算、实际成本进行对比。高效的三算对比可以帮助施工承包方实时掌控施工现场的资金投入状况，帮助企业进行高效的资金管理。若在东塔项目采用传统的三算对比的核算方法，则需要在获取结果之前进行人工检查现场进度状况，再进行耗时的人工计算过程。对于东塔这一体量如此巨大的项目来说，多人几天的工作也未必能完成一次核算工作。核算的正确性不能保障，时效性也很差。

广州东塔 BIM 项目管理系统为了提高三算对比的效率，在 BIM 模型的工程量计算中关联了综合单价、实体进度、合同成本信息，因此实现了自动的预算、收入、支出计算和对比功能。例如，在东塔施工某重要的节点上，成本管理人员希望了解截止到当日节点的施工成本状况，于是就利用东塔 BIM 系统选定了当日的实体进度，进行三算对比分析。结果参见图 3-19。选择任意一个成本项目，系统将显示此成本项目的三算对比明细。参见图 3-20。

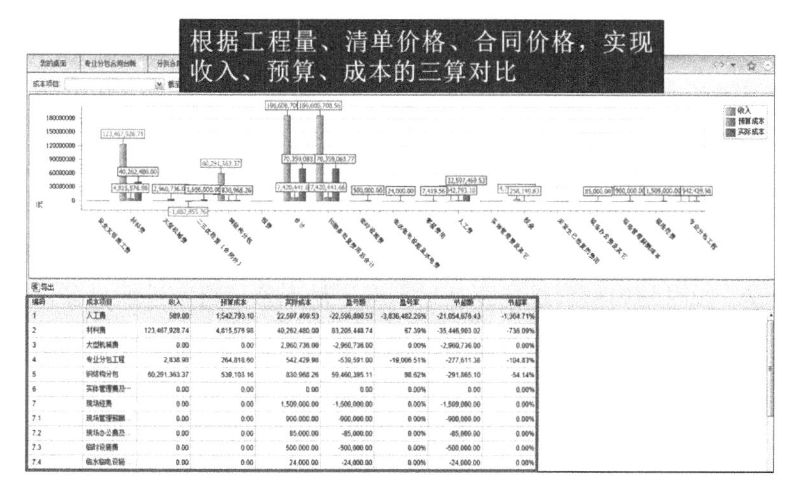

编码	成本项目	收入	预算成本	实际成本	盈亏额	盈亏率	节超额	节超率
1	人工费	589.00	1,542,793.10	22,597,469.53	-22,596,880.53	-3,836,482.26%	-21,054,676.43	-1,364.71%
2	材料费	123,467,928.74	4,815,578.98	40,262,480.00	83,205,448.74	67.39%	-35,446,903.02	-736.09%
3	大型机械费	0.00	0.00	2,960,736.00	-2,960,736.00	0.00%	-2,960,736.00	0.00%
4	专业分包工程	2,838.98	264,818.60	542,429.98	-539,591.00	-19,006.51%	-277,611.38	-104.83%
5	钢结构分包	60,291,363.37	539,103.16	830,968.26	59,460,395.11	98.62%	-291,865.10	-54.14%
6	实体管理费及…	0.00	0.00	0.00	0.00	0.00%	0.00	0.00%
7	现场经费	0.00	0.00	1,509,000.00	-1,500,000.00	0.00%	-1,509,000.00	0.00%
7.1	现场管理薪酬…	0.00	0.00	900,000.00	-900,000.00	0.00%	-900,000.00	0.00%
7.2	现场办公费及…	0.00	0.00	85,000.00	-85,000.00	0.00%	-85,000.00	0.00%
7.3	临时设施费	0.00	0.00	500,000.00	-500,000.00	0.00%	-500,000.00	0.00%
7.4	临水临电设施…	0.00	0.00	24,000.00	-24,000.00	0.00%	-24,000.00	0.00%

图 3-19　东塔 BIM 管理系统三算对比分析图

我的首页　成本分析-人工费

返回　　　导出excel | 报表管理 | 关闭

编码	名称	单位	收入			预算成本			实际成本			备注
			数量	单价	合价	数量	单价	合价	数量	单价	合价	
01	地下室钢筋	t	5606	482	2702092	5564	670.26	3729326	5460	670.26	3660102	3#清单
02	地下室套筒安装	个							67424	3.72	250817	
03	南充鼎鑫-签证										1105999	

共 102 条数据 | 每页显示：50　1 2 3 4 5 … 共 26 页 | 到第　页 确定

图 3-20　人工费三算对比明细

通过东塔BIM系统，成本管理人员无须进行几天的人工核算，便可以完成实时的三算对比分析。管理人员就能够较为容易地发现成本管理的问题，进而制定和实施相关的调整与修正措施。

3.3.1.2 材料管理支持

东塔项目建造过程涉及大宗材料、预制品构件的采购和领料。配合现场的施工进度、材料储存情况进行合理精确的材料采购和领料工作，可以避免材料采购过多或过少引起的材料堆积、材料浪费、材料不足，也可避免由于没有数据支持而造成的领料过多或过少的现象发生，导致材料领用后利用效率不高和浪费。

在传统的施工现场管理中，物资采购计划要么依靠采购人员的经验，要么花费大量人力及时间进行不能保证准确性的工程量计算。两种方式都容易造成采购误差，造成一段时间内材料进场存在过多或不足现象。材料进场过多，材料堆积会造成现场平面布置混乱、材料浪费，也会造成施工流动资金紧张的问题。材料进场不足则会使得现场施工进度计划受到影响，造成工人、大型机械窝工等资源浪费。

传统的施工现场领料安排，多按照最初的施工进度计划和实际施工状态，共同预测之后一段时间的施工材料需求。然而，现场管理人员对于之后的材料需求预测需要依靠经验，很可能存在偏差。

基于BIM的现场施工管理中，相关管理人员可以在BIM模型中按照时间进行施工需求材料情况的查询，为物资采购和领料计划提供相应的数据支持，有效地控制成本并避免浪费。物资管理人员可以根据目前现场施工进度，结合进度计划，在BIM系统中查询到接下来一段时间的现场施工安排，直接获取此时间段各材料的工程量信息，便于对未来的材料进场进行安排。例如，物料采购人员为2013年6月1日～2013年7月1日期间的施工准备物料采购，那么他需要在东塔BIM系统中选择这个时间段的42～48层共7层楼，模型中则显示出这7层楼建造涉及的各种材料的工程量，他不用进行人工计算就可以直接得到材料的需求量数据，参见图3-21。又如，土建施工管理人员为即将开始的东塔12层巨型柱施工进行领料，他可在BIM模型选中12层巨型柱，点击查看图元工程量，则可得到巨型柱材料工程量信息，参见图3-22。

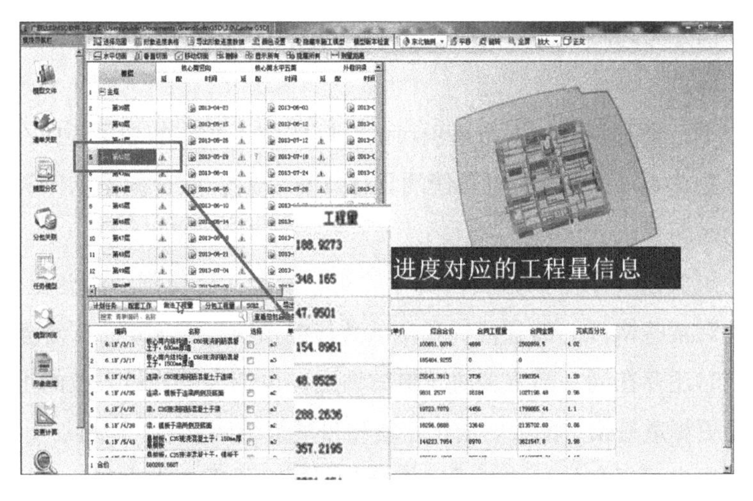

图 3-21　建造 42 ~ 48 层材料需求结果图

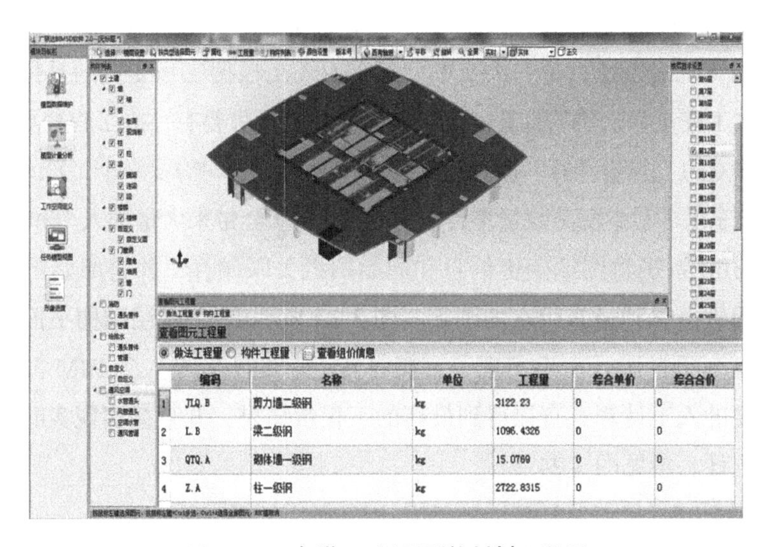

图 3-22　东塔 12 层巨型柱材料工程量

3.3.1.3　工程变更支持

工程变更是指在工程项目实施过程中，根据工程需要，对招标文件中的原设计或经监理批准的施工方案，在材料、工艺、功能、功效、尺寸、技术指标、工程数量及施工方法等任一方面进行的改变，统称为工程变更。

广州东塔项目设计相对复杂，带来的变更数量较多。截止到 2014 年 9 月，广州东塔项目光图纸变更就高达 3624 条。大量的变更涉及建筑实际工程量的变化。同时，由于东塔项目的特殊性，给工程变更的工程量核算带来了以下几方面的困难：

（1）变更算量时间紧。据东塔项目的合同规定，所有的变更项应在提出有意索偿的书面报告后 21 天内提交索偿的具体计算资料，此合同条款给算量人员提出了很高的时间要求。

（2）变更关系复杂。根据项目实施的实际情况，一份图纸的变更版本众多，图纸还存在对某些构件的部分替代和全部替代的情况，大大增加了算量人员的核算难度。同时还存在同一部位多次变更的情况，也加大了算量人员的工作量。

（3）变更算量易错、漏项。由于东塔项目建筑结构复杂，若再加上设计变更，给算量人员提出了很高的识图要求。传统的变更算量需要人为判断直接受变更影响的构件，在建筑构件复杂的情况下易出错。同时，一个专业的设计变化可能会引起其他专业的设计变化，若算量人员未考虑全面，则可能会漏掉某些专业的变更。

若采用传统的方法，每一次变更后都需由人工根据工程变更的具体情况，重新进行一次工程量和造价的计算。传统的方法导致了只要有一次工程变更，紧随而来的便是重复的工程量计算。据一般经验，一次变更平均需要一个工日的工程量计算。再加上东塔项目中变更数量多，采用传统方式就会带来大量的人力和时间浪费。

东塔 BIM 系统将图纸变更信息和原始图纸关联储存，并将原始图纸更新为变更后的图纸，得到最新版本的图纸。图 3-23 显示出了 42 层结构平面布置图所关联的图纸变更情况。由于实现了直接将变更后的图纸导入到 BIM 模型中，可以无须重复的人工计算，直接得到最新的工程量结果，并直接实现实时的变更后的工程量统计。参见图 3-24。

图 3-23　42 层结构平面布置图变更关联

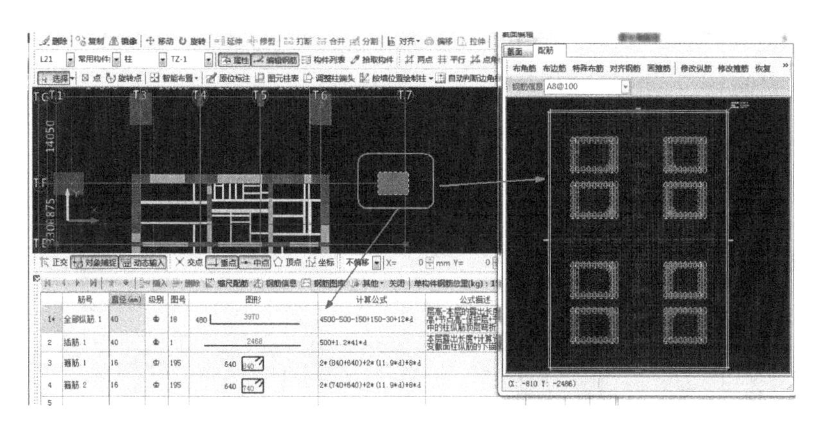

图 3-24　导入变更图纸后模型自动算量

同时，由于 BIM 模型拥有三维可视化的特点，可将变更前和变更后的模型进行可视化对比，方便设计人员衡量变更的合理性，避免同一位置多次变更。例如，在东塔建造过程中产生了一次设计变更，承包方希望利用 BIM 系统进行自动的工程量变化和费用索赔。承包方管理人员则可进入 BIM 模型，自动计算变更模块的工程量，计算变更费用，并计入变更费用电子台账。结果参见图 3-25、图 3-26。采用 BIM 系统进行工程量自动计算之后，平均每个变更算量耗时为 2 小时，效率大幅提升。

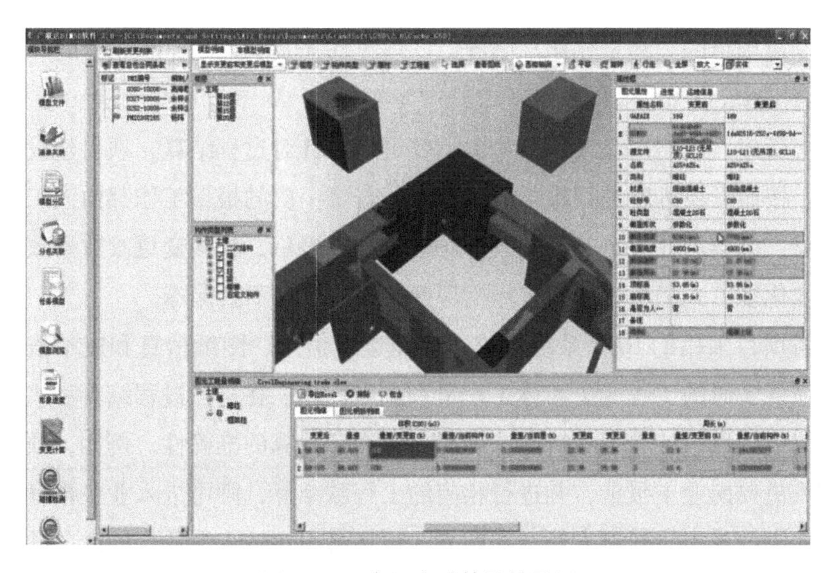

图 3-25　变更自动算量结果图

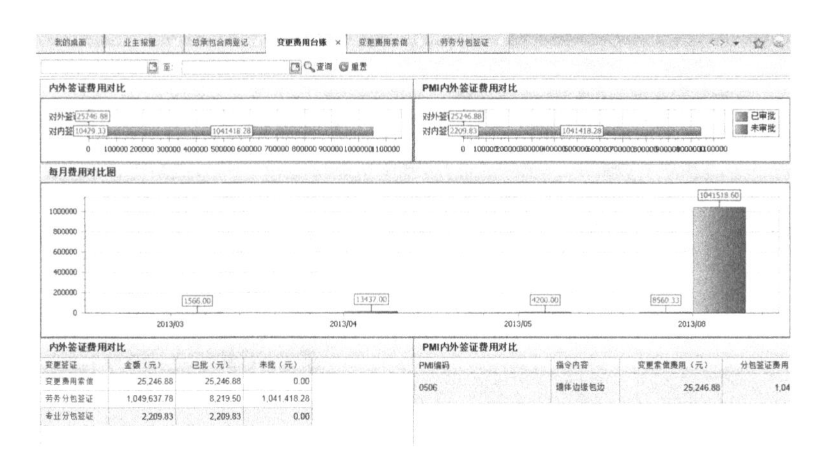

图 3-26　变更费用电子台账图

3.3.1.4　工程结算支持

工程结算是施工企业按照承包合同和已完成部分工程量向业主办理工程价清算，此工作可以保证施工承包企业进度款和竣工款的回收。工程结算的类型有工程定期结算、工程阶段结算、工程年终结算、工程竣工结算。不管是哪种类型的工程结算，都离不开已完工部分工程量的计算。针对工程定期结算、工程阶段结算，需要结算人员掌握实时的实体工程完成情况，按照实体工程量进行报量，再进行款项的结算。而工程竣工结算，需要结算人员掌握最后竣工项目的工程量，包括之前的变更项目的工程量变化。因此，此项工作涉及大量的工程量实时和最终汇总的计算工作。

如上所述，广州东塔项目体量大，变更多。针对过程结算，项目建设周期相对较长，按照形象进度进行报量的次数多，若每一次的报量工作都由人工核算实际工程量，则会消耗大量的时间。针对竣工结算报量，较多变更次数导致最终的工程量变化多，人工核算最终实际工程量的正确性得不到保障。

东塔项目采用的BIM系统集成了实体进度信息、图纸信息和成本信息，可以自动完成实时的工程变更实体工程量和成本计算。在进行过程结算和竣工结算时，可以节约大量的人力和时间，同时也提高了计算的准确性。例如，项目总承包管理人员要向业主报量，并进行相应的工程款结算，则可进入业主报量功能界面，选择工程量批量新增方式。新增方式包括可手写输入、从合同清单导入、从变更文件导入、导入 Excel 预算书、参考模型工程量等。若选择参考模型工程量导入方式，BIM 模型可自动完成实体工程量的计算，并自动更新到报量信息明细中。结果参见图 3-27。

图 3-27　参考模型方式导入工程量结果

3.3.2　各维度的工程量汇总

东塔 BIM 系统除了可以完成简单的工程量自动计算以外，还可以实现各维度的工程量汇总功能。相关管理人员可以在 BIM 模型中按楼层、进度计划、工作面及时间维度查询施工实体相关的工程量汇总情况。同时还支持土建、钢筋、钢结构等分专业维度的工程量汇总。实现的分维度工程量计算，可以扩展工程量计算的应用价值，满足施工管理人员的不同需求。

3.3.2.1　进度、时间维度的工程量

如 3.2.3 节所述，按照实际实体进度的工程量计算，可以让管理人员实时掌握工程量的计划完工和实际完工情况，为追踪施工材料使用情况以及成本核算提供数据支持，也便于管理人员预备下一阶段的施工材料和运转资金。

而按照时间维度进行工程量计算，可以实现一段时间的实际工程量的汇总，为工程量结算报量提供了数据支持。此功能提高了东塔建造各参与方的报量工作的效率，节约了大量的人工计算时间。

3.3.2.2　工作面维度的工程量

广州东塔项目工作面众多。以土建专业和机电专业为例，土建专业每层

拥有 7 个工作面（包括竖向结构、筒内 2 ~ 6 楼板、筒内 1/7 ~ 9 楼板、外框巨柱、外框钢梁、外框压型钢板、外框组合楼板），116 层共 812 个作业面。机电专业每层有 9 个作业面，116 层共 1044 个工作面。众多的工作面使得管理强度大，协调工作量极为繁重。为此，东塔的 BIM 系统设置了工作面状态查询的功能。

以工作面进行的工程量汇总计算，使各工作面的工程进度实时查询成为可能。各施工班组的施工管理人员，都可以利用此项功能，查询到其他施工班组在工作面的作业进展情况。他们可以依据其他施工队伍的进度情况，安排和准备自己专业的工作，无须进行事前的跨班组交流，就能及时进入工作面，也避免了不同专业工作面冲突的问题。此项功能很好地解决了东塔项目作业面管理协调难度大的问题。例如，混凝土浇筑的管理人员在 2013 年 10 月 14 日希望查看第 55 层核心筒水平 2 ~ 6 筒楼板作业面的施工状况，他就可以进入工作面查看界面，选择 55 层的核心筒水平 2 ~ 6 筒楼板工作面，查看到各专业截至当天的工作进度情况，参见图 3-28。由查询结果可知，截至当日，完成了 55 层的脚手架搭设、梁和板的模板施工，梁和板的钢筋绑扎正在施工中。由工作面工程量的计算结果可知，正在施工中钢筋绑扎完成了 50%。这些详尽的进度信息为之后在此进行施工的混凝土浇筑管理人员提供了详实的作业面状态信息。

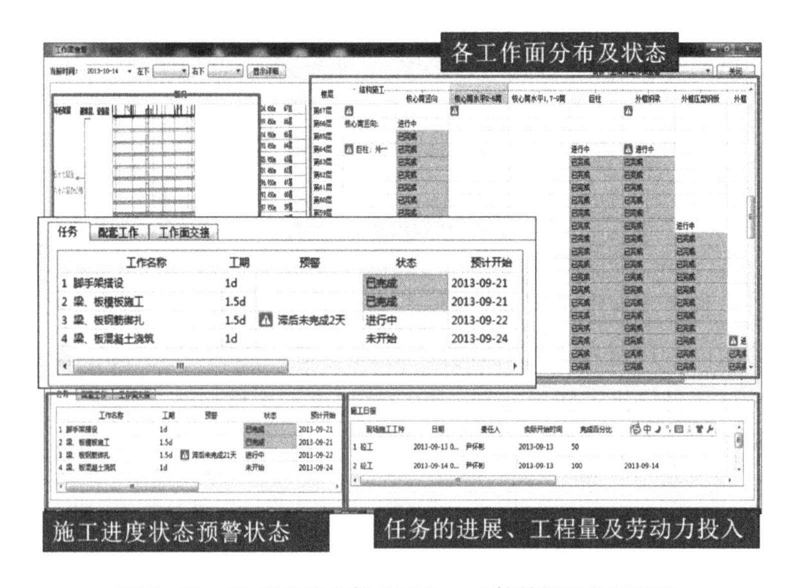

图 3–28　55 层的核心筒水平 2 ~ 6 筒楼板工作面状况

3.3.2.3　分专业维度的工程量

东塔建造过程中，各专业需要在时间和空间上频繁交叉配合，协调不好，就会导致各专业相互冲突，降低施工效率。传统的各专业协调方式是依靠网络计划图和各专业之间不停地相互沟通进行的。网络计划图的专业性较高，运用在东塔这种复杂的项目中，清晰表达各专业之间工作关系更加困难。同时，网络计划图是事先制定的工作计划，实际工作可能与网络计划不一致。因此，东塔难以利用传统的施工配合方式。同时，由于东塔 BIM 模型数据量巨大，若每次工程量汇总计算都将整个模型进行全面计算,系统运行效率低,运行负荷较大,也会消耗大量的计算时间。在大多数情况下，各专业的管理人员只需要对自己本专业的工程量进行统计。

鉴于上述情况，东塔 BIM 模型扩展了分专业维度的工程量自动计算功能。不同专业的管理人员可以查询其他专业在某一区域的施工进展状况，保证自己专业及时进入那一区域进行自己专业的施工。这就使得各专业之间的配合无须通过不停的沟通，更不用查看可能与实际施工不完全一致的网络计划图，极大地提高了各专业配合的效率。而且，分专业的工程量计算使每一次的工程量计算更加有针对性，减轻了系统的运行负担，提高了计算效率。图 3-29 示出了按照土建专业进行的工程量汇总计算结果。

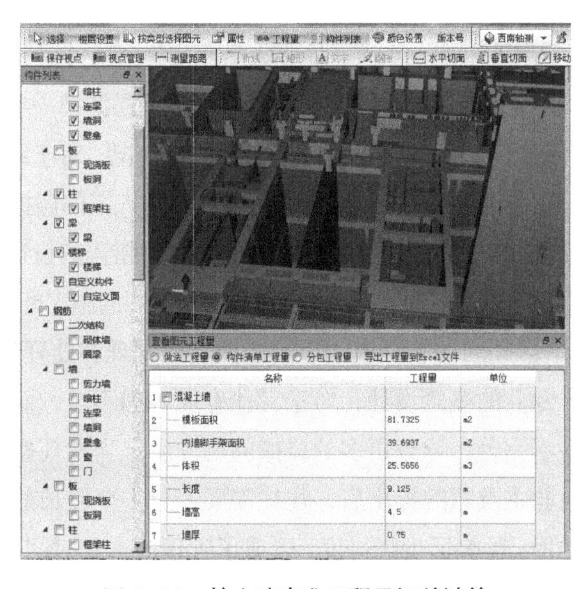

图 3-29　按土建专业工程量汇总计算

3.4 碰撞检查

广州东塔项目 BIM 系统实现了建筑、结构、暖通、机电安装、设备等不同专业设计之间的碰撞检查功能，提高了各专业设计与施工管理人员发现图纸问题的效率，减少了东塔项目的设计错误。

碰撞检查是将不同专业的设计信息进行协调审查和碰撞分析。通过碰撞检查有助于建筑、结构、电气、暖通、给水排水专业的设计团队及时发现问题和解决设计矛盾，优化工程设计，减少在项目实施过程中由于设计错误而引起返工的可能性。

虽然碰撞检查本应该由设计单位完成，但由于碰撞发生之后，直接给业主和施工承包商带来了进度、成本损失，因此业主和承包商也越来越重视碰撞检查。对开发商而言，出现碰撞问题直接影响到建造成本的增加和进度的延后，损失较为严重。对于施工承包商而言，也希望避免发生碰撞，进而保证施工质量、缩短工期、减少材料和成本的损失。

广州东塔施工涉及专业众多，每个专业设计人员事先都仅在自己的领域进行设计工作，势必造成一定程度上的空间冲突。以往对各专业的设计进行碰撞检查时，需将各个专业设计的二维电脑图纸进行对照、检查，碰撞检查工作全部由人工完成，需要要求检查人员对各专业的设计状况了然于胸。即使是此检查人员具备这样的素质，由于二维图纸空间展示能力有限，检查人员还要把所有专业汇总考虑，并转换成三维形态，这样对检查人员的要求更高，检查人员极易漏掉一些部位的冲突。这种工作方式不仅效率低下，而且准确性难以保证。更何况，对于结构复杂的广州东塔项目，不同专业间发生空间冲突的可能性更高。这种人工的碰撞检测方法就显得极不适用。若在碰撞检查过程中漏掉了一些冲突，将有错误的设计图纸带到了施工现场，会对东塔施工的进度造成影响，也会给各专业之间的施工配合带来阻碍。

此外，广州东塔多顾问的管理模式也给碰撞点的发现和处理带来了一定问题。各顾问独立进行本专业的概念设计，对于其他专业考虑不全，而且多顾问联动设计的机制运行也并不完善，导致更多的碰撞问题发生。当发现碰撞点后，总承包方及专业分包方向业主及顾问提出后，往往需要经过一个漫长的沟通、协调、方案确定及修改的过程，影响了现场进度，造成了管理成本和时间成本的极大浪费。

广州东塔项目的 BIM 系统拥有强大的碰撞检查功能模块。由于 BIM 模型本身集成了东塔项目各专业的三维模型，能够很方便地进行各专业设计方案的冲突检测，实现高效的自动碰撞检查。

同时，东塔 BIM 系统进一步扩展了碰撞检查的功能。系统可以根据专业、楼层、栋号等条件，进行指定细部位置的指定专业间或专业内的碰撞检查。这样的功能扩展，不仅提高了碰撞检查的细节显示能力，还使得东塔模型的碰撞检查更具指向性，提高了检查功能的应用效率，极大地缩短了检查的运行时间。

东塔运用碰撞检查功能，每楼层进行土建、钢结构、水、暖、电专业的碰撞检查各三次，事前发现各专业内部碰撞数量总计 39176 次，专业间的碰撞 2600 余次。各专业设计和施工管理人员在施工前发现设计错误，事前针对冲突进行了协调和设计修改，避免了大量专业冲突的发生，也避免了施工过程发现碰撞点后，漫长的沟通协调过程对工期和成本所造成的影响。例如，各专业的施工管理人员希望查看东塔主塔楼第 9 层是否有碰撞冲突，则可选择第 9 层，并复选土建构件和给水排水、消防水、空调风、空调水、智能弱电和电气专业构件，进行碰撞检查，并得到若干碰撞提示，参见图 3-30。

图 3-30　9 层的各专业碰撞检查结果

3.4.1　检查管理

东塔 BIM 碰撞检查管理的主要功能是导入希望进行碰撞检查的专业和位置，使得碰撞检查更有目的性，提高系统运行效率。

在进行碰撞检查时，管理人员需要将BIM平台切换到碰撞检测界面，并选择检查管理。界面示意图参见图3-31。在检查管理界面中有编辑功能，可以新增或删除检查记录，也可以对碰撞检查进行命名，方便以后重新查看检查结果。常用的命名方式是以检查的楼层和专业命名。在选择新增一次检查之后，便可以进行检查规则和检查部位的选择。例如，施工管理人员在第7层施工之前，希望检查7层的设计图纸是否有碰撞冲突。则可选择新增检查，同时勾选检查规则为包含“同一专业的图元”碰撞。之后，进入检查碰撞范围的选择。在检查范围中勾选第7层，选择开始加载楼层模型。加载结果参见图3-32。点击“选择”功能，则可选择本次检查希望涉及的专业和构件。例如，管理人员希望查看钢筋和墙体是否有设计碰撞冲突，则可在此界面选择钢筋和墙构件，参见图3-33。最后得到此次检查的碰撞次数为105次。

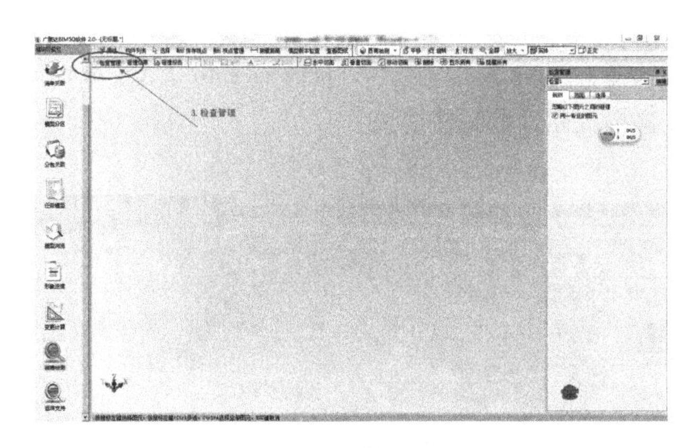

图3–31　检查管理界面示意

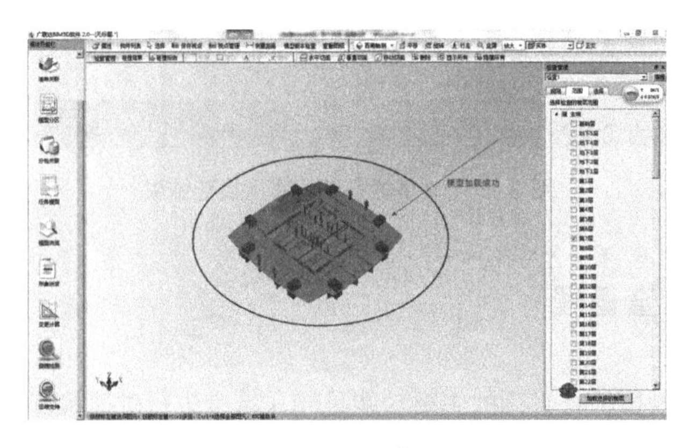

图3–32　7层加载模型图

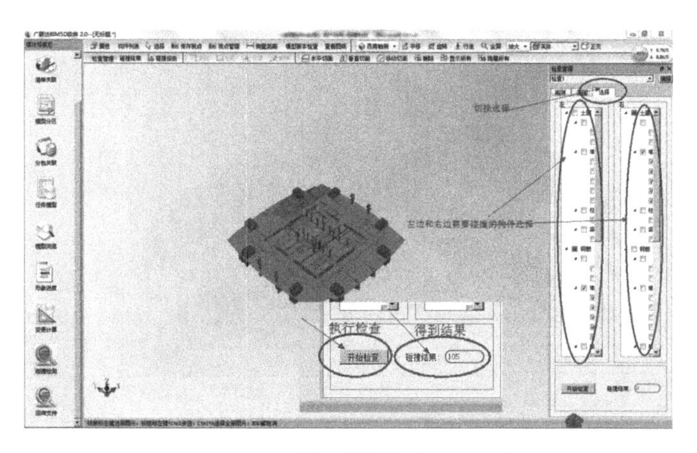

图 3-33　选择碰撞构件界面示意

3.4.2　碰撞结果与报告导出

碰撞结果的功能主要是为碰撞检查管理人员在三维模型中详细地显示各碰撞构件的位置和其他详细信息。碰撞报告导出的主要功能是将选中的一次碰撞检查的详细情况全部以其他格式的文件导出，便于碰撞结果的储存、交流与后续的修正。

3.4.2.1　碰撞结果显示

完成碰撞检查之后，放大 BIM 模型，模型会将有碰撞冲突的建筑构件标红显示。例如，碰撞检查人员希望查看 7 层土建专业内部的各个构件是否有设计冲突。则可按照 3.4.1 节所述，进行检查条件的选择，将土建板、梁和柱作为检查对象，得到检查结果。其中，梁和墙产生了一次碰撞，模型自动亮显标红。参见图 3-34。碰撞结果列表显示每个碰撞构件的名称、状态、级别、专业、构件类型、位置、负责人等具体信息。参见图 3-35。同时，还可以对每一个碰撞构件在状态栏进行备注，备注此碰撞的处理状态，如新增、进行中、已解决、已忽略等。为了更加清晰地显示碰撞结果，结果显示功能还可支持只显示碰撞的图元。

3.4.2.2　碰撞报告导出

广州东塔 BIM 实现了导出碰撞检查报告的功能，此功能实现了碰撞结果的

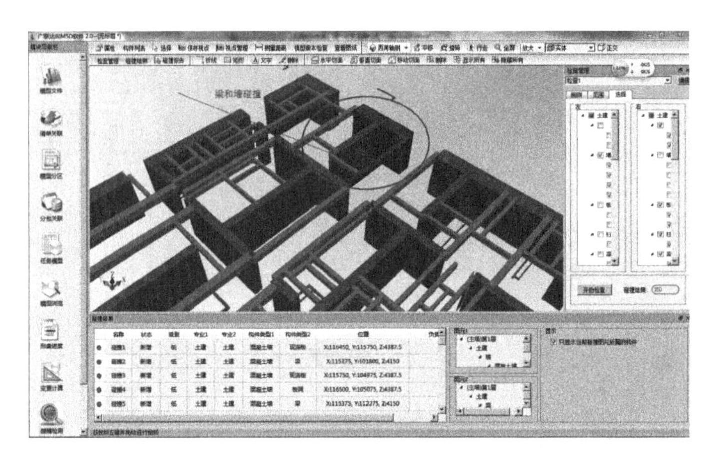

图 3-34　碰撞构件标红结果图

	名称	状态	级别	专业1	专业2	构件类型1	构件类型2	位置	负
●	碰撞1	新增	低	土建	土建	混凝土墙	现浇板	X:116450, Y:115750, Z:4387.5	
●	碰撞2	新增	低	土建	土建	混凝土墙	梁	X:115375, Y:101800, Z:4150	
●	碰撞3	新增	低	土建	土建	混凝土墙	现浇板	X:115750, Y:104975, Z:4387.5	
●	碰撞4	新增	低	土建	土建	混凝土墙	板洞	X:116500, Y:105075, Z:4387.5	
●	碰撞5	新增	低	土建	土建	混凝土墙	梁	X:115375, Y:112275, Z:4150	

图 3-35　碰撞结果详细情况列表

储存备案，便于碰撞检查结果的交流和后续设计的修正。例如，要导出 3.4.2.1 节中完成的土建碰撞检查的结果，管理人员首先需从历史检查记录中选择此次检查，并复选需要导出的碰撞构件类型，包括新增、进行中、已解决、已忽略，即可导出碰撞检查结果，参见图 3-36。

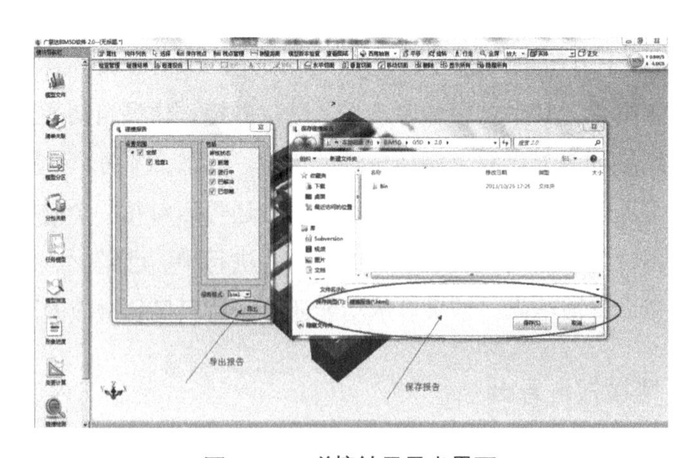

图 3-36　碰撞结果导出界面

3.4.3　视点管理

视点管理功能实现了对碰撞检查 BIM 模型进行标注的功能。在完成了碰撞检查后，检查人员可以直接在三维模型中选择某一构件，对此构件进行特殊标注。此功能方便了碰撞检查人员对某些产生碰撞的构件进行特殊说明，使得设计人员进行设计变更时快速理解变更原因。因此，视点管理功能方便了碰撞检查人员和设计人员间的信息交流。如前所述，东塔项目涉及专业多，且碰撞次数多。若设计人员不能直接了解到碰撞产生的原因，就需要仔细重新核对所有的专业设计图纸，才能找出问题，效率较低。设计人员若直接得到碰撞检查人员的提示，则能快速找到问题，修改设计。

具体来说，碰撞检查人员在完成一次检查之后，可以选择模型中的任意构件作为视点，并添加标注，标注的形式包括折线、矩形和文字。仍以 3.4.2.1 节完成的碰撞检查为例，检查人员希望给检测完成的碰撞构件进行文字标注。检查人员选中希望标注的构件后，点击保存视点，系统则将此构件保存。选中该视点，在备注中直接添加文字信息，写明碰撞的原因，上传服务器。保存后的视点图和备注添加界面参见图 3-37，上传界面参见图 3-38。

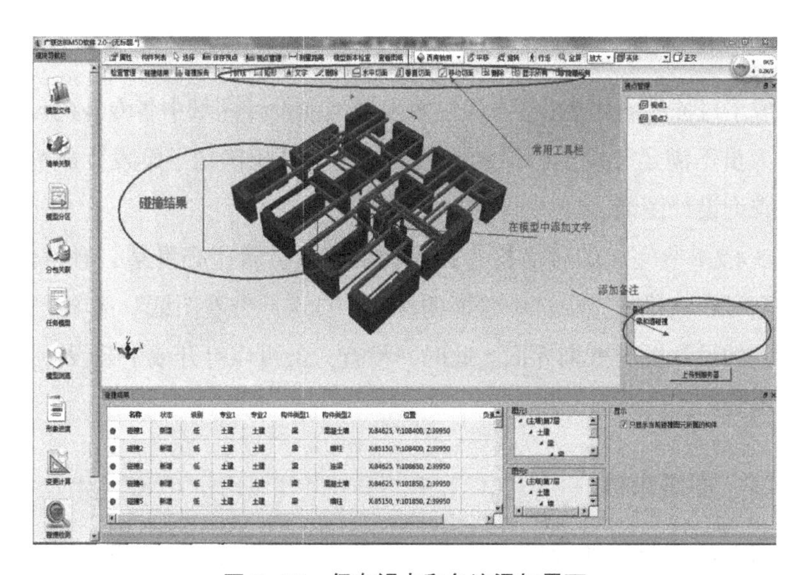

图 3–37　保存视点和备注添加界面

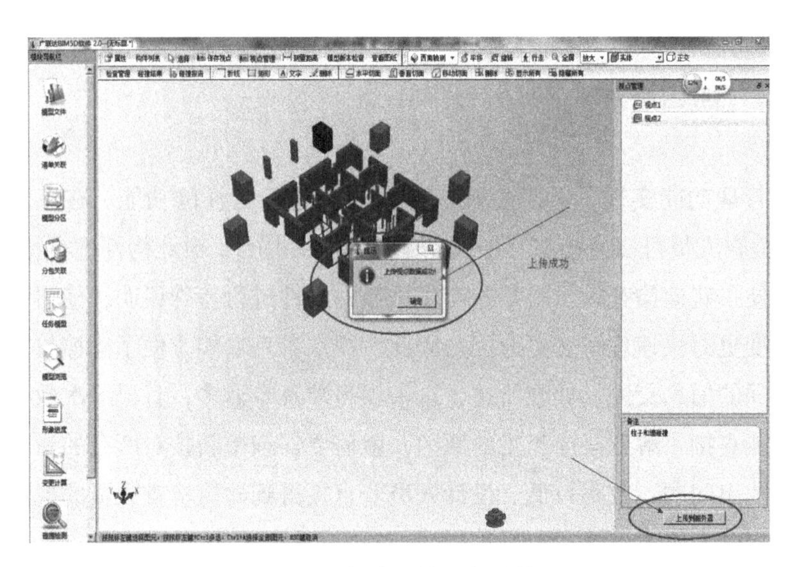

图 3–38 视点上传服务器界面

3.4.4 查看图纸

在碰撞检查功能模块中，同样有查看图纸功能。这里的图纸查看功能扩展了碰撞检查功能模块的作用。

3.4.4.1 图纸查询

在完成了碰撞检查之后，检查人员可发现当前设计图纸中各专业的设计碰撞。若此检查人员不满足于发生碰撞的次数和部位，还想确切了解发生碰撞的缘由，则可直接查询设计图纸。

仍以 3.4.2.1 节完成的碰撞检查为例，检查人员希望查看某一碰撞的详细设计图纸，则可在三维模型中选中碰撞的构件，点选“查看图纸”选项，即可直接进入此构件的设计图纸查询界面。此时，检查人员可以打开或下载设计图纸，查看碰撞的确切原因。

3.4.4.2 图纸审核

图纸审核功能可以使管理人员快速了解某一图纸方案在各单位的审批进度情况。在完成一次碰撞检查之后，碰撞检查人员希望查看某一碰撞是否已经被提交方案修改审批，审批的进度如何，则可从碰撞检查模块直接进行图纸审核进度查询。

仍以 3.4.2.1 节为例，检查人员希望查看某一碰撞的修改方案的审核状况。则可在检查三维模型中选中碰撞的构件，点选“查看图纸”选项，即可直接进入此构件的图纸申报界面，查询到此构件的图纸修改申报状况。参见图 3-39。

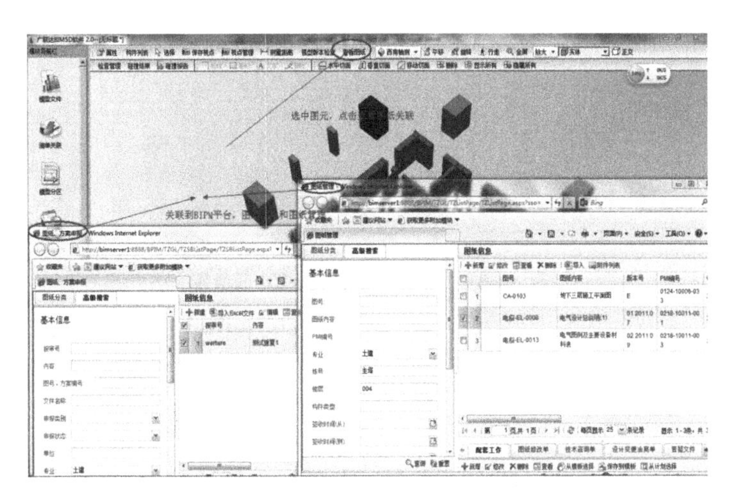

图 3–39 关联图纸查询和图纸审批界面

3.4.5 测量距离

碰撞检查模块中可直接进行距离测量，便于碰撞检查人员和专业设计人员掌握碰撞发生部位的距离参数，对于设计图纸的修改有直接的帮助。

对于碰撞检查人员来说，他可以直接对完成检查的模型进行测量操作。例如，在某一碰撞发生部位，检查人员想了解碰撞发生部位的详细三维参数，此时就需要用距离测量功能。以 3.4.2.1 节为例，检查人员需要发生碰撞的梁和墙的细部距离信息，则可直接利用测量工具，完成距离测量。结果参见图 3-40。对于设计人员来说，碰撞部位的细部距离信息更是设计变更的重要依据。上述例子中，梁和墙发生了局部设计碰撞。设计人员可直接在 BIM 模型中测量碰撞构件的距离信息，对它进行位置调整。

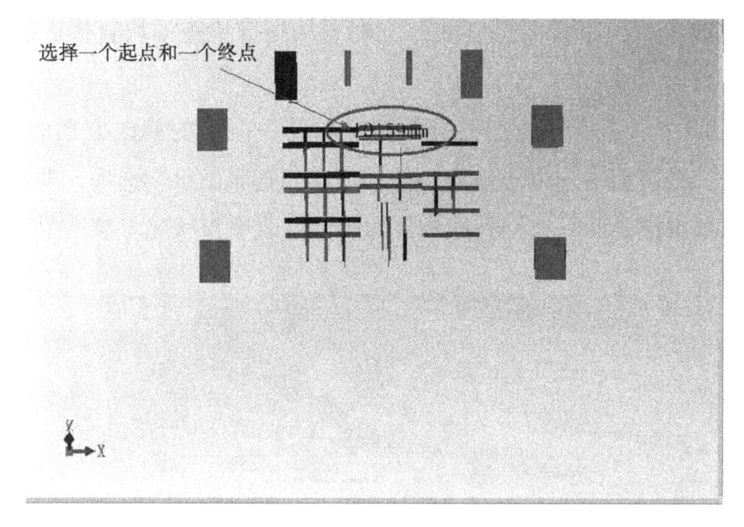

图 3–40　碰撞部位距离测量示意图

3.4.6　模型版本检查

由于东塔项目涉及的图纸变更众多，在项目进行过程中，随时可能发生设计变更。为了准确地进行碰撞检查，就需要在检查前保证检查所用的设计图纸为最新版本。因此东塔 BIM 系统的碰撞检查模块配有模型版本检查和更新的功能，使检查人员进行检查之前，自动将模型更新为最新版本。参见图 3-41。

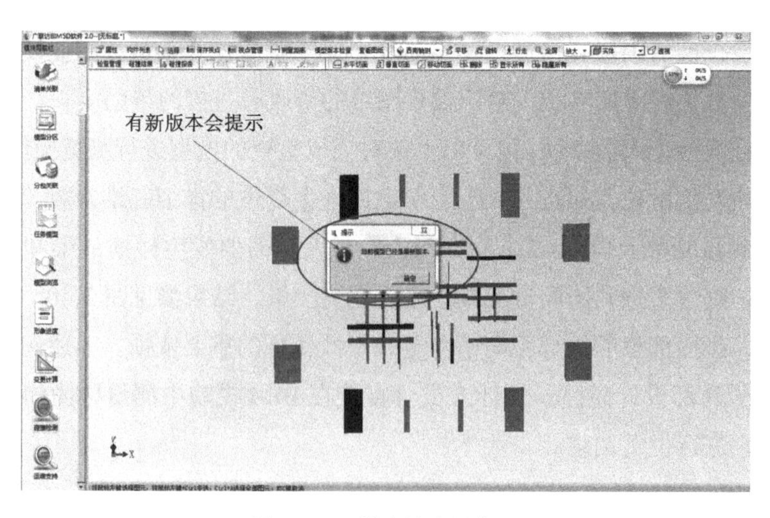

图 3–41　版本检查示意图

3.4.7　构件列表和属性

3.4.7.1　构件列表

构件列表功能的设置，是为了方便碰撞检查人员对已经完成检查的三维 BIM 模型进行构件筛选，进行清晰地查看。这里的构件筛选功能有别于检查管理中的构件选择。检查管理中的构件选择是为了选择特定的检查专业和区域，使得检查具有目的性，提高系统运行效率。而检查之后的构件选择，是针对已经加载和检查后的模型构件，是为了方便碰撞检查人员从原本包含各专业的复杂模型中选择其关心的专业和构件，进行指定专业和构件的三维展示。以东塔模型中 7 层土建和钢结构专业碰撞检查为例，管理人员按照检查管理所述，进行楼层和构件选择，并进行碰撞检查，得到检查结果和三维展示图。此时他在三维展示图中可以任意选择需要显示的构件。选择显示全部构件的结果参见图 3-42。

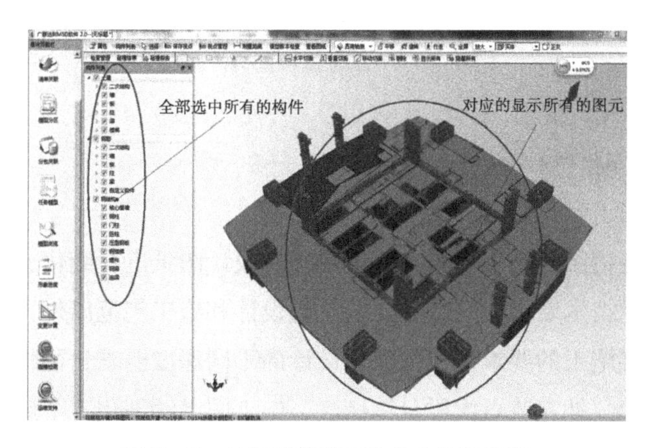

图 3-42　7 层碰撞检查构件全选显示图

3.4.7.2　构件属性

在东塔 BIM 平台的碰撞检查模块中，除了可以查看构件的设计图纸外，还可以直接获取任意构件的基本属性信息。使得碰撞检查人员不通过图纸查询，就能快速了解构件的基本属性。当检查人员只需要读取构件的基本信息时，直接查看构件属性是一种高效的方式。

仍以 7 层土建和钢结构专业碰撞检查为例。完成检查之后，检查人员若想获取某位置的混凝土墙的基本信息，则可直接在加载的模型选中此混凝土墙，系统则会直接将此构件的基本信息显示在属性栏中，参见图 3-43。属性栏中的重要信息包括构件的类别、材质、几何形状信息以及位置信息等。

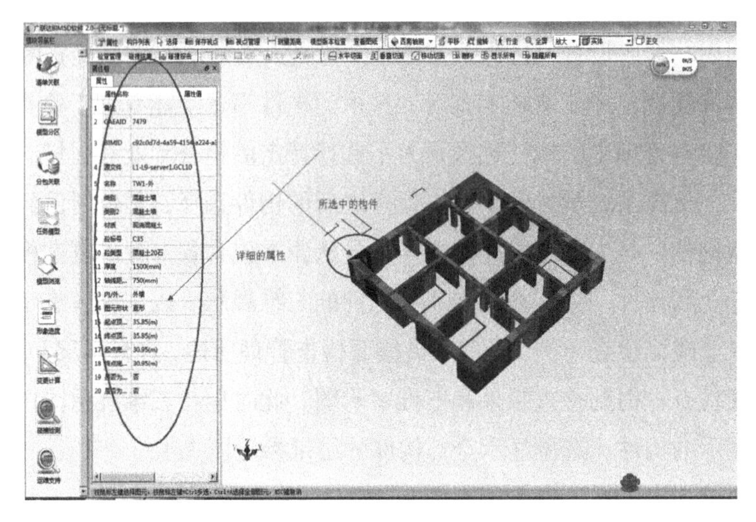

图 3-43　7 层碰撞检查构件属性

3.5　三维深化设计

深化设计是指结合施工现场实际情况，对设计图纸进行细化、补充和完善的工作。除了满足技术要求，符合相关地域的设计和施工规范以外，深化设计还应该能够满足直接施工的要求。根据深化设计的不同深度要求，可将深化设计分为完成施工图设计、补充节点大样具体做法、施工图继续细化三个层面。深化设计所得结果将直接用于指导现场施工，对施工的效果有直接的影响。

BIM 技术将传统的二维图纸转变成容易理解的三维模型，实现了建筑设计的三维模拟。因此，将 BIM 技术应用在深化设计上，使得设计人员易于减少深化设计错误，施工人员也易于理解设计意图。三维的深化设计将极大地提高深化设计精确度和效率。

3.5.1　碰撞检查保证

如 3.4 节所述，东塔 BIM 系统拥有强大的碰撞检查功能，可实现对东塔模型中任意楼层、任意构件的碰撞检查。进行深化设计时，设计人员需要进一步细化设计方案。若利用 BIM 三维模型进行图纸的深化设计，设计人员就能方便地进行 BIM 的碰撞检查，有力地保证了深化设计的正确性。

东塔项目涉及各种专业设计，若所有的设计人员都在自己的专业内部进行工作，各专业深化设计间就可能会产生大量的空间冲突。这些设计失误就会给各施工队伍间的施工配合带来麻烦，从而影响施工进度。而碰撞检查功能能够及时发现不同专业深化设计的设计碰撞，提高了深化设计的正确性，为各专业施工团队的相互配合打好基础。

3.5.2　三维可视化保证

深化设计是将设计图纸进行细化的工作过程，需要将一些之前设计图中未能全面体现的细节进行补充。而细节的设计是容易出错的地方，对于设计人员要求更高。三维可视化模型比传统二维的设计图纸表达更加直观，使得设计人员深化设计时也更容易直观掌握设计结果，及时发现设计错误。

东塔项目结构复杂，各专业的复杂节点众多，施工人员若依靠传统的二维深化设计图进行施工，也容易错误理解设计意图，造成施工错误。三维的可视化深化设计方式，可以对一些复杂节点进行放大、剖切，更容易展示这些复杂节点的空间逻辑关系，使得各专业的施工人员也更容易理解设计人员的设计意图，减少由于理解错误而导致的施工错误。

例如，在进行设备管道的深化设计过程时，设计人员利用 BIM 技术设计得到了东塔某处的三维深化设计方案。参见图 3-44。利用三维可视化的设计方式，设计人员能够直观地观察到自己的设计结果。而管道的安装人员在得到三维的深化设计后，也更容易理解此管道设计方案，便于进行管道安装作业。

图 3-44　东塔某管道三维深化设计

3.5.3 构件预制和安装保证

东塔项目涉及大量的钢构件、幕墙、管道的预制和安装作业，保证构件的下料精准和安装精度成为一项重要的工作。若在构件预制和安装过程中出现失误，便会造成施工材料的浪费，并可能延误施工进度。

三维深化设计可以为构件预制提供基础数据。在深化设计的三维图纸中，任意选择一个构件，便可直接从属性项中获取此构件的几何数据，保证预制过程中的精准下料。

三维深化设计还可以保证构件现场安装的精度。在深化设计的三维图纸中，任意选择一个构件，便可直接从属性项中获取此构件的构件编号。构件安装人员可以根据构件编号，准确地将每一个预制构件安装到预定位置，保证了安装的精度。例如，在进行钢构件深化设计时，设计人员利用BIM技术得到了东塔某处的钢构件三维深化设计方案，参见图3-45，钢构件预制人员便可利用此深化设计图纸，统计所有钢构件的几何信息，之后进行精确的钢构件预制。同样地，钢构件安装人员也可依据此三维深化设计进行精确的构件安装工作。

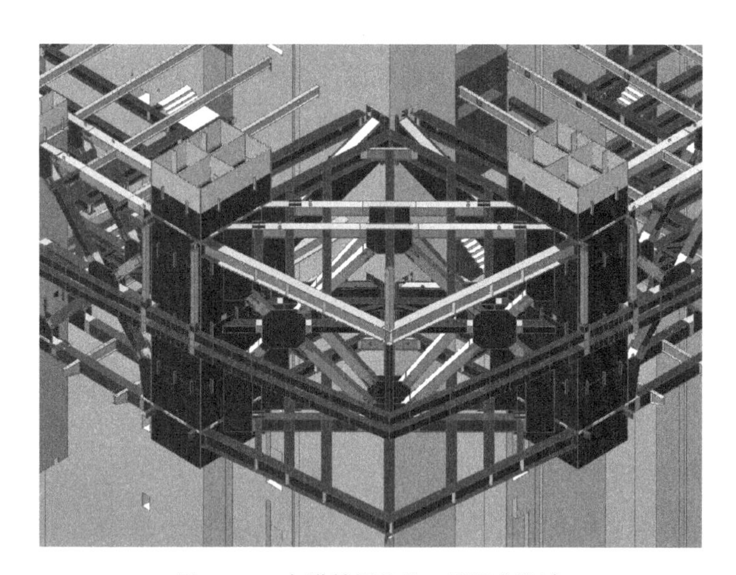

图3–45 东塔某钢构件三维深化设计

BIM系统将各专业深化模型海量的信息及数据进行准确融合，可以完成项目多专业整体模型的深化设计及可视化展示，参见图3-46。

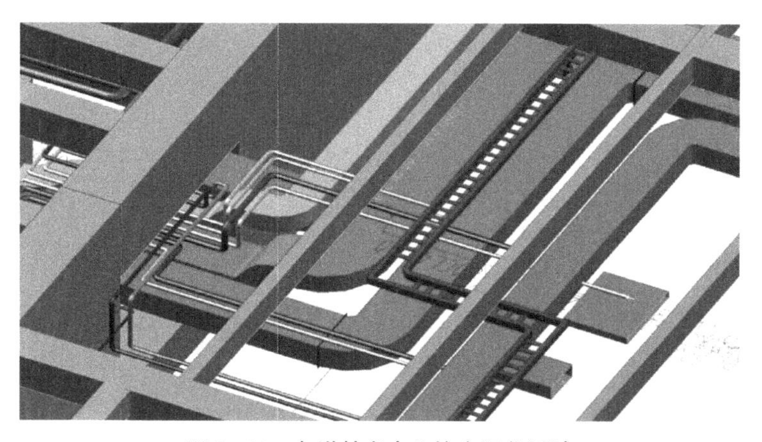

图 3-46　东塔某多专业综合深化设计

3.5.4　深化图纸审批保证

东塔项目涉及大量的深化设计审批工作。人工进行审批信息汇总和查询的难度大，并会消耗过多人力资源。

BIM 系统实现了深化图纸审批查询功能，使得管理人员无须进行人工的信息汇总和查询，便可直接在 BIM 平台中快速查询到深化图纸的审批进度，节约了大量的审批台账更新和查询时间。例如，机电施工管理人员进行了一次东塔 6 ~ 8 层机电穿梁套管预埋深化设计的审批查询，参见图 3-47，获知各方都审批通过了此深化方案，则可在“附件列表”中直接打开或下载此深化设计图纸，进行 6 ~ 8 层机电穿梁套管的预制和施工作业。

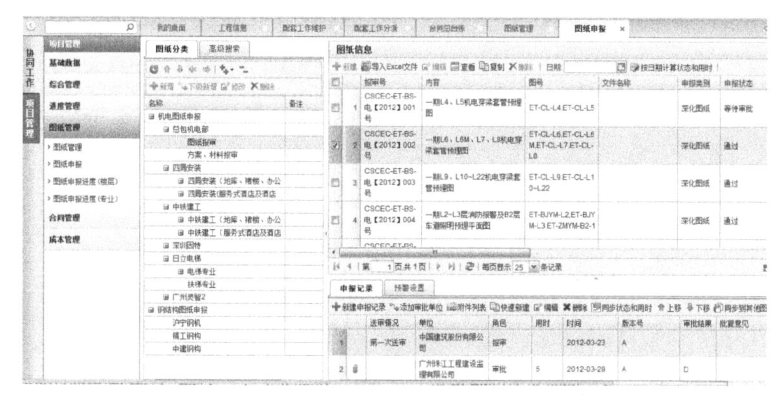

图 3-47　6 ~ 8 层机电穿梁套管预埋深化设计审批

第4章 东塔项目 BIM 创新功能

在广州东塔项目的实施过程中，常规 BIM 功能的应用发挥了巨大的作用。除此之外，还开发出了 BIM 的创新功能，并将之运用到项目管理实践之中，实现了 BIM 技术和管理上的创新。这些创新功能包括进度管理、工作面管理、图纸管理、合同管理、成本管理、劳务管理和运维管理等 7 个方面。

4.1 进度管理

创新的 BIM 进度管理功能主要着眼于进度计划编制和优化、进度计划执行过程的实时跟踪、进度计划的偏差分析及过去计划的追溯四个点上。应用 BIM 系统后，能够每天查看各工作面的实体和配套工作进展，并预警、提醒项目实体、配套工作存在的问题，将问题消灭在萌芽阶段；使得计划编制效率大幅提升，做到计划实时更新、实时监控，实现了 4D 可视化的形象进度提示；施工进度与计划实时同步，为计划分析与调整提供了可靠的数据。

4.1.1 进度管理流程的优化

项目进度管理是指在项目实施过程中，对项目各阶段的进展程度和项目最终完成的期限所进行的管理；是在规定的时间内，拟定出合理且经济的进度计划（包括多级管理的子计划），在执行该计划的过程中，经常要检查实际进度是否按计划要求进行：若出现偏差，便要及时找出原因，采取必要的补救措施或调整、修改原计划，直至项目完成；其目的是保证项目能在满足其时间约束条件的前提下实现其总体目标。项目进度管理包括两大部分内容：项目进度计划的制定、项目进度计划的控制。

4.1.1.1 建设项目传统进度管理流程分析

为了对建设项目进行有效的管理，建立科学合理的进度管理流程是必要的。目前，很多建设项目都是基于传统的进度管理流程，如图 4-1 所示。

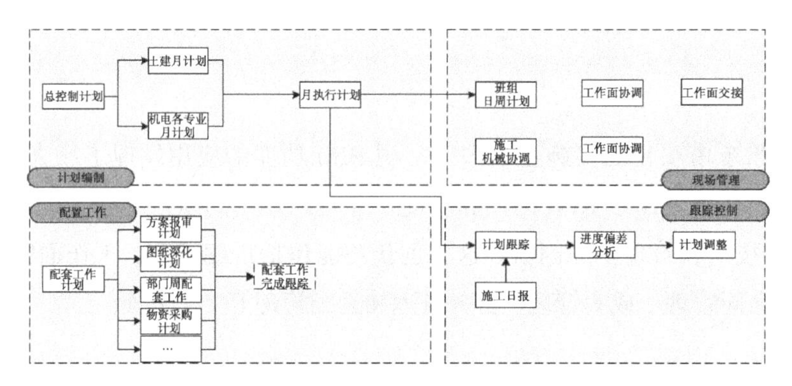

图 4–1 传统进度管理流程

在传统的进度管理流程中，在项目计划编制结束后需要分别单独进行现场管理和跟踪控制，现场管理、跟踪控制、配套工作三者之间的逻辑关系是割裂的，就连计划编制与配套工作之间也是独立的；现场管理中的各业务模块间相互孤立，彼此没有任何联系；其他业务活动中的各业务模块间也未建立充分的逻辑关系；进度管理流程中并未引进 BIM 技术，缺乏必要的信息技术支撑。

这种割裂的工作关系导致进度管理存在诸多问题：

（1）计划与实际工作脱节。目前，很多项目都是通过 Excel 表格、手工绘制甘特图来管理项目的进度，导致大量的文档堆积、汇总效率低、时效性比较差，对于掌控项目的进度非常不利，这也是为什么项目出现的问题只能事后处理的原因之一；另外，由于传统的管理模式缺乏第三方的监督，个别项目干系人可能存在瞒报或假报项目进度的情况，导致项目进度与计划脱节。

（2）项目负责人经验缺乏，管理不到位。由于项目负责人缺乏相应的项目管理经验，在事前没有很好地进行分析和制定应急计划，等事情发生了才手忙脚乱地处理；管理组织上不能够保证进度目标的实施，导致执行能力很差；项目成员只关心自己是否得利，而不管项目目标是否顺利实现；缺乏有效的监督、激励、考核机制，目标分解不够明确，在进度滞后的情况下找不到直接的负责人，各部门人员之间相互扯皮；由于没有明确的责任又缺乏合作精神，项目成员的积极性调动不起来，对进度目标也就漠然待之。

4.1.1.2　广州东塔项目进度管理面临的新问题

广州东塔项目是一项大型建设项目，除面临以上诸多传统的进度管理问题外，还面临着很多新的进度管理问题：

（1）进度编制难。专业交叉多，计划编排者较难详尽处理专业交界任务；采用四级计划管理，导致计划之间关系维护困难。

（2）配套工作管理难。涉及部门多，只能靠各部门各自协调；内容多，容易导致漏项。

（3）现场协调管理难。工序、资源、工作空间三者之间以及各自内部面临众多冲突，使现场协调难度加大。

（4）跟踪控制信息收集繁琐。现场信息分散，收集难，决策者很难及时准确地了解施工现场情况。

4.1.1.3　基于BIM的项目进度管理流程优化

为了解决上述问题并更好地进行广州东塔项目的进度管理，在东塔项目BIM系统中研发了基于BIM的进度管理子系统。基于BIM的进度管理子系统是以施工任务及配套工作为实体，对这些实体进行计划、协调、实施、检查及评价各过程的管理；进度管理的实体覆盖施工任务及配套工作；进度管理的过程以经验积累为中心，包含计划、实施、检查及评价的完整循环。

为了切实满足现场进度管理需求，基于BIM的进度管理子系统遵循了如下先进的工作原理：

（1）动态控制原理。项目的进行是一个动态的过程，因此，进度控制随着项目的进展而不断进行。

（2）系统原理。项目各实施主体、各阶段、各部分、各层次的计划构成了项目的计划系统，它们之间相互联系、相互影响；每一计划的制定和执行过程也是一个完整的系统。

（3）封闭循环原理。项目进度控制的全过程是一种循环性的例行活动，其活动包括编制计划、实施计划、检查、比较与分析、确定调整措施、修改计划，形成了一个封闭的循环系统。

（4）信息原理。通过系统的实时信息汇总功能及时有效地进行信息的传递和反馈。

遵循上述原理，东塔项目基于 BIM 的进度管理子系统对传统的进度管理流程进行了优化，优化后的进度管理流程如图 4-2 所示。

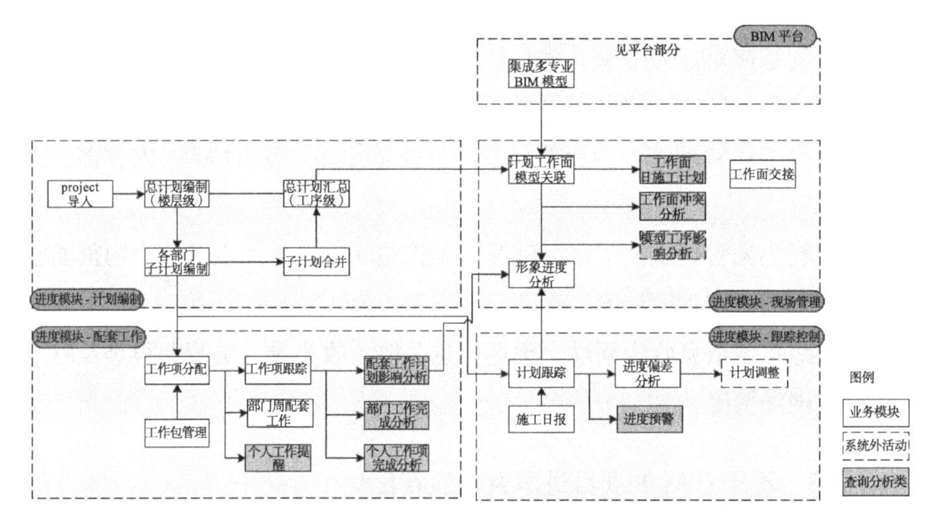

图 4–2　优化后的进度管理流程

从图 4-2 中可以看出，在计划编制、现场管理、跟踪控制、配套工作四大进度模块基础上引进 BIM 平台，而且计划编制、现场管理、跟踪控制、配套工作、BIM 平台五大进度模块之间以及各自内部的子业务模块间都建立了严格的逻辑关系。具体来看：通过各部门子计划编制业务模块到工作项分配业务模块，建立计划编制到配套工作的逻辑关系；通过各部门子计划编制业务模块到计划跟踪业务模块，建立计划编制到跟踪控制的逻辑关系；通过总计划汇总业务模块到计划工作面模型关联业务模块，建立计划编制到现场管理的逻辑关系；通过集成多专业 BIM 模型业务模块到计划工作面模型关联业务模块，建立 BIM 平台到现场管理的逻辑关系；通过计划跟踪业务模块到形象进度分析业务模块，建立跟踪控制到现场管理的逻辑关系；通过配套工作计划影响分析业务模块到形象进度分析业务模块，建立配套工作到现场管理的逻辑关系。

4.1.2　制定计划

4.1.2.1　制定计划的过程

在基于BIM的进度管理子系统中，制定计划的过程如图4-3所示。首先是计划管理员建立计划文件和各专业计划文件（土建、机电、粗装等专业文件），其次由各专业计划专员细化并制定出各专业计划（土建、机电、粗装等专业计划初稿），交予各专业计划审核人进行审核专业计划，然后再由计划管理员同步各专业总计划并对计划进行分析与调整后，交给计划审核人判断是否通过，若计划审核不合格，则返回计划员并重新对计划进行分析与调整，若计划审核合格，则最终成为审核后的计划。

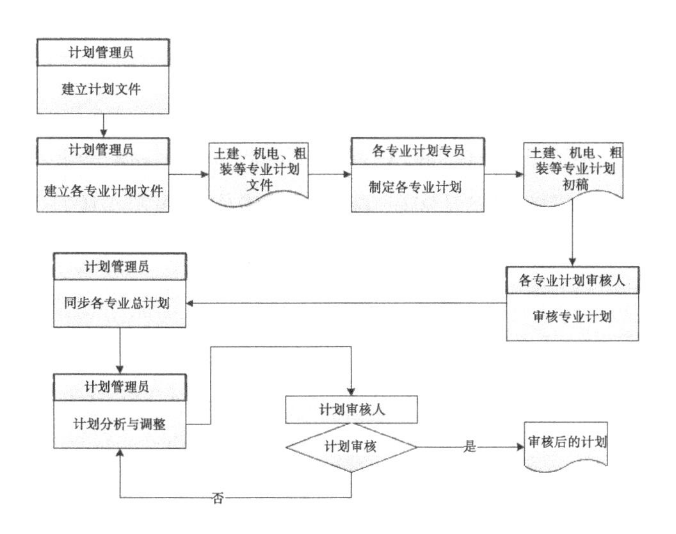

图4-3　在基于BIM的进度管理子系统中制定计划的过程

4.1.2.2　制定计划的准备工作

在使用基于BIM的进度管理子系统制定进度计划前，要做一些基础数据的准备工作，包括：模型、分区是否已存在，构件类型在哪里查看；专业及专项在哪里应用；工作面类型用来干什么等。这些准备工作将由BPIM从BIM5D中的数据字典读取出来。BPIM是一个集成的信息化平台，实现了与BIM5D软件的关联。

（1）楼层字典。在 BPIM 中，通过“项目管理—基础数据—楼层字典”操作，进入楼层字典窗口，参见图 4-4。图 4-4 中，左边显示栋号，选择栋号，右侧联动显示对应的楼层。

图 4–4　楼层字典

（2）分区字典。在 BPIM 中，通过“项目管理—基础数据—分区字典”操作，进入分区字典窗口，参见图 4-5。BIM5D 软件的工作空间定义模块实现了分区的定义和绘制功能。具体实现步骤如下：选择需要绘制分区的楼层，通过新建按钮，建立一个分区，并调整分区名称和类型编码；在模型上绘制所建立的分区（分区的绘制方法分为三种：直接绘制、偏移绘制、回形绘制）；分区绘制完毕后，通过更新到 BIM 平台按钮，将绘制结果上传到平台。绘制分区完成效果图如图 4-6 所示。

（3）合作单位。在 BPIM 中，通过“项目管理—基础数据—合作单位”操作，进入合作单位窗口，参见图 4-7。图 4-7 中，左边显示单位分类，选择单位分类，右侧联动显示单位信息。点击单位分类的“新增”可以新增合作单位分类；选中合作单位分类，点击单位信息的“新增”可以将合作单位增加到选择的分类中。

（4）工作面类型字典。在 BPIM 中，通过“项目管理—基础数据—工作面类型”操作，进入工作面类型，如图 4-8 所示。点击“新增”进入新增工作面类型窗体后，可以新增工作面分类，也可在工作面分类下新增工作面类型。

图 4-5　分区字典

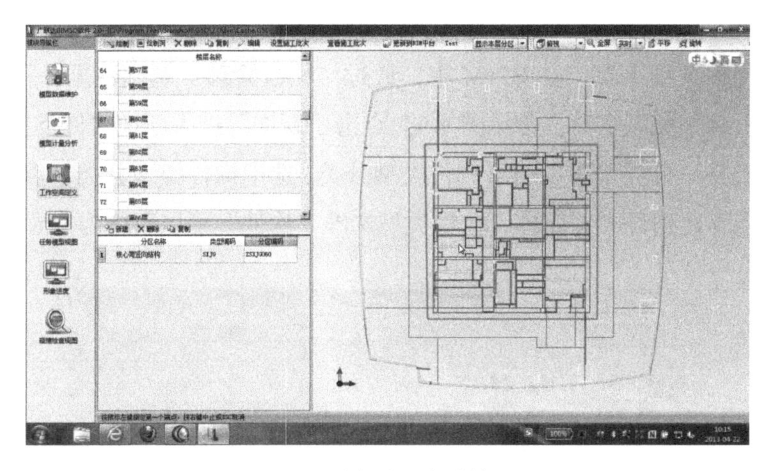

图 4-6　绘制分区完成效果图

图 4-7　合作单位字典

图 4–8　工作面类型字典

（5）构件类型字典。在 BPIM 中，通过“项目管理—基础数据—构件类型”操作，进入构件类型字典，参见图 4-9。点击“新增”进入新增构件类型窗体后，构件类型选择“分类”可以新增构件类型分类；选中构件类型分类，点击“下级新增”进入新建构件类型窗体，构件类型选择“构件”可以新增构件。

图 4–9　构件类型界面

（6）分项字典。在 BPIM 中，通过“项目管理—基础数据—分项字典”操作，进入分项字典，如图 4-10 所示。图 4-10 中，点击“新增”进入新增分项窗体，填写分项名称、选择专业后可以新增分项。

图 4-10　分项字典

（7）工作包维护。在 BPIM 中，通过“项目管理—进度管理—工作包维护”操作，进入工作包维护窗体，参见图 4-11。图 4-11 中，左侧显示工作包分类和工作包，选中工作包，右侧联动显示工作包中的任务信息。①选中右上方的任务，右下方联动显示任务的配套工作。点击左侧的“新增”进入新增工作包类别和工作包的窗体，可以新增工作包类别。选择工作包类别，点击“新增”，选择“工作包”可以新增工作包。②选择左侧的工作包，点击右侧的“新增”进入新增工作包任务窗体，可以新增任务。任务的序号可以自动生成，也可以手动输入。前置任务的格式为:mfs+nd（m 为前置任务的编号，n 为延迟时间，负数表示提前，正数表示延后）。模型数据填写后，导入工作包后就不需要挂接模型数据。③选择右上角的任务，点击右下角的“新增”,可以新增配套工作。可以将新增配套工作维护到配套工作库中，方便下一次使用；也可以从模板选择配套工作，挂接到工作包中的任务。

（8）劳动力工效维护。在 BPIM 中，通过“项目管理—基础数据—劳动力功效字典”操作，进入劳动力工效字典，参见图 4-12。图 4-12 中，点击“新增”进入新增劳动力工效字典窗体，可以新增劳动力工效相关的信息。

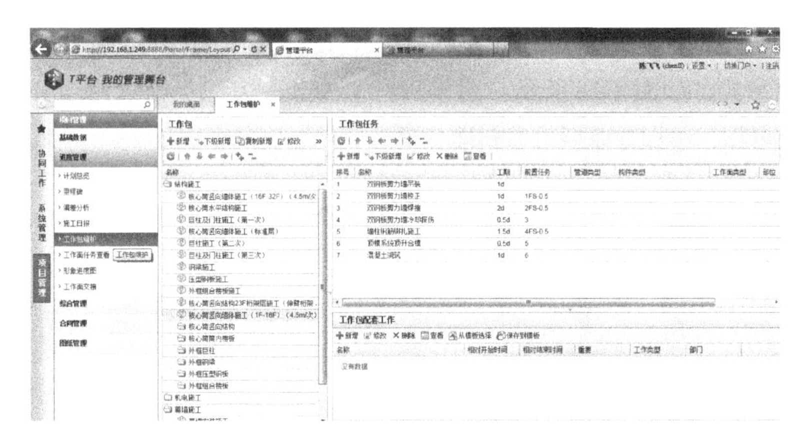

图 4-11　工作包维护

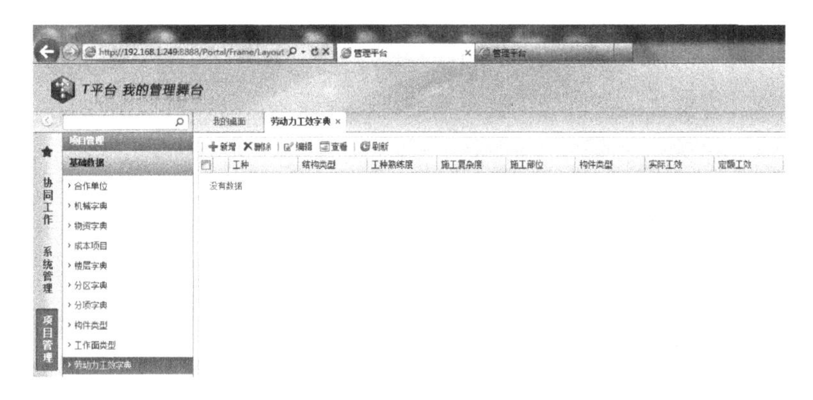

图 4-12　劳动力功效字典

4.1.2.3　建立计划

基于 BIM 的进度管理子系统采用总分总的计划编制方式，不论是建立总进度计划还是建立月度（专业）进度计划，都必须进入计划总览界面（窗口）。在 BPIM 中依次通过“项目管理—进度管理—计划总览”的操作，进入计划总览界面，参见图 4-13。

在计划总览窗口中，利用计划目录中的“新增”功能按钮，可以建立各种计划，例如总计划、年计划、季计划、月计划、周计划等。选中某一计划目录，则计划目录栏右侧会自动显示与该计划相关的属性信息，包括计划的起止时间和工作时间、实际的起止时间和工作时间、计划信息、配套工作等。

需要注意的是，建立分计划时，一定要先建立和选择上级计划，否则，将导

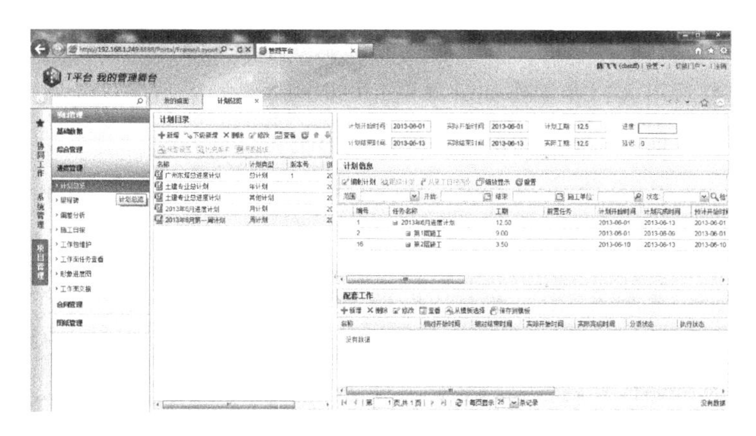

图 4-13　计划总览界面

致建立的计划独立于进度计划系统之外。计划的基准开始时间，请选择该计划中可以最早开始的时间，如月初等，对于一个没有指定开始时间约束的任务，将以此基准时间为开始时间。

4.1.2.4　编制计划

编制进度计划是对所建立进度计划的细化。通过 BPIM 中的“项目管理—进度管理—计划总览”操作，选中需要编制的计划，进入 GProject 中，可以通过点击鼠标右键，选择新建栋号任务、新建楼层任务、新建专业任务、新建分区任务等完成计划编制。参见图 4-14。

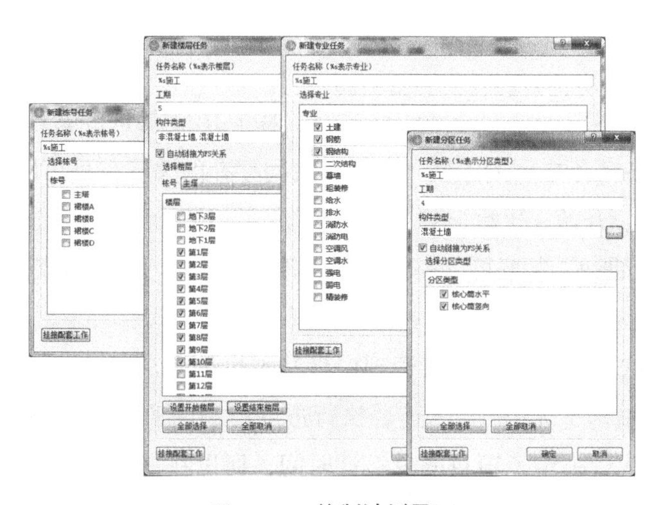

图 4-14　编制计划界面

计划编制完成以后，可以将计划保存到服务器。如果是总计划，保存时自动将配套工作推送出去，在工作项分派页面可以查看；如果不是总计划，需要将该计划更新到总计划中，才能将配套工作推送出去。

在GProject中，通过“文件—导入Project文件”操作，可以导入MSProject文件。

基于BIM的进度管理子系统提供了三种编制计划的模式：计划编制、计划跟踪、模型挂接，参见图4-15。选择不同的模式，在表格中可以显示不同模式需要的列。进度计划编制模式用于支持计划编制的过程，该模式在表格中只显示计划系列时间及基础的计划内容，如名称、前置任务及是否挂接了配套工作；计划跟踪模式用于支持对计划的检查，该模式在表格中显示完整的三套时间（计划时间、预计时间和实际时间），计划时间不可以编辑；模型挂接模式用于支持进度与三维模型的挂接，该模式只显示与模型挂接相关的表格列，如任务名称、工期、分区编码、工作面类型、构建范围等。

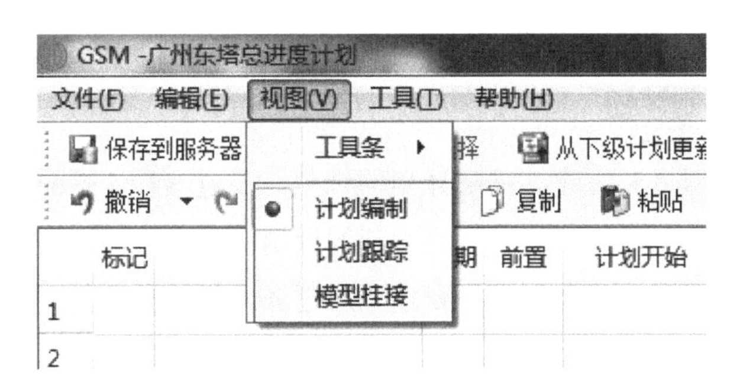

图4–15　编制计划的三种模式

除了提供上述三种编制计划的模式外，基于BIM的进度管理子系统还实现了建设项目中各任务之间的关联。各任务之间存在的关联关系可以分为四种：完成-开始（FS）、开始-开始（SS）、完成-完成（FF）、开始-完成（SF），以甘特图的形式进行展示。关联可以搭接多个任务之间的FS关系，也支持正负的搭接，如FS+1，SS-1。

关键路径法（CPM）是项目管理中最基本也是非常关键的一个概念，它上连着工作分解结构（WBS），下连着执行进度控制与监督。关键路径是项目计划中最长的路线，决定了项目的总实耗时间，所以在进行项目操作时确定关键路径并进行有效的管理是至关重要的。根据关键路径法的规则，系统可以计算计划中的关键路径，用红色显示。关联后各任务之间的搭接关系和关键路径如图 4-16 所示。

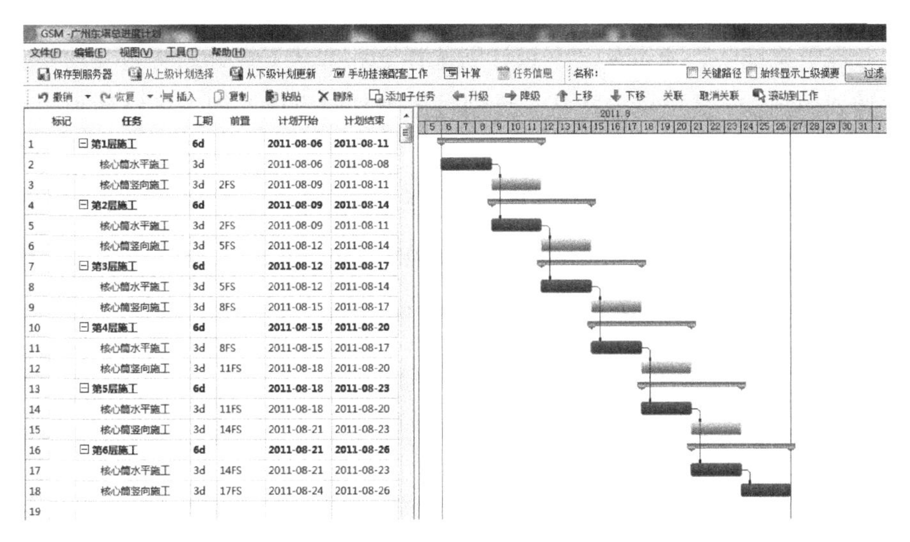

标记	任务	工期	前置	计划开始	计划结束
1	第1层施工	6d		2011-08-06	2011-08-11
2	核心筒水平施工	3d		2011-08-06	2011-08-08
3	核心筒竖向施工	3d	2FS	2011-08-09	2011-08-11
4	第2层施工	6d		2011-08-09	2011-08-14
5	核心筒水平施工	3d	2FS	2011-08-09	2011-08-11
6	核心筒竖向施工	3d	5FS	2011-08-12	2011-08-14
7	第3层施工	6d		2011-08-12	2011-08-17
8	核心筒水平施工	3d	5FS	2011-08-12	2011-08-14
9	核心筒竖向施工	3d	8FS	2011-08-15	2011-08-17
10	第4层施工	6d		2011-08-15	2011-08-20
11	核心筒水平施工	3d	8FS	2011-08-15	2011-08-17
12	核心筒竖向施工	3d	11FS	2011-08-18	2011-08-20
13	第5层施工	6d		2011-08-18	2011-08-23
14	核心筒水平施工	3d	11FS	2011-08-18	2011-08-20
15	核心筒竖向施工	3d	14FS	2011-08-21	2011-08-23
16	第6层施工	6d		2011-08-21	2011-08-26
17	核心筒水平施工	3d	14FS	2011-08-21	2011-08-23
18	核心筒竖向施工	3d	17FS	2011-08-24	2011-08-26
19					

图 4-16　关联后各任务之间的搭接关系和关键路径

系统也可以进行计划的有效性检查,参见图 4-17。通过菜单“工具”中的“检查”按钮，可以检查出计划中的单一任务、没有前置任务的里程碑、早于参照时间的任务、日程安排有冲突的任务等。

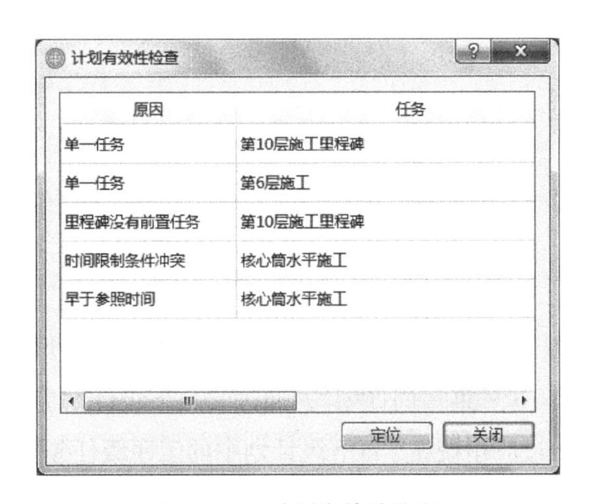

计划有效性检查

原因	任务
单一任务	第10层施工里程碑
单一任务	第6层施工
里程碑没有前置任务	第10层施工里程碑
时间限制条件冲突	核心筒水平施工
早于参照时间	核心筒水平施工

定位　关闭

图 4-17　计划有效性检查

4.1.2.5 计划同步

进度计划的同步，即在总计划与子计划间建立关联关系。在基于 BIM 的进度管理子系统中，通过从“上级计划选择”和“从下级计划更新”功能实现进度计划的同步；系统也支持从总计划过滤当月内容以及把工序级计划同步到总计划。

例如，在 BPIM 中，新建上级计划“2013 年 6 月进度计划”，新建下级计划“2013 年 6 月第一周计划”。此时，执行计划同步操作分两种情况：

（1）通过从上级计划选择完成计划同步。打开下级计划“2013 年 6 月第一周计划”，通过“从上级计划选择”按钮进入从上级计划选择窗体，在该窗体按时间段过滤出合适的任务，所选择的上级计划中的任务就会导入下级计划中。参见图 4-18。

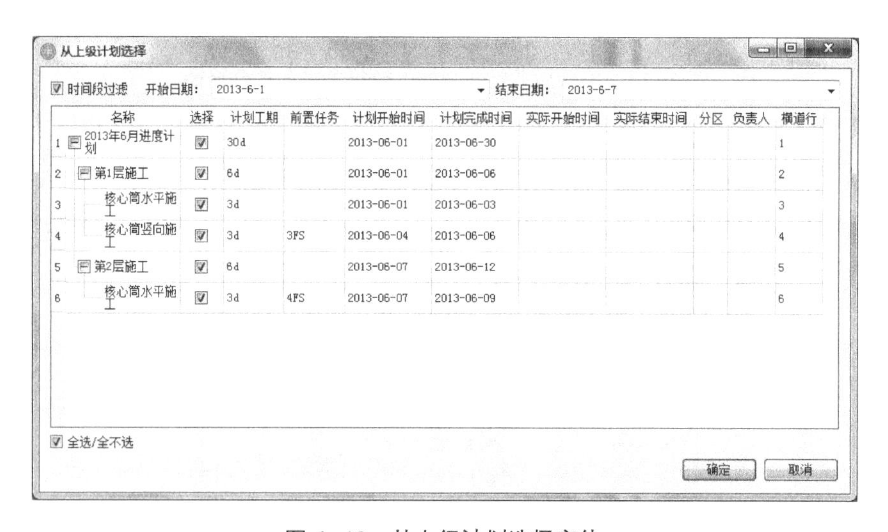

图 4–18 从上级计划选择窗体

（2）通过从下级计划更新完成计划同步。在下级计划中增加工序级任务，打开上级计划“2013 年 6 月第一周计划”，通过“从下级计划更新”按钮进入从下级计划更新窗体，通过应用按钮，将下级计划中的工序级任务更新到上级计划中，同时下级计划中的模型数据也可以更新到上级计划中。参见图 4-19。

	名称	计划工期	前置任务	计划开始时间	计划完成时间	实际开始时间	实际结束时间	分区
1	2013年6月进度计划	12.5d		2013-06-01	2013-06-13			
2	第1层施工	9d		2013-06-01	2013-06-09			
3	核心筒水平施工	3.5d		2013-06-01	2013-06-04			
4	脚手架搭设	1d		2013-06-01	2013-06-01			
5	梁、板模板施工	1d	4FS-0.5d	2013-06-01	2013-06-02			
6	梁、板钢筋绑扎	1.5d	5FS-0.5d	2013-06-02	2013-06-03			
7	梁、板混凝土浇筑	1d	6FS	2013-06-03	2013-06-04			
8	核心筒竖向施工	5.5d		2013-06-04	2013-06-09			
9	单钢板剪力墙吊装	1d	7FS	2013-06-04	2013-06-05			
10	单钢板剪力墙校正	1d	9FS-0.5d	2013-06-05	2013-06-05			
11	单钢板剪力墙焊接	1.5d	10FS-0.5d	2013-06-05	2013-06-06			
12	单钢板剪力墙冷却探伤	0.5d	11FS	2013-06-07	2013-06-07			
13	墙柱钢筋绑扎	1.5d	12FS-0.5d	2013-06-07	2013-06-08			
14	顶模系统顶升合模	0.5d	13FS	2013-06-08	2013-06-08			
15	墙柱砼浇筑	1d	14FS	2013-06-09	2013-06-09			
16	第2层施工	3.5d		2013-06-10	2013-06-13			

图 4-19　从下级计划更新窗体

4.1.2.6　关联模型与计划

关联模型即一个模型根据业务模型的复杂程度可以同时定义多个关联，不受限制，所有的关联都统一在模型类的某一成员变量里面定义，并且可以支持动态定义；要支持关联操作，模型类必须继承相应类。关联模型与计划即把所编制的计划与模型间建立直接联系。

基于 BIM 的进度管理子系统实现了模型与计划之间的三种关联关系：一对一关联、一对多关联和多对多关联。在基于 BIM 的进度管理子系统中，通过建立栋号、分区、楼层等专业级任务完成计划框架的自动挂接，可以显著提高计划工作的效率；工序级任务挂接方式的实现不同于专业级任务，它通过工作包的方式来实现绝大部分工序级任务的自动挂接。该子系统能够实现类似 Excel 的拖拽及批量操作，简化操作步骤，帮助快速挂接，对于熟悉 Excel 的操作人员更易于上手。此外，基于 BIM 的进度管理子系统还具有任务与模型的双向视图功能，在保证计划挂接正确的同时，可以检验模型的准确性。参见图 4-20。

4.1.3　计划落实

为了更好地使计划得到落实和执行，必须制定完备的工作计划，并将其逐级

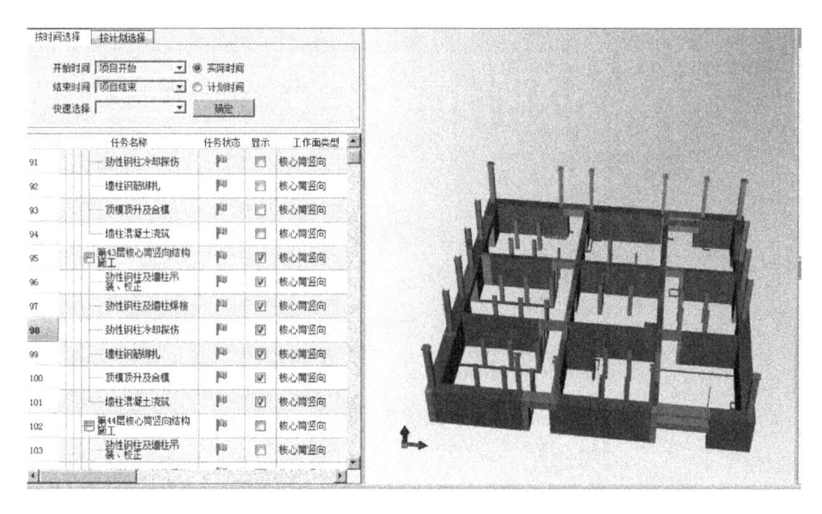

图 4-20　任务模型视图中进行验证

分解落实，达到人人有责任、各部门有任务。同时，要经常调度、检查、督促、考核，争取落实到位，全面完成或超额完成工作计划。

在基于 BIM 的进度管理子系统中，计划落实包括两部分内容：任务分派和任务模型查看。

4.1.3.1　任务分派

任务分派即将某些任务分派到所对应的管理部门。基于 BIM 的进度管理子系统实现了两种方式的任务分派：单个任务分派和批量分派任务。

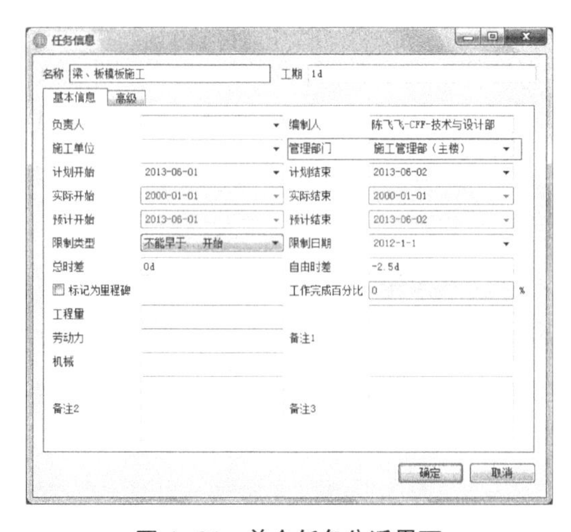

图 4-21　单个任务分派界面

（1）单个任务分派。选中任务，双击进入任务信息窗体中，选择合适的管理部门，点击确定，就将该任务分派到所选择的管理部门。例如，图 4-21 给出了将“梁、板模板施工”分配给“施工管理部（主楼）”的任务分派界面。

（2）批量分派任务。与单个任

务分派相比，批量分派任务需要选择“批量处理”功能，将选中的任务分派到所选择的管理部门。参见图 4-22。

图 4-22　批量分派任务界面

4.1.3.2　任务模型查看

任务模型查看的作用是从任务的纬度查看对应模型及工程量，其操作的前提是任务和模型已进行关联。在任务列表中选择需要查看的任务项，模型界面即显示该任务对应的模型范围;点击“工程量”按钮可显示对应的工程量。参见图 4-23 和图 4-24。

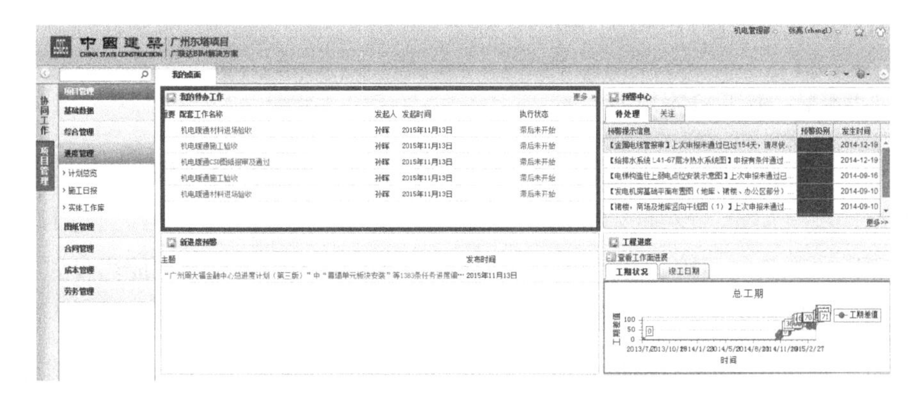

图 4-23　个人登录后的任务接收界面

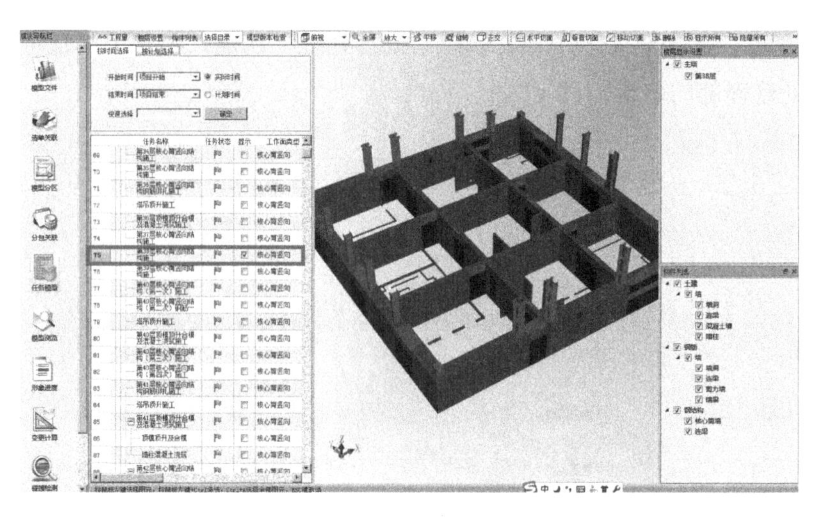

图 4-24 任务模型查看界面

4.1.4 计划检查

施工进度计划由承包单位编制完成后，应提交给监理工程师审查，待监理工程师审查确认后即可付诸实施。承包单位在执行施工进度计划的过程中，应接受监理工程师的监督与检查，而监理工程师应定期向业主报告工程进展状况。

在施工进度计划的实施过程中，由于各种因素的影响，常常会打乱原始计划的安排而出现进度偏差；因此，监理工程师必须对施工进度计划的执行情况进行动态检查，并分析进度偏差产生的原因，以便为施工进度计划的调整提供必要的信息。

在基于 BIM 的进度管理子系统中，计划检查包括三部分内容：施工日报填写、施工日报同步、跟踪计划。

4.1.4.1 施工日报填写

作为跟踪计划的主要依据，没有施工日报，就相当于只有计划，没有实际执行情况，没有预警，没有形象进度。当进度计算出现偏差时，需要回到施工日报分析原因，如天气原因、劳动力的原因等。日报管理员需要每天完成当日施工日报，而计划管理员需要当日更新日报。

施工日报包含以下任务：①从管理的角度来说，应该有本部门管理的施工任务。②从任务内容上看：针对截至昨天应该完成的但是实际未完成的任务，应该在昨天的施工日报中，将未完成的任务直接导入到次日施工内容，方便今天直接选择；针对今天应该（提前）开始的任务，应该通过时间过滤选择今天应该开始 / 完成的任务；针对实际发生而计划中没有的任务，应该增加到相关任务的后面。

在 BPIM 中，通过“项目管理—进度管理—施工日报”，进入施工日报界面，如图 4-25 所示。该界面含有编号、日期、天气、编制人、编制部门、编制时间六个选项。

图 4-25　施工日报界面

在基于 BIM 的进度管理子系统中，新建施工日报界面如图 4-26 所示。根据工程情况可在页签中编制内容、跟踪计划、上传下载附件、上传下载图片等。

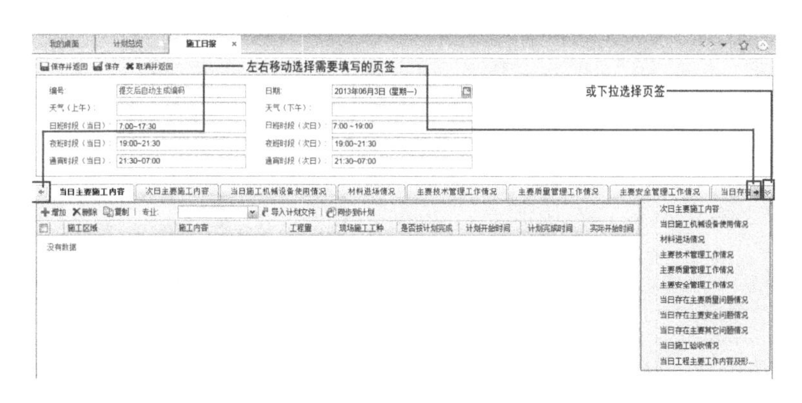

图 4-26　新建施工日报界面

4.1.4.2　施工日报同步

基于 BIM 的进度管理子系统实现了两种方式的施工日报同步：从施工日报同

步到计划；在计划总览中，从施工日报同步。施工日报同步只能同步被导入的计划，新增的计划不能同步到总计划中。

4.1.4.3 跟踪计划

跟踪计划，即对计划的执行情况适时进行跟踪，并在跟踪过程中记录计划的实际开始时间和实际完成时间以及实际时间与计划时间的偏差信息。计划跟踪的优势是：通过施工日报记录实际时间及偏差，在计划中打勾的三种方式更新实际进展；发生偏差时，迅速定位到施工日报，分析原因后，记录到系统。跟踪计划分两种方式：

（1）在计划总览中跟踪计划。利用计划总览中的“跟踪计划”按钮并且该按钮只能在总计划中工序级任务上使用，弹出跟踪计划二级窗体，填写跟踪计划内容并保存；定位该任务，通过“重置”按钮，可查看跟踪计划内容。在进度管理子系统中，针对广州东塔项目中3F核心筒施工的跟踪计划界面如图4-27所示。

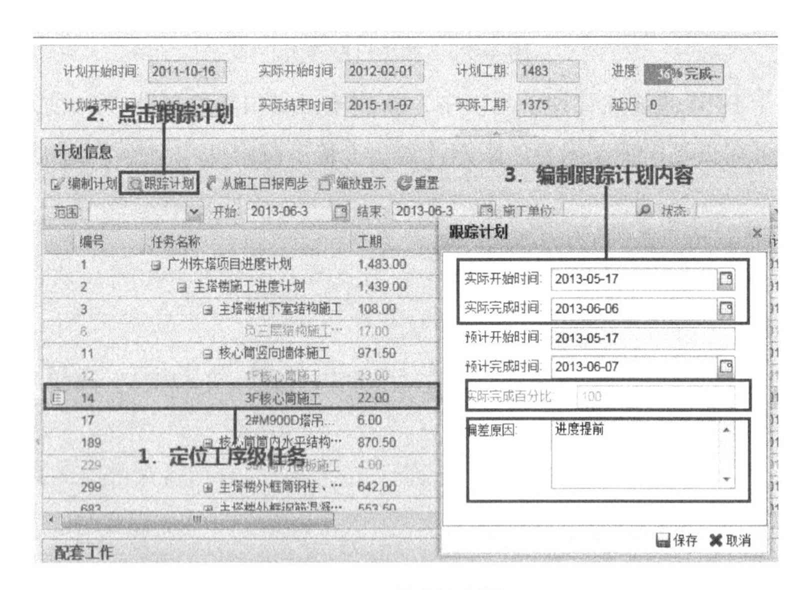

图4-27 跟踪计划界面

（2）在施工日报中跟踪计划。分为两种方式：从施工日报同步到计划；在计划总览中从施工日报同步。

4.1.5 计划确认与评价

在基于 BIM 的进度管理子系统中，计划确认与评价包括三部分内容：进度预警、偏差分析、BIM5D 形象进度。

4.1.5.1 进度预警

进度预警分为进度预警和百分比预警。实施预警前，需要进行预警设置。

（1）预警设置。只能对总计划进行预警设置。根据需要可设置关键任务预警、里程碑预警和普通任务预警，参见图 4-28。

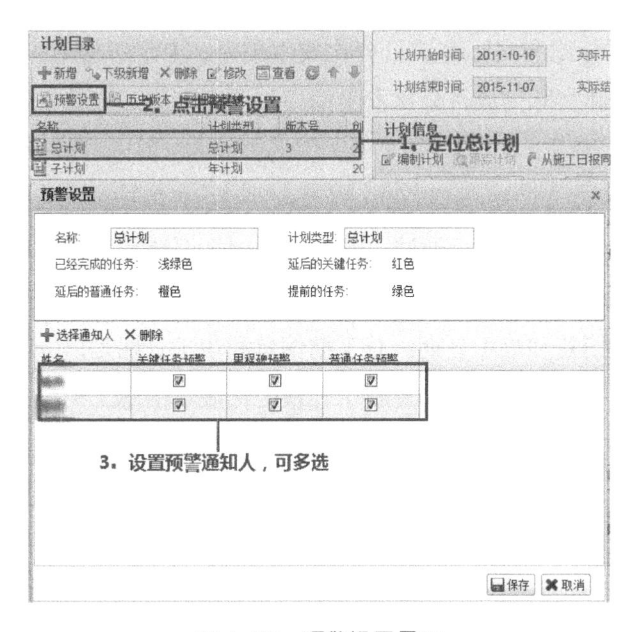

图 4-28 预警设置界面

（2）进度预警。进度预警是指计划时间和预计时间发生偏差时进行的预警。发生进度预警有四种情况：① Gproject 中计划时间和预计时间发生偏差；②计划总览计划跟踪，计划时间和预计时间发生偏差；③施工日报同步计划，计划时间和预计时间发生偏差；④计划总览从施工日报同步，计划时间和预计时间发生偏差。进度预警内容如图 4-29 所示。

预警类型

- 预警类型
- 里程碑
- 关键任务
- 普通任务

进度预警

返回

	名称	预警类型	计划结束时间	预计结束时间	理论完成百分比	实际完成百分比	是否计划关键路径	是否预计关键路径
1	2012年春节放假	普通任务	2012-01-31	2013-07-30	0	0	☐	☐
2	1F核心筒施工	普通任务	2013-03-27	2013-06-19	26	0	☐	☐
3	顶模系统安装	普通任务	2013-09-25	2013-07-29	0	0	☐	☐
4	3#M1280D塔吊拆除	普通任务	2012-06-12	2012-06-12	100	0	☐	☐
5	2#M900D塔吊拆除	普通任务	2013-06-05	2013-08-04	0	0	☐	☐
6	1#M1280D塔吊拆除	普通任务	2013-06-08	2013-08-07	0	0	☐	☐
7	1#M1280D塔吊安装	普通任务	2013-06-15	2013-08-14	0	0	☐	☐
8	顶模系统顶空4.5m	普通任务	2013-06-16	2013-08-15	0	0	☐	☐
9	4F核心筒（第一次）施工	普通任务	2013-07-09	2013-09-07	0	0	☐	☐
10	4F核心筒（第二次）施工	普通任务	2013-07-17	2013-09-15	0	0	☐	☐

图 4-29　进度预警内容

（3）百分比预警。百分比预警是指理论百分比和实际百分比发生偏差（理论百分比是系统自动计算，实际百分比是手动填写）时的预警。发生百分比预警也有四种情况：① Gproject 中理论完成百分比和实际完成百分比发生偏差；②计划总览计划跟踪，理论完成百分比和实际完成百分比发生偏差；③施工日报同步计划，理论完成百分比和实际完成百分比发生偏差；④计划总览从施工日报同步，理论完成百分比和实际完成百分比发生偏差。

4.1.5.2　偏差分析

在业务系统（BPIM）中，通过“进度管理—偏差分析”查看偏差视图。偏差分析的对象为总计划，分析的类型包括：总工期偏差、竣工日期、关键任务偏差、里程碑。

（1）总工期偏差和竣工日期。总工期偏差和竣工日期是以一天或一周（视图是根据后台设置的时间间隔自动更新）为横坐标展示的总工期偏差和竣工日期的视图，参见图 4-30。

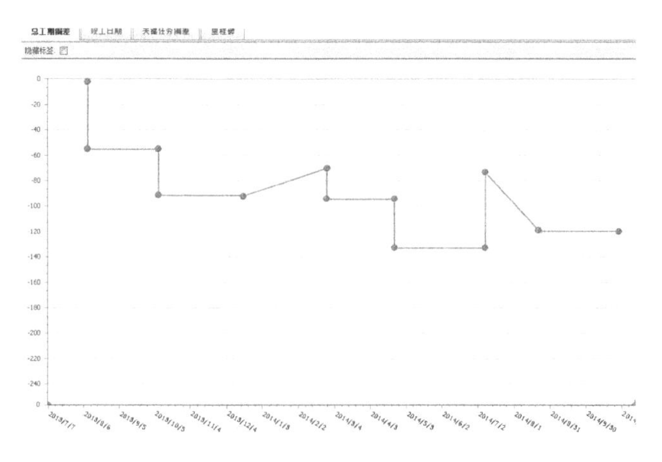

图 4-30　总工期偏差

（2）关键任务偏差和里程碑。关键任务偏差和里程碑是以任务名称为横坐标展示的关键任务偏差和里程碑视图，参见图 4-31。

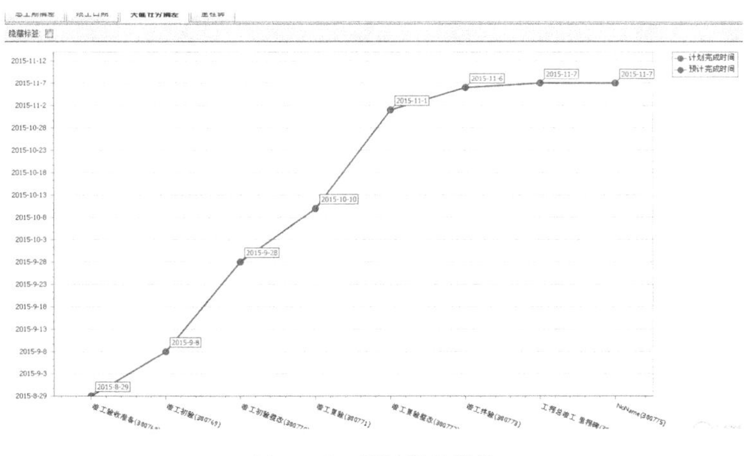

图 4–31　关键任务偏差

4.1.5.3　BIM5D 形象进度

BIM5D 形象进度的作用是形象地显示项目当前的进度情况，其使用前提是任务和模型已进行了关联且任务中已定义工作面类型。

BIM5D 形象进度提供模型形象进度和表格形象进度两种模式，如图 4-32 所示。

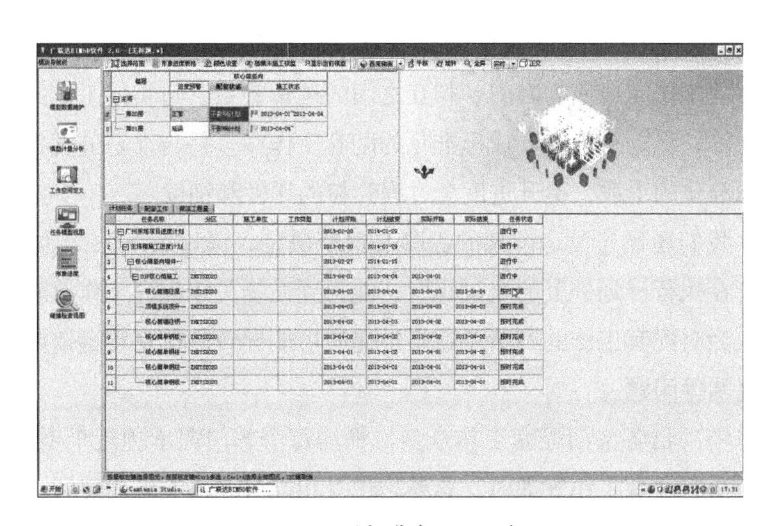

图 4–32　形象进度显示示意图

根据图 4-32 可以得出如下信息：

（1）在形象进度表格中显示当前范围内的工作面类型和楼层，并给出每个楼层下，相应工作面类型下的进度预警、配套状态、预计时间和施工状态（进度预警包括正常和延误两种状态；配套状态为影响计划、不影响计划、影响关键线路三种状态；施工状态为绿色和黄色小旗，分别代表已完成和施工中，没有开始的任务表格为空）。

（2）选择不同的楼层，界面右侧会显示对应模型，在界面下方以页签的方式显示计划任务、配套工作和做法工程量。

（3）已完工的模型显示为灰色半透明；在施工模型，不同工作面类型，以不同颜色显示；未开始施工模型，以线框形式显示。

4.1.6 配套工作的设计与应用

传统的进度计划管理编制中，计划横道图中主要体现的是现场实体工作的具体内容、时间节点及相互之间的逻辑关系。然而在实体工作实现之前，还存在大量相关联的后台工作需要完成，我们称之为配套工作，例如技术方案的编制、图纸的深化、合约商务的确定、物资设备的进场等。这些配套工作与实体工作密切相关，是实体工作顺利开展的必要先决条件；配套工作能否顺利完成，决定着实体工作能否顺利开展，对工程的进度和成本有着非常重要的影响。

在东塔 BIM 的研发中，我们系统地梳理了各项实体工作关联的所有配套工作，确定各项工作完成所需时间、相互之间的逻辑关系、与实体工作的时间关系及紧急程度等，将之打包设计成标准化的配套工作库，并与计划进度各子项相关联，通过标准化的手段，提升进度全过程管控的深度和细度。

此外，我们还预先设定合理的提醒及预警机制，通过系统的自动提醒功能，使管理人员在执行计划进度的全过程中，能得到系统关于配套工作及时准确的提醒，避免人为对配套工作的判断及信息传递所可能导致的信息传递错漏、理解偏差、记忆遗漏等问题。

广州东塔项目各部门配套工作众多，平均每个部门需承担近千项配套工作，导致各部门执行配套工作管理时，容易出现互相配合不善等人为疏漏，给工程进度管理带来困难。而广州东塔 BIM 的综合管理工作为配套工作的管理提供了很大的便利。

综合管理功能主要涉及配套工作维护、挂接与推送配套工作、分派配套工作、配套工作反馈和配套工作监控等内容。

4.1.6.1　配套工作维护

在 BPIM 中，点击“项目管理—综合管理—工作项维护”进入工作项维护界面，如图 4-33。选中左侧工作项类别，右侧联动显示该类别的配套工作。

图 4–33　工作项维护

点击左侧的“新增”，进入新增配套工作类别窗体，如图 4-34。填写配套工作类别名称、专业、分项，点击“保存并继续”或者“保存并关闭”。如果想要增加多个类别，点击“保存并继续”，保存后停留在该窗体继续新增类别。如果只增加一个类别，点击“保存并关闭”，保存后关闭该窗体。填写专业和分项后，可以在 GProject 中使用“自动挂接配套工作”功能，根据专业和分项将配套工作自动挂接到任务。如果不填写，则无法使用“自动挂接配套工作”功能。

选中图 4-33 左侧的配套工作类别，点击右侧的“新增”，进入新增配套工作窗体，如图 4-35。填写名称、工作类型、重要性、部门、相对时间后，点击“保存并继续”，保存新增的配套工作，继续新增配套工作。点击“保存并关闭”，保存新增的配套工作，离开该窗体。相对开始时间、相对结束时间的格式是 $s+nd$ 或者 $f+nd$（n 表示延迟时间，n 为负值表示提前 n 天，n 为正值表示延后 n 天）。相对开始时间为 $s+nd$（$f+nd$）表示任务开始（结束）前 n 天开始，相对结束时间为 $s+nd$（$f+nd$）表示，任务开始（结束）前 n 天结束。

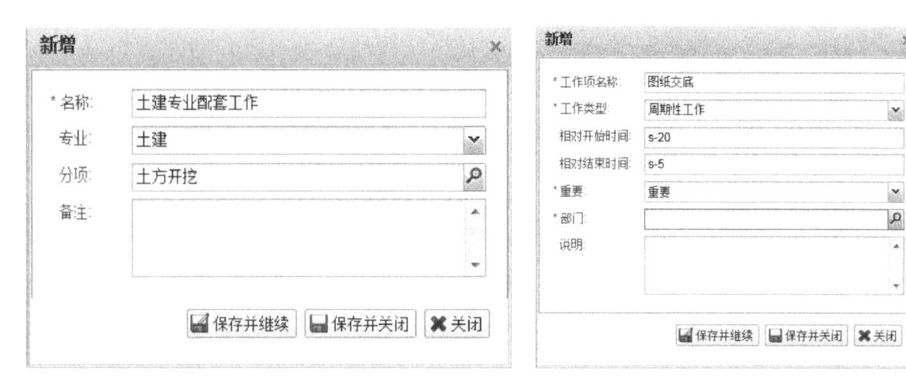

图 4-34　新增配套工作类别　　　　图 4-35　新增配套工作

4.1.6.2　挂接与推送配套工作

（1）手动挂接配套工作。在 GProject 中，选中多个任务（摘要），点击工具栏“手动挂接配套工作”，进入手动挂接配套工作窗体，如图 4-36。左下角显示数据库中的配套工作类别，选中类别，右下角联动显示该类别下的配套工作。选中上方的一个任务，选中右下角一个或者多个配套工作，点击“新增到当前任务”，可以将配套工作挂接到该任务上。直接选中一个或多个配套工作，点击“新增到所有任务”，将配套工作挂接到上方的每一个任务。任务行是灰显的，不可以编辑，

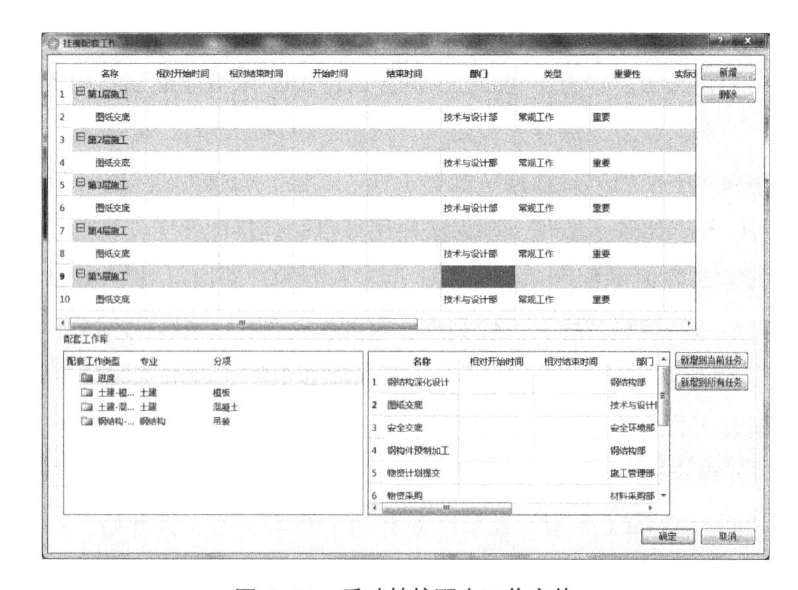

图 4-36　手动挂接配套工作窗体

配套工作行是可以编辑的。选中一个或者多个行，点击“删除”，删除选中行的配套工作，如果选中行包括任务，任务不能被删除。如果配套工作库中没有合适的配套工作，可以选中一个任务，点击“新增”，新增所需要的配套工作到任务。挂接好配套工作以后，点击“确定”就将配套工作挂接到任务上。填写相对开始时间、相对结束时间后，自动计算开始时间、结束时间。也可以直接输入开始时间、结束时间，系统自动计算相对开始时间、相对结束时间。

（2）自动挂接配套工作。首先在 BPIM 中，新增有专业和分项的配套工作类别，在需要的类别下新增合适的配套工作（图 4-37）。再在 GProject 中，检查需要自动挂接配套工作的任务，填写合适的专业和分项（图 4-38）。自动挂接配套工作有两种方式：

图 4–37　新增有专业和分项的配套工作

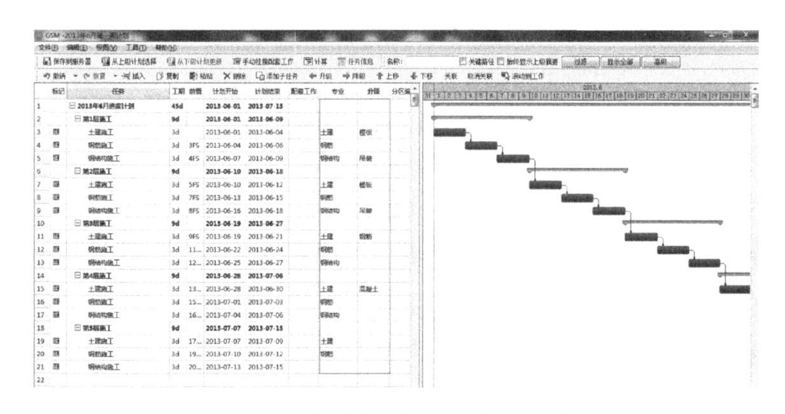

图 4–38　任务项填写专业和分项属性

1）批量挂接（图 4-39）。选中部分或者全部任务，点击菜单“工具—配套工作—自动挂接配套工作—批量挂接”，将配套工作挂接到专业和分项完全一致的任务上。如果专业和分项有一个不相同，则配套工作无法挂接到任务。

图 4-39　自动挂接配套工作

2）全部挂接。点击菜单“工具—配套工作—自动挂接配套工作—全部挂接”，计划中所有任务和摘要挂接专业和分项完全一致的配套工作。图 4-40 为挂接配套工作后的任务列表。配套工作列显示“W”表示该任务挂接有配套工作。

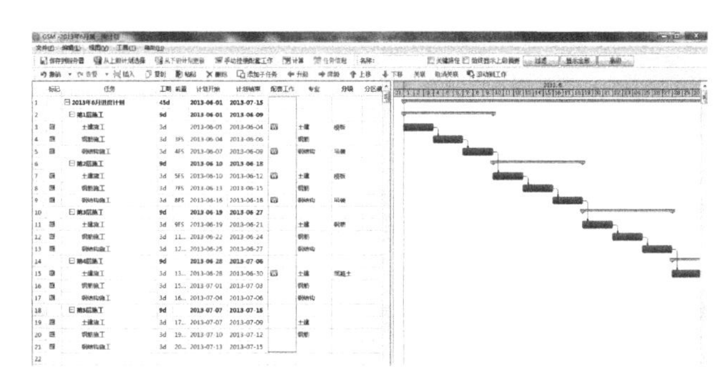

图 4-40　自动挂接配套工作后的任务信息

自动挂接配套工作时，有提示窗体如图 4-41。“覆盖”表示自动挂接配套工作时覆盖原有的相同的配套工作。“添加”表示保留原有的配套工作，自动挂接合适的配套工作。“只挂接到摘要”表示挂接配套工作时，只将合适的配套工作挂接到摘要上。

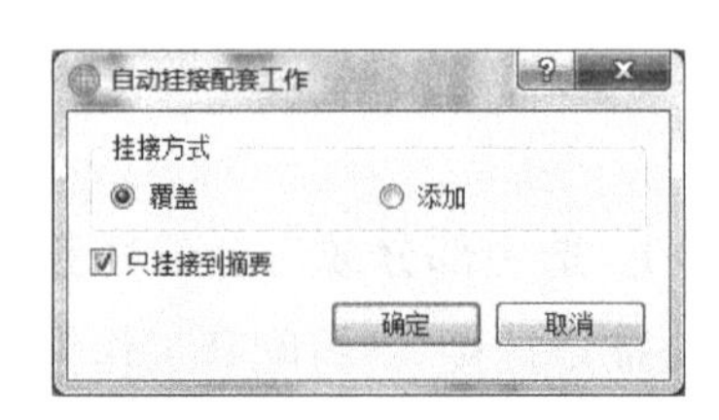

图 4-41　自动挂接配套工作方式

挂接配套工作后，如果想要删除多个配套工作，可以使用“清除配套工作”和“清除全部配套工作”功能，批量删除配套工作。

4.1.6.3　分派配套工作

（1）配套工作分派。在 BPIM 中，点击菜单“项目管理—综合管理—工作项分派”，进入配套工作分派界面，如图 4-42。在该界面显示所有需要分派和已经分派的配套工作。可以根据部门、时间、分派状态、分类查询配套工作。选中一个配套工作，点击“分派”，进入配套工作分派窗体，如图 4-43。填写责任人、计划开始时间、计划结束时间后，点击“保存并关闭”，就将该配套工作分派到责任人。责任人登录到系统后，就可以查看到待处理的配套工作。分派后的配套工作，可以重新分派。

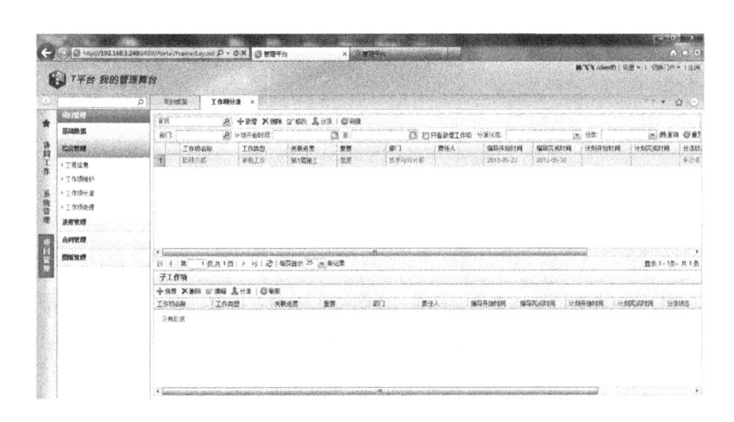

图 4–42　工作项分派界面

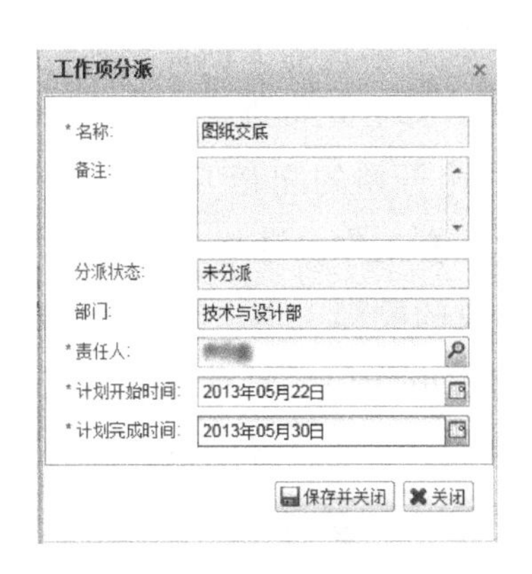

图 4–43　分派配套工作

（2）配套工作细化。在 BPIM 中进入综合管理——工作项分派。在被推送或新增的配套工作下都可以新增子工作项（图 4-44）。

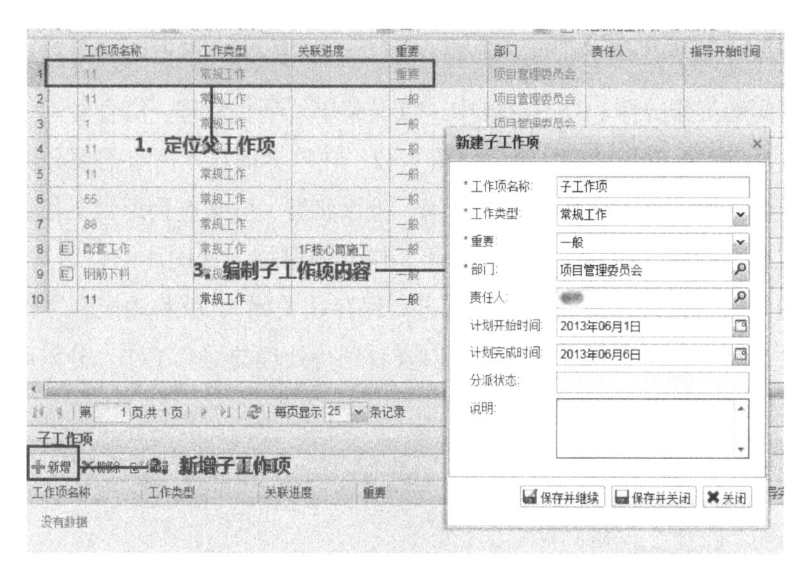

图 4–44　新增子工作项

（3）配套工作反馈。用户登录到 BPIM 系统后，点击菜单“项目管理—综合管理—工作项处理”，进入工作项处理界面（图 4-45）。该界面显示待该用户处理的配套工作。也可以根据关键字、计划开始时间段、执行状态查询该用户待处理和已经处理的配套工作。选中需要处理的配套工作，点击“处理”，进入配套工作处理窗体，如图 4-46。填写实际开始时间、实际结束时间、完成情况后，点击“保存”，将该配套工作状态提交。配套工作有 6 种状态，分别是：正常未开始、滞后未开始、正常进行中、滞后进行中、正常完成、滞后完成。“正常未开始”表示未开始的配套工作，计划开始时间晚于今天。“滞后未开始”表示未开始的配套工作，计划开始时间早于今天。“正常进行中”表示已经开始但是没有结束的配套工作，实际开始时间小于等于计划开始时间。“滞后进行中”表示已经开始但是没有结束的配套工作，实际开始时间大于计划开始时间。“正常完成”表示已经结束的配套工作，实际结束时间小于等于计划结束时间。“滞后完成”表示已经结束的配套工作，实际结束时间大于计划结束时间。

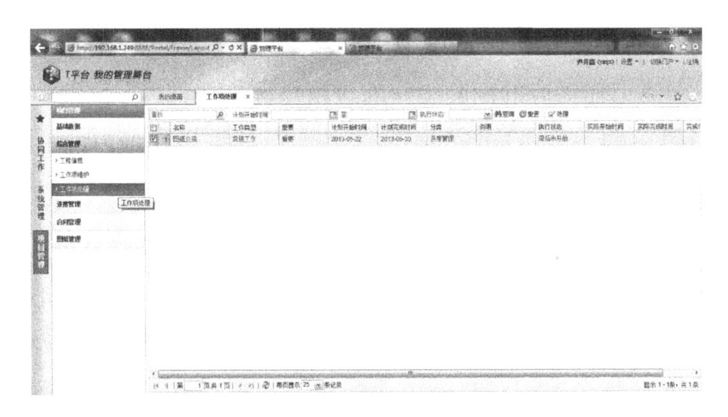

图 4-45　工作项处理

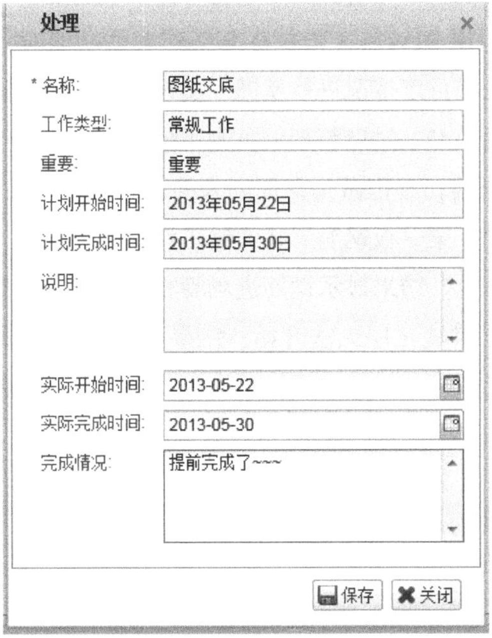

处理

* 名称: 图纸交底

工作类型: 常规工作

重要: 重要

计划开始时间: 2013年05月22日

计划完成时间: 2013年05月30日

说明:

实际开始时间: 2013-05-22

实际完成时间: 2013-05-30

完成情况: 提前完成了~~~

保存　关闭

图 4-46　处理配套工作

4.1.6.4　配套工作关联

东塔项目各部门的配套工作数量众多，若由各部门之间依靠人工进行相互协调，协调难度大，十分容易产生纰漏。配套工作传统的开展是通过会议、部门间口头沟通传递施工主要工序的进度信息，再凭借各部门管理人员的经验完成相应的配套工作。此种方法管控效率低，容易出现疏忽。

在东塔项目的 BIM 三维施工模拟中，除了包含传统的实体工作任务的模拟外，还包括了实体工作对应的配套工作的进度情况。例如，方案编制、深化设计、图纸报审、材料采购、设备进场等配套工作。具体来说，项目的 BIM 模型将进度相关的实体工作及关联的配套工作积累存储，并将每项配套工作与对应模型构件集成关联。通过三维施工模拟，项目管理人员能够实时掌握实体工作所对应的配套工作的进度情况，将进度管控延伸至总包管理的每一项具体工作，实现了更加深入和细致的进度管控。

同时，BIM 系统会根据职责分工将配套工作自动分派至相应部门，再由部门负责人将配套工作落实至具体实施人，形成有明确责任人的配套工作进度计划。系统会对责任人进行配套工作的提醒和预警，保证现场配套工作按时完成。

东塔管理人员运用 BIM 施工模拟配套工作关联功能时，还以施工日报的形式对现场实际配套工作进度情况进行反馈，实现了计划和实际情况的对比。施工日报填写界面参见图 4-47。进度管理人员则可依据配套工作完成情况追溯计划滞后、正常、提前的原因，真正做到责任到人的精细化管理。例如在东塔 42 层核心筒主梁施工过程中，梁、板钢筋绑扎实体工作延后。管理人员通过查询钢筋绑扎工序的配套工作信息，结果显示钢筋进场验收滞后完成，导致钢筋加工制作滞后，因此造成了钢筋绑扎工序无法开始。结果参见图 4-48 和图 4-49。因此，由配套工作状态信息，可以挖掘造成每一项施工工作滞后的原因，便于迅速制定解决进度滞后的方案。

图 4-47　施工日报填写界面

	任务名称	施工单位	状态
1	脚手架搭设		滞后完成
2	梁、板模板施工		滞后完成
3	梁、板钢筋绑扎		滞后完成
4	梁、板混凝土浇筑		滞后完成

图 4-48　42 层核心筒主梁施工工序状态

配套工作

	工作项名称	负责人	状态
1	钢筋劳务队伍施工前安全教育		正常未开始
2	钢筋进场		
3	钢筋进场验收		滞后完成
4	钢筋加工制作		正常未开始
5	钢筋劳务进场合同交底		正常完成
6	钢筋劳务队伍交底		正常完成

图 4-49　42 层核心筒主梁配套工作状态

除了将配套工作的进度信息集中显示在 BIM 平台上，BIM 系统还实现了所有配套工作的推送功能。每项配套工作都会被推送给相应部门的部门经理，部门经理可以在 BIM 系统中登录个人账户后查看本部门应该完成的配套工作，以及每项工作的责任人。参见图 4-50。

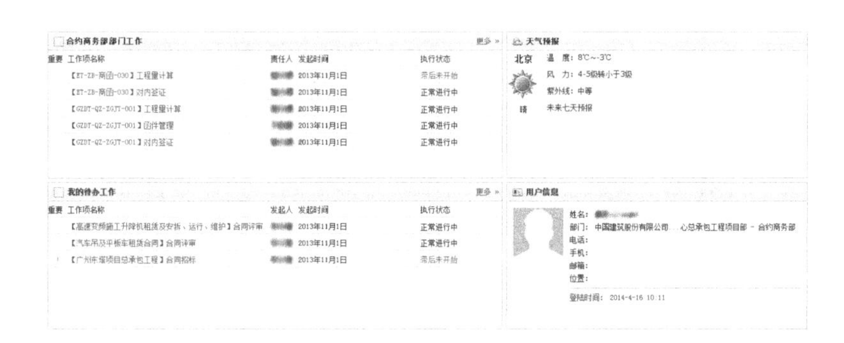

图 4-50　合约商务部经理配套工作信息

4.1.6.5　配套工作监控

对于项目经理、项目总工、各项目副总来说，项目各业务部门工作进展情况是他们最关注的工作之一；对于各业务部门负责人来说，本部门工作进展情况是他们最关注的工作。因为各业务部门工作完成情况直接影响着施工一线的进度，影响着整个项目的进展。因此，这些管理者需要时时关注自己所管辖的部门工作进展情况。基于不同管理岗位的需要，东塔项目 BIM 系统提供了两个视角的工作项监控视图：部门工作项监控视图和项目工作项视图，分别为各业务部门和项目管理者提供支持和帮助。

（1）部门工作项监控。通过部门工作项监控视图，提供本部门所有工作项进展情况。可以以三种维度的视图提供：工作进展状态、工作重要性、工作来源。并提供工作项明细表，对应查询工作处理情况。还可以按时间段过滤查询本部门工作进展情况。具体如图 4-51 所示。

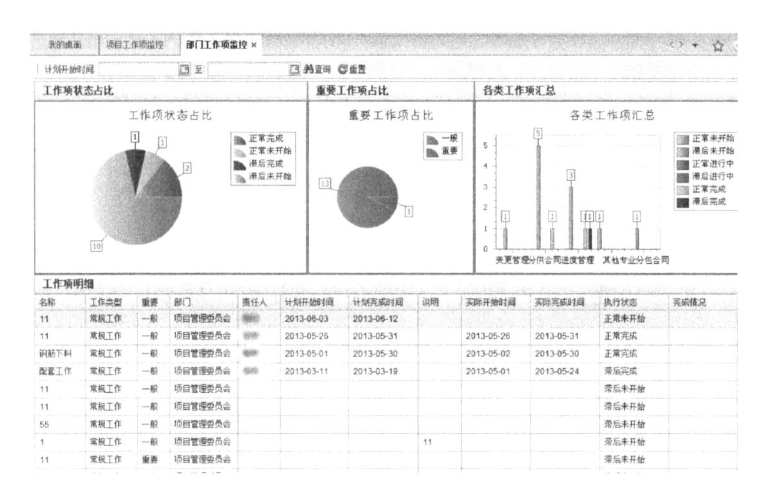

图 4–51　部门工作项监控

（2）项目工作项监控。通过项目工作项监控视图，站在项目角度，提供本项目所有业务部门的工作进展情况。可以按时间段过滤查询项目各部门工作进展情况。点击项目工作项汇总中的各柱状图，可以查看各部门工作进展明细表。具体如图 4-52 所示。

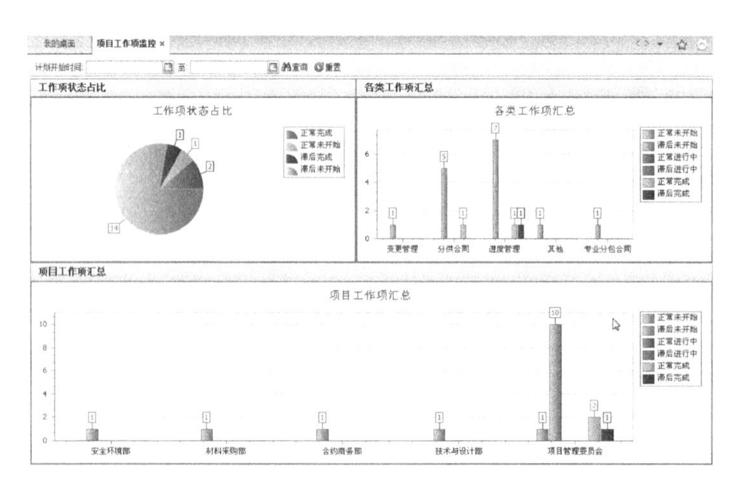

图 4–52　项目工作项监控

4.1.7　三维可视化的施工模拟

BIM 模型不仅能展示建设项目的三维模型，还可以将时间进度加入模型中，展现建设项目的实现过程。东塔 BIM 系统实现了施工阶段的 5D 模拟，在三维模型中加入项目实际进度信息，从而帮助施工管理人员科学地确定项目的进度安排、施工方案以及其他的配套工作安排。

4.1.7.1　实体工作模拟

东塔项目 BIM 平台将进度计划、实际进度、工作面等施工过程信息与对应的 BIM 模型构件关联集成，可以实现施工现场实体工作进度的三维动态模拟。管理人员可以通过三维模型实时观看现场的实际进度情况，获取任意时间点、时间段和工作范围内施工进度的直观状态。

（1）实体模拟前提。为了实现东塔项目 BIM 模型的实体工作模拟，BIM 模型首先实现了施工工作面的定义。通过在模型中定义分区的概念，实现了基于工作面的进度计划。每个分区包含两个部分，分别是分区定义和分区范围设定。分区定义可以根据栋号、楼层等基础信息，在没有模型时，也能对计划进度进行工作面挂接。在模型建立后，再进行分区范围设定，实现分区结果与三维模型关联，以及分区的三维可视化呈现。三维可视化分区呈现结果参见图 4-53。

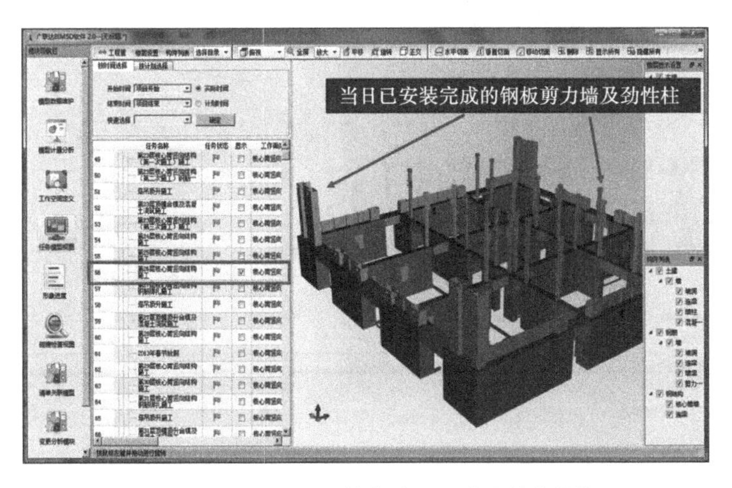

图 4–53　26 层核心筒实体工程建造状态模拟

（2）BIM 实体模拟实现与功能。在东塔项目 BIM 模型中选择任务模型视图，时间选择为实际当日时间，选择显示的楼层，并在构件列表中复选希望查看的构件，则可查看当日完成的实体工作状态。例如，项目管理人员希望查看当日完成的东塔26层实体工作状态。则可在BIM模型任务模型视图中选择26层，时间选为实际当日时间，复选希望查看的构件，获得当日已经完成的钢板剪力墙和劲性柱的 BIM 模型。结果参见图 4-53。三维 BIM 模型直接将当日完成的钢板剪力墙和劲性柱显示出来，不同专业的施工管理人员则可在此模型基础之上，分析下一步施工计划实施可能存在的问题和风险，以及调整办法。依靠实体工作 BIM 模型模拟，东塔项目实现了以下几项重要功能，为施工管理提供了重要的决策依据。

1）紧前紧后工作信息。在进行实体工作模拟时，各个施工工序都在 BIM 模型中按照施工顺序展现出来。因此，一些复杂的工作就可以在模型中形象地展示出相应工序的前后逻辑关系，利于施工管理人员获取对复杂工作部位的直观认识，减少此项工作出错的可能性。除此之外，BIM 系统还将每一项工作按照施工的前后顺序排列，直接显示在软件平台中。例如，土建专业管理人员希望查看 42 层钢筋施工配套工作的前后顺序。则可直接在 BIM 模型中选定 42 层，并选配套工作选项，便得到了钢筋施工的配套工作前后顺序为钢筋进场、验收、钢筋加工制作，最后是钢筋劳务进场合同交底。参见图 4-54。

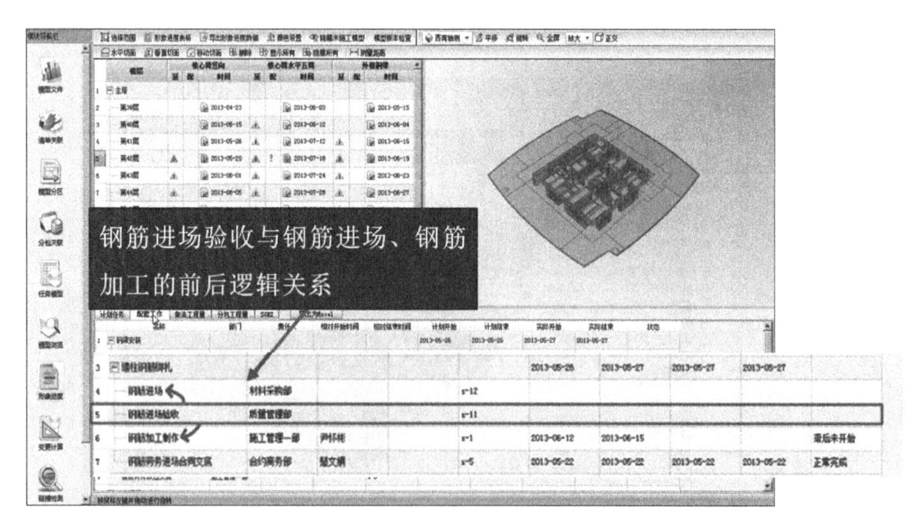

图 4-54　42 层钢筋配套工作前后逻辑

2）进度控制。在施工现场实体工作模拟的同时，BIM 系统还可以进行实际进度与计划进度的自动分析。进度管理人员利用实时更新的实体工作 BIM 模型，将东塔项目各项工作的实际进度与计划进度进行比较，进行以天为单位的进度偏差分析，并追踪工作滞后原因，做到有效的进度控制。例如，项目管理人员在更新东塔 26 层的实体工作后，希望查看此处的核心筒实体工程建造进度是否与计划进度一致。则可在计划分析模块中选择核心筒的相关构件，得到核心筒建造的实体进度和计划进度对比曲线，参见图 4-55。点选有偏差的曲线，系统会显示实际进度和计划进度的开始结束时间。选择进度有偏差的时间，系统会显示出此进度偏差的原因，实现进度偏差的深度追踪。参加图 4-56。

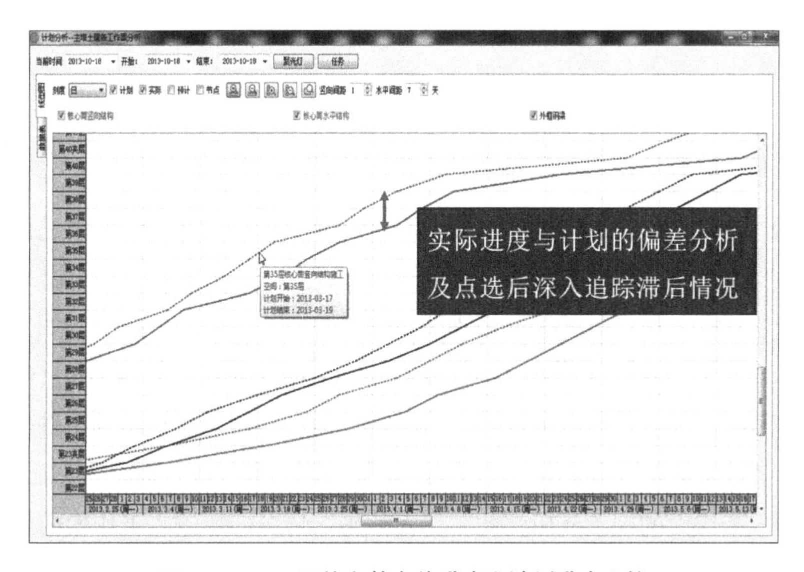

图 4-55　26 层核心筒实体进度和计划进度比较

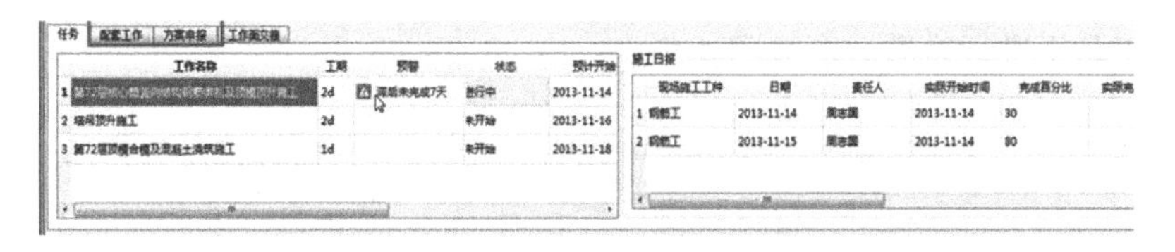

图 4-56　实际进度和计划进度深度追踪

3）工作任务提醒。东塔项目 BIM 施工进度模拟会将每一项工作分解，具体地把每一项工作分配给各专业的管理人员，使任务责任落到每一位管理人员。

BIM 系统还为各施工管理人员提供了工作任务提醒功能，各施工管理人员可以登录自己的平台账户，访问自己的待办工作信息。这使得每一位管理人员都可以实时了解到自己应该在接下来完成哪些工作任务，减少施工工序漏项的可能性。例如，东塔项目管理人员登录自己的账号，得知了自己的待办事项。参见图 4-57。

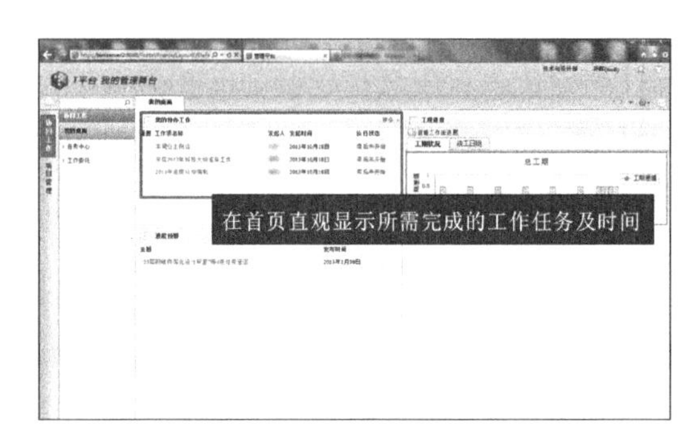

图 4-57　工作任务提醒平台示意

4）工作面配合与交接。随着每一项实体工作任务在 BIM 模型中进行施工模拟，各工作面的不同专业施工的交接配合信息也在 BIM 系统中显示出来，便于不同专业的管理人员及时了解最佳进场时间，避免工作面的空闲。例如，随着东塔项目各专业施工的进行，中建四局安装公司希望查询东塔 13 ~ 16 层给水排水内外走廊及租户区应该何时进场施工。BIM 平台则会根据实时的施工进度，显示出排水专业施工人员在此工作面的进场时间。不同专业之间还涉及工作面的交接，需要先进入工作面的施工队伍将此工作面的施工情况向后进入工作面的施工队伍传达，便于后进入工作面的施工队伍完成后续工作。BIM 系统实现了所有工作面的电子交接，将所有的交接信息汇总到 BIM 系统中，既形成交接记录，又便于不同施工队伍进行查看。参见图 4-58。

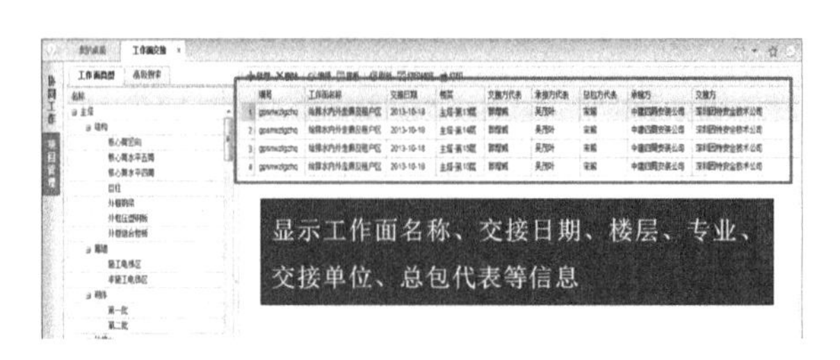

图 4-58　13 ~ 16 层给水排水内外走廊及租户区工作面信息

5）施工成本模拟。广州东塔将施工的成本信息集成到拥有进度的 BIM 模型中，形成了 5D BIM 模拟，从而实现了基于施工进度的精确成本管理。随着每一个工程构件的完成，BIM 系统自动汇总计算完成构件的工程量信息，系统还创新地将 BIM 模型与总、分包合同单价信息关联，根据工程量和此构件的单价信息，可以随时得到实体工程完成构件的成本总价信息。因此，东塔 BIM 系统可以实现施工成本随着施工工作的完成而实时更新，做到施工过程的成本核算。

4.1.7.2　施工模拟交底

广州东塔项目从施工蓝图变成工程实体，在工程施工组织与管理工作中，需要使参与施工活动的每一位技术和管理人员明确项目特定的施工条件、施工组织、具体技术要求和有针对性的关键技术措施，以及工程建设中所采用的新技术、新材料、新工艺，系统地掌握工程施工的全貌和施工的关键部位，使工程施工过程顺畅高效，质量达到设计要求和国家施工验收标准。

传统的建筑施工中的施工交底，是在工程开工前，或分项工程施工前，由土建、钢结构、给水排水、暖通、强弱电、装饰装修等专业技术人员向参与施工的人员进行技术交底，其目的是使施工人员对工程特点、技术质量要求、施工方法与措施和安全等方面有一个较详细的了解，以便于科学地组织施工，提高施工效率，避免技术质量事故的发生。

对于广州东塔项目而言，各专业施工参与方很多，施工关键节点和部位不计其数。若沿用传统的会议或书面交底的施工交底方式，每一次的交底工作效率和准确性都较低，容易造成既耽误了时间，又没能全面传达交底信息的现象。东塔项目 BIM 系统为施工交底工作提供了一个高效的解决方案，采用三维模型的形式进行高效的施工交底。

（1）设计交底。即设计图纸交底，是在建设单位的主持下，由设计单位向土建施工单位与各专业施工单位进行的交底，主要交代建筑物的功能与特点、设计意图与要求和建筑物在施工过程中应注意的各个事项等。对于广州东塔项目而言，由于建筑构造和各专业设计相对复杂，项目实施过程中的新技术、新工艺和新材料较多，因此让一线施工操作人员正确而有效地理解设计意图十分必要。而传统的设计交底主要依靠的平台是 2D 设计图纸，信息传递的效率和准确性较低。为了提高设计交底的效率和准确性，广州东塔项目的管理人员依靠集成了各专业信息的三维 BIM 模型，高效浏览建筑模型中各专业复杂节点和关键部位。管理人员还可以使用漫游、旋转、平移、放大、缩小等通用的浏览功能。同时还可对模型进行视点管理，即在自己设置的特定视角下观看模型，并在此视角下对模型进行关键点批注、文字批注等操作。保存视点后，可随时点击视点名称切到所保存的视角来观察模型及批注，方便设计人员对施工管理人员进行设计交底。另外，模型中还可以根据需要设置切面，对模型进行剖切，展示复杂节点中各专业施工的空间逻辑关系。例如，项目的给水排水、暖通专业设计人员希望给相应的专业施工管理人员进行东塔 43 层的设计交底，则可选择 43 层，并复选给水、排水、消防水、空调风、空调水构件，BIM 模型则显示出 43 层所有的给水排水、暖通专业的三维设计模型。参见图 4-59。同样的，项目的土建、钢结构专业设计人员希望给施工管理人员进行东塔 40 层的设计交底，则可选择 40 层，复选土建、钢筋、钢结构构件，BIM 模型则显示出 40 层所有的土建、钢结构专业的三维设计模型。参见图 4-60。这样的三维模型，可以让项目施工管理人员直观理解交底涉及的所有关键部位，极大地提高了设计交底的准确性和效率。对于广州东塔如此大体量且复杂的项目，利用 BIM 模型进行设计交底，更加凸显了三维模型设计交底的优势。

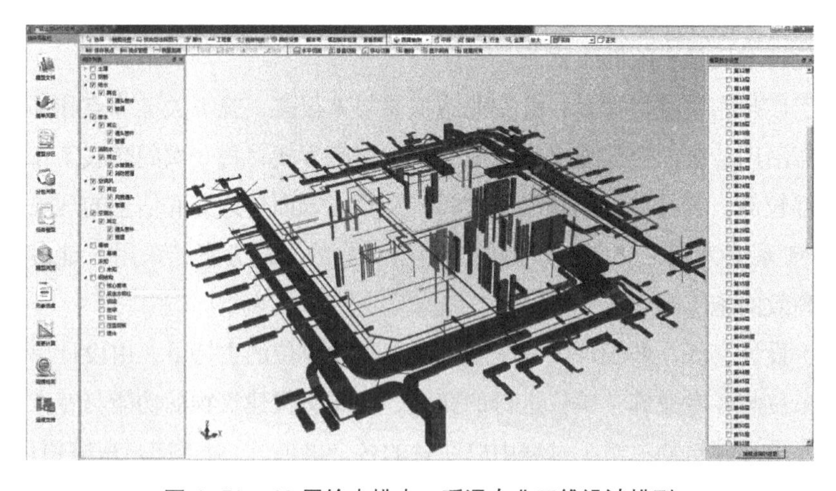

图 4–59　43 层给水排水、暖通专业三维设计模型

图 4-60　40 层土建、钢结构专业三维设计模型

（2）施工组织交底。传统的施工组织交底，是施工承包方根据设计意图、图纸要求、技术性能、新材料、新工艺的应用等，确定该项目的施工组织设计。然后由施工单位的技术总工程师向项目负责人及现场管理人员、质量监督负责人、安全监督负责人进行施工方案的交底。然而，传统的施工组织交底依靠的平台是施工组织设计书，以文字和图片形式表达施工组织的意图。这种信息传递方式的效率较低。对于结构复杂、新技术难点较多的东塔项目，传统的施工组织交底更是难以保证交底效果，同时耗时耗力。

拥有时间维度的东塔 BIM 模型，可以为施工人员提供虚拟建造过程的动画展示。他们可以获得比施工组织设计书更加直观的施工方案认识，避免了由于语言及文字传递而造成的施工方案理解错误。

4.1.7.3　专业施工配合

作为超高层，广州东塔各种建筑功能的要求较高，因此涉及较多的施工专业，包括了土建、钢结构、给水排水、暖通、强弱电、装饰装修等专业。由于施工现场专业队伍多，导致专业间的施工配合和相互协调的要求很高。多种专业交叉频繁，协调不好，就会使各专业施工队伍在作业面发生空间冲突，进而影响配合效率和项目工期。

传统的专业协调方式还是依靠网络计划图，即包含各专业工作的计划进度表和单双代号进度图。而对于广州东塔项目，专业工作穿插众多，因此详细的网络计划图就会非常复杂，给不同专业人员的阅读带来了困难。同时，高效的各专业配合还依赖于各方了解其他专业参与方的作业计划和实际进行情况，传统的进度信息传递方式是各部门的集中会议，这种方式需要协调各专业管理人员的时间，进度信息沟通效率较低。而对于复杂工程,各个专业需要进行很多次的相互沟通，才能保证各方都了解对方的进度情况，方便相互配合施工。因此，传统的专业施工配合方式在东塔项目中应用是低效的。

广州东塔 BIM 系统将各专业的所有作业信息都集成于一个建筑动态模型中，为各专业的配合带来了极大的便利。所有专业的管理人员可以同时从动态的模型中了解东塔的整个建造过程，包括各专业在任何时间节点计划开始的所有工作，以及各专业实际工作的进度情况。因此，参与的各专业管理人员无须进行集中的会议，就能快速了解其他专业施工的计划和实际状况。他们就能提前为自己专业工作进行相关准备，为与其他专业配合打好基础。模型中还可以设置切面，对模型进行剖切，展示复杂节点中各专业的空间逻辑关系，为复杂施工部位的专业配合提供依据。参见图 4-61 和图 4-62。

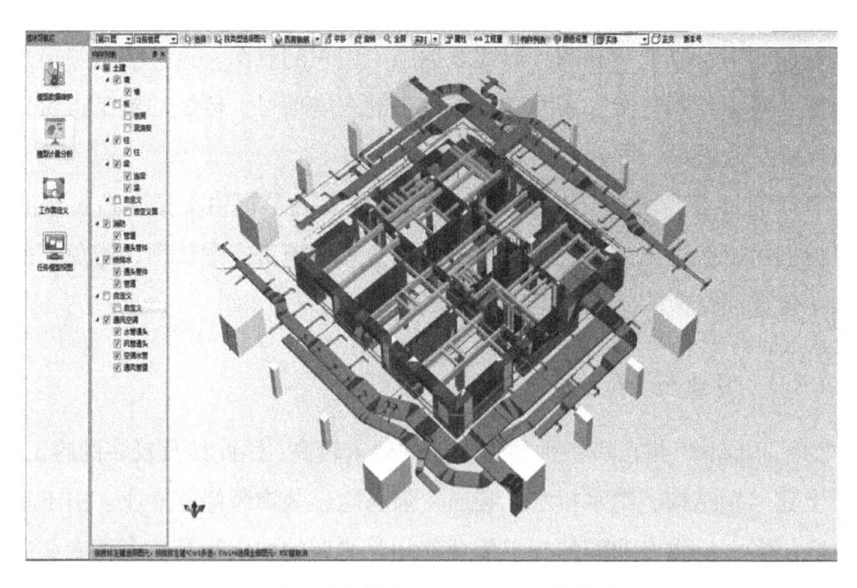

图 4–61　土建、给水排水、暖通、强弱电集成 BIM 模型

对集成所有专业的广州东塔核心筒 BIM 模型进行剖切，得到核心筒结构的详细模型，参见图 4-63。由图 4-63 可见，东塔核心筒建筑构造复杂，构件数量

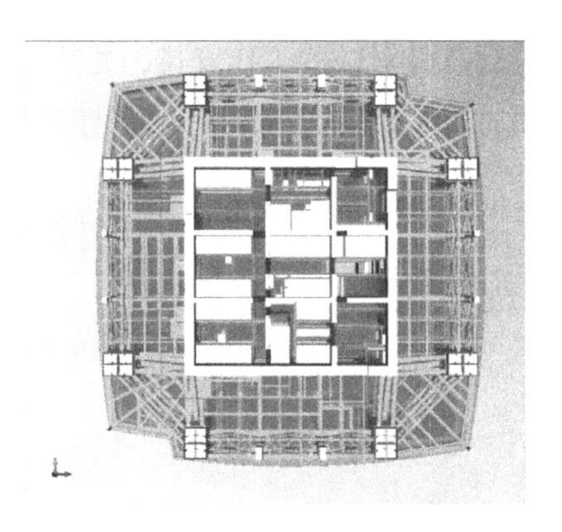

图 4-62　整合钢结构后 BIM 模型

众多，不同专业之间逻辑关系容易出错。东塔 BIM 模型的三维可视化施工模拟，使得各专业的施工管理人员掌握与其他专业之间的配合关系，保证不同专业之间进行有效的协同施工。

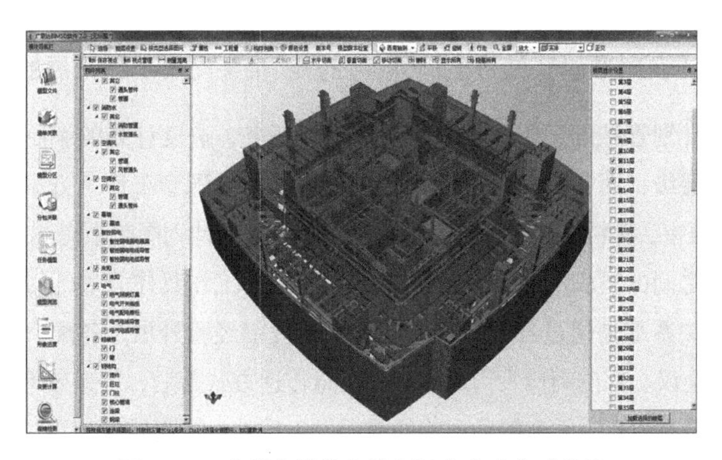

图 4-63　广州东塔核心筒 BIM 各专业集成模型

4.1.8　进度管理的主要特色

4.1.8.1　三维动态的实体进度展示

通过每日实体工作在系统进度中的录入以及系统中进度计划与模型的关联挂接，创新性地实现任意时间点现场实时进度的三维动态展示，管理人员可以通过三维模型视图实时展示现场实际进度，可以获取任意时间点、时间段工作范围的

BIM 模型直观显示。有利于施工管理人员进行有针对性的工作安排，尤其对有交叉作业及新分包单位进场的情况，真正做到工程进度的动态管理。参见图 4-64。

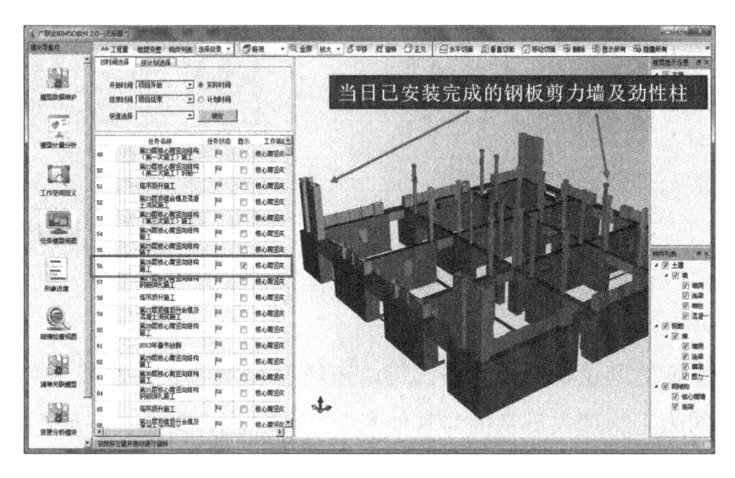

图 4-64　三维动态展示

4.1.8.2　及时准确获知进度计划各任务项相关配套工作开展的情况

传统的计划管控细度仅仅局限于实体工作任务，进度计划的编制也仅编制至实体工作的层级，而实体工作任务背后所对应的所有配套工作（方案编制、深化设计、图纸报审、材料采购、设备进场等）没有在进度计划图表中得到明确的表述，各配套工作之间的逻辑关系更是模糊不清，各配套工作具体开展的时间以及相互之间的前后关系则是通过各业务口的管理人员凭借经验开展，各配套工作的进度情况则通过会议、部门间口头沟通传递，信息传递方式落后，传递效率低，信息碎片零散，容易因为人为的疏漏和理解的错误发生偏差，进而导致工程进度滞后及成本的损失。东塔 BIM 系统创新提出实体工作包和配套工作库的定义，将具有一定施工工序的实体工作以及具体实体工作背后关联的所有配套工作，根据其逻辑关系模块化、标准化，这些与进度相关的所有标准化的实体工作及关联的配套工作被积累存储，并通过给他们赋予与模型构件相同的身份属性，实现与模型构件的对应关联，实现了管理人员实时掌握所有实体工作所对应配套工作的进度情况，将进度管控延伸至总包管理的每一项具体工作，实现了更加深入和细致的进度管控。

（1）实体工作包。将工序级任务按照具体的工序或者先后之间的逻辑关系整理成一个个实体工作模块，包含工作任务、资源情况、功效分析等数据，便于在创建施工进度计划的时候能够快速套用实体工作包来生成合理的进度计划。例如图 4-65 中，每个带双层劲性钢板剪力墙的标准层的施工工序主要包含了钢板墙的吊装、校正、焊接、探伤、墙柱钢筋的绑扎、顶模顶升、合模、混凝土浇筑等多道工序，每道工序施工的先后顺序、完成时间相对固定，可以打包成一个标准的施工模块，并在进度编制的过程中快速链接，批量复制。

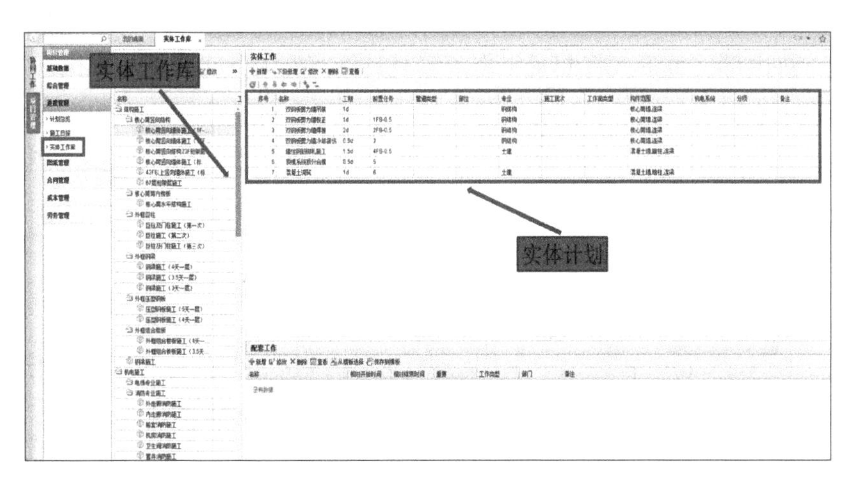

图 4-65　实体工作包

（2）配套工作库。将实体工作任务背后所对应的所有配套工作（方案编制、深化设计、图纸报审、材料采购、设备进场等）进行梳理，与进度计划任务项进行挂接，通过进度的发展状况将配套工作管理起来。如图 4-66 中所示，“结构施工”

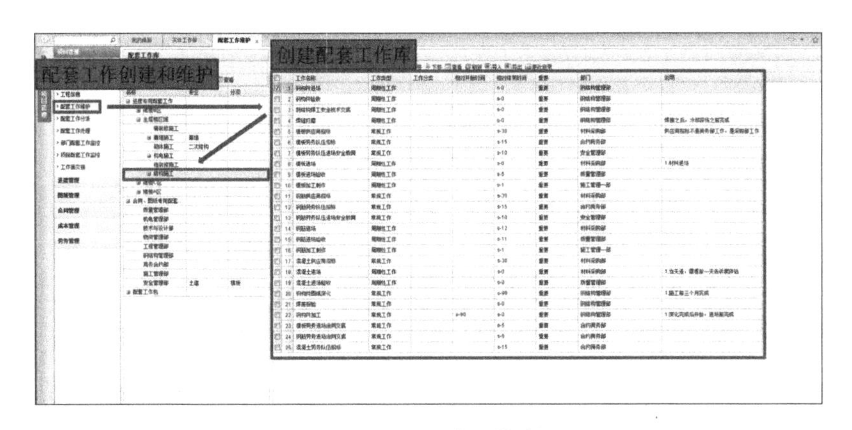

图 4-66　配套工作库

是一道实体工作，与其对应的配套工作包含了“钢结构、模板、钢筋、混凝土的供应商招标、加工制作、进场验收”等的一系列工作内容，这些工作内容的完成时间、负责部门、相互之间的逻辑关系相对固定，通过梳理统计，将其定义为一个标准的模板库，在计划编制的过程中与实体工作挂接，在实体工作发生前的一段时间内，通过自动推送、实时提醒等功能，让所有责任部门了解眼下需要开展的具体工作。

（3）BIM 系统会将与进度计划挂接的配套工作，根据职责分工自动分派至相应部门，再由部门负责人将配套工作落实至具体实施人，实现切实可执行的进度计划。系统会对责任人进行配套工作的提醒和预警，保证现场管理工作及时、按时完成。同时，通过施工日报对现场实际进度的反馈，实现了计划和实际的对比，可以依据配套工作完成情况追溯计划滞后、正常、提前的原因，真正做到责任到人的精细化管理。参见图 4-67。

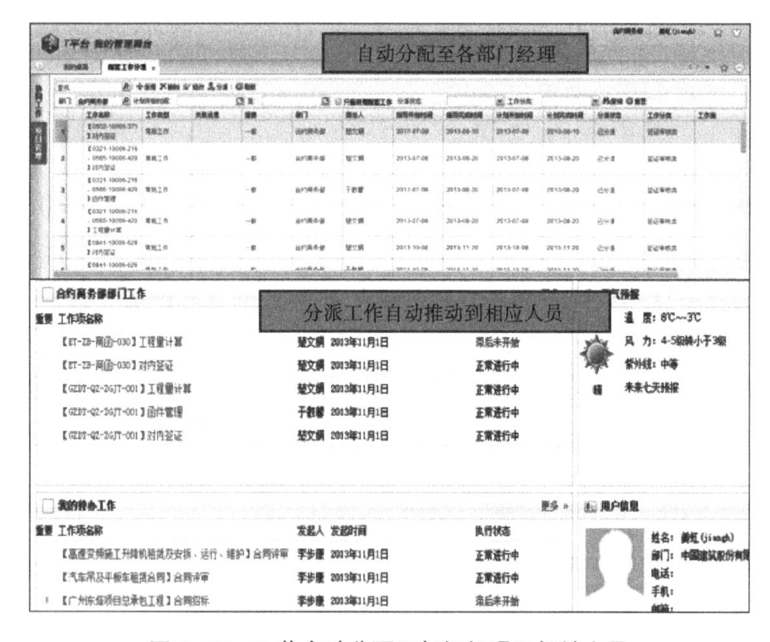

图 4–67　工作自动分配至部门经理及相关人员

（4）实时管理。项目通过对实体工作及配套工作的实时管理，数据通过 BIM 模型直观展示出来，每一个项目成员均能通过模型去选择一个任意构件，查询这个构件相关的施工任务开展情况及配套工作开展情况。如图 4-68 所示，点击一根梁模型，查看该梁目前的施工任务目前已全部滞后完成，配套工作均已完成。

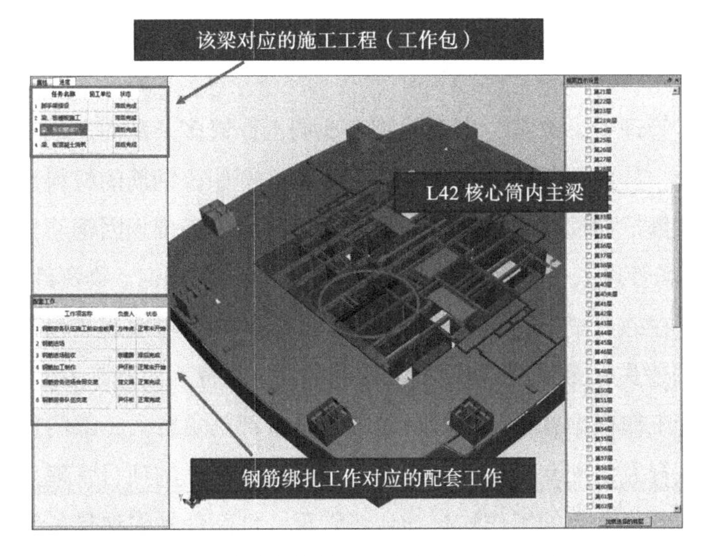

图 4-68　模型构件的进度查询及配套工作查询

4.1.8.3　关键节点计划偏差自动分析和深度追踪

通过施工日报反馈进度计划，在施工全过程进行检查、分析、实时跟踪计划，创新性地实现进度计划与实际进度的实时对比，相关人员可以通过偏差分析功能查看实际进度与计划进度的偏差情况，并可追踪到具体偏差原因，实时掌握实体工作及配套工作之后的情况，便于在计划出现异常时及时对计划或现场工作进行调整，保证施工进度和工期节点按时或提前完成。参见图 4-69。

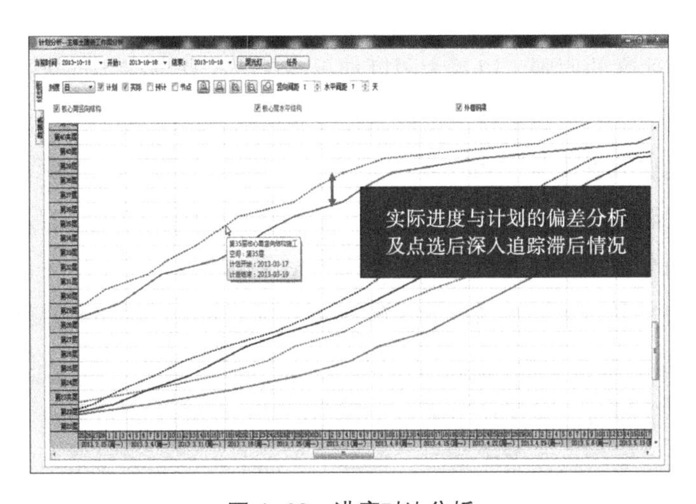

图 4-69　进度对比分析

4.1.8.4 每个人工作任务及时提醒

传统施工管理中，经常会出现因施工现场工作繁多杂乱而造成工作人员遗漏遗忘某些工作，从而引起施工进度滞后等现象。例如，钢筋的材料计划因为现场管理人员工作繁忙而遗忘，致使晚提交2天，造成施工现场因钢筋材料不足窝工2天。又如现场管理人员将钢筋材料计划提交到物资部门时，物资部门暂时无人，计划直接放置在办公桌上，而提计划者因工作繁忙并未再次通知物资人员，容易造成材料计划遗失，最终造成项目工期及成本的浪费。而基于BIM的项目管理系统中，配套工作根据各部门职责自动推送给各部门负责人，部门负责人将工作分派给具体执行人，配套工作分派后，被分派人在自己的项目管理系统界面会有自动提醒，做到每个人的工作均自动台账管理，创新性地将项目各部门的具体日常工作信息集成到BIM模型中，通过系统的时效设置，及时自动提醒各项工作的开展，并对滞后工作做出预警，成功解决了因施工现场实际工作中个人配套工作处理遗忘遗漏造成损失的问题，以及各部门间人员协调配合不到位造成的现场进度失控问题。

4.2 工作面管理

工作面是指在建筑工程中工人进行操作时提供的工作空间。工作面管理是一项系统工程，首先要把大的工作面划分为许多较小的子工作面。工作面大小的确定要掌握一个适度的原则，以最大限度地提高工人工作效率为前提来确定工作面的大小。广州东塔项目由于建筑平面大，分包单位众多，交叉作业面繁杂，施工组织管理极具挑战性。为了解决这些难题，广州东塔项目BIM系统中创新性地引入工作面管理概念，根据不同阶段各专业的施工范围、管理内容及管理细度等需求，灵活划分管理区域。在工作面管理中，可以通过BIM系统直观展示现场各个工作面施工进度开展状况，掌握现场实际施工情况，并跟踪具体的工序及施工任务完成情况、配套工作完成情况以及每天各工作面各工种投入的人力情况等。同时，系统支持随时追溯任意时间点工作面的工作情况，也可以查看各工作面对应的配套工作详细信息及完成情况。在各工作面上根据需要显示不同的时间，例如可以显示计划开始时间、计划结束时间、实际开始时间、实际结束时间、偏差时间等等，可以直观展现各工作面实际工作情况与计划的对比。工作面管理的实现，为项目上协调各分包单位有效合理地开展施工工作提供了有力的数据支持，实现了项目的精细化管理。

4.2.1　工作面划分

4.2.1.1　工作面划分的具体实施流程

工作面并不是一个固定的区域，随着工程的推进，不同专业的进驻，工作面的交接，工作面区域的划分是在变化的，是一个动态管理的区域。结构施工阶段，施工专业主要包括土建、钢构，那么工作面可以根据施工的先后工序定义为核心筒竖向结构施工工作面、核心筒水平结构施工工作面、外框巨柱施工工作面、外框钢梁施工工作面、外框压型钢板施工工作面；在砌体、幕墙、机电、装修等专业逐步插入后，工作面又根据各专业施工区域进一步细分，甚至于同一个楼层内，东面已经完成砌筑，并已经移交机电专业，西面正在砌筑，则同一楼层也可以被划分为东面的机电施工工作面和西面的砌筑施工工作面。由此可见，工作面即是根据专业划分的具体管理区域。

在工作面管理中，总承包单位首先需要明确具体的工作面边际，也就是工作面的具体管理范围，在这个范围内，需要明确具体的施工内容、施工进度、技术资料情况、施工工序、成品保护工作、质量安全管控、人员投入、设备使用、材料管控，并进一步明确完成后移交的单位及所需要交接的具体事宜。基于BIM的工作面划分的具体实施流程如下：

（1）项目施工信息模型创建。项目开工阶段，根据设计院蓝图用BIM软件创建项目施工信息模型，包括建筑信息模型和场地信息模型。建筑信息模型主要包含建筑物构造、构件材质及空间关系等；场地信息模型主要包含施工道路、工机具布置等。通过虚拟的建筑和施工现场可以预知不同时期的施工状况，以便对施工现场进行有效管理。

（2）项目施工信息模型设置。在项目施工信息模型创建完毕后，根据BIM模型的特点，即建筑信息模型由单个构件（又称“族”）组成，彼此独立可拆分，因此可以通过软件进行构件信息标记，从而对建筑物每个构件进行归属分类，最终明确各标段、各分包单位的施工范围；结合BIM软件、工程现场及实际需求分析研究之后，选用过滤器工具实现这一目标。首先给每个建筑构件添加统一项目参数——分包单位，并根据合同内容标记每个构件的施工企业名称；然后根据施工企业名称的唯一性，添加过滤器，每块分包区域对应一个过滤器名称，相当一组构件的集合；最后给不同过滤器设置不同的颜色，以便区分。通过使用不同的颜色代表不同单位工作平面的方法，在三维可视化的环境下使工作任务的安排和进度计划的编制更加方便、快捷和准确。

（3）根据不同分包合同施工内容对项目施工模型进行准确区域标示后，便可在三维模型上进行各分包工作平面划分及施工顺序安排。工作面划分并不在BPIM中进行，而是由BIM5D软件实现，利用BIM5D软件的模型分区功能，通过灵活定义工作面，将工作面划分成独立的管理区域，将各区域内所有进度、图纸、合同、分包管理等信息分区独立管理，提高总包管理的细度，加深总包管理的深度。

4.2.1.2 工作面划分的内容与操作方法

在工作面管理中，总承包单位首先需要明确具体的工作面边际，也就是工作面的具体管理范围。在这个范围内，需要明确具体的施工内容、施工进度、技术资料情况、施工工序、成品保护工作、质量安全管控、人员投入、设备使用、材料管控，并进一步明确完成后移交的单位及所需要交接的具体事宜。

在BIM5D中，通过工作空间定义模块，可以根据实际施工情况，在模型中定义分区。具体操作方法为：首先选择需要绘制分区的楼层，点击“新建”建立一个分区，并调整分区名称和类型编码；然后在模型上绘制所建立的分区，分区绘制完毕后，点击“更新到BIM平台”按钮，将绘制结果上传到平台。图4-70给出了相应的处理结果。

在实际应用中，若很多楼层的分区相同时，可以定义绘制完一层的分区，通过“复制构件和图元”功能，将结果一次性复制到多个楼层；各楼层绘制分区后，若发现分区范围错误，需要批量调整，可以通过“复制图元”功能，将调整后的分区范围一次性复制到多个楼层；各楼层绘制分区后，若发现分区类型定义错误，需要删除某一分区类型，可以通过“删除同名称分区”功能一次性删除某一分区类型。

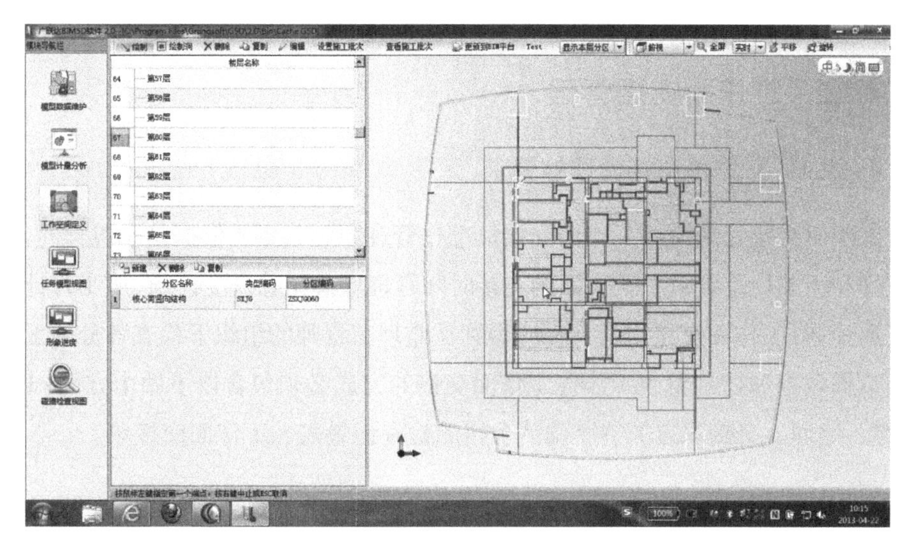

图 4-70　工作面划分

4.2.1.3　基于 BIM 的工作面划分的优势

基于 BIM 的工作面划分具有诸多优势：

（1）借助 BIM 施工模型，范围划分可以精确到每个构件，而不只是一个大概的平面区域。

（2）结合各专业 BIM 模型，既可以进行专业内部的施工段划分，也可以进行专业间的施工段安排，有效地同施工参与各方交流施工排序和布置。

（3）借助划分好的施工模型，可以对不同分包施工作业面交界处等关键部位进行三维可视化技术交底，在施工前经过确认协调后，避免产生经济纠纷和施工扯皮的现象。

（4）在施工的所有阶段有效地生成临时设施、装配区域、材料配送的场地使用布置图。

（5）借助 BIM 模型可以对划分好的施工段进行材料堆场安排及运输路线规划，并可以通过 BIM 技术实时模拟分析，快速确认潜在的和关键的空间和时间冲突，及时优化方案。

4.2.2 工作面交接管理

4.2.2.1 工作面交接管理的要求

工作面交接管理遵循工作面交接标准化管理原则，主要依据是承包合同、设计文件和相关规范要求。工作面的交接时间管理应遵循总进度计划、施工月计划、施工周计划；工作面交接质量管理应做到在监理工程师的组织下检查各分项工程、实测数据填报和控制整改工作。工作面交接的完成必须包含以下两个方面：四方（甲方、监理、交接双方）签字确认合格的检查记录表、工作面交接单。

4.2.2.2 工作面交接的具体措施

工作面的顺利交接是现场质量及各阶段计划实施的有力保证，为了保证工作面顺利交接应做好以下几点：

（1）月末总包单位在月末碰头会议上提交月计划完成情况，其中包括工作面交接单、质量检查记录表，校对当月现场计划执行情况，明确责任主体。

（2）如因自身原因（工作面质量检查不达标、现场进度滞后等）致使当周计划出现偏差的，应及时与总包单位项目经理、监理、甲方现场代表沟通，协商解决措施，必须保证月计划的实施；如现场实际情况与月计划出现偏差，将依据工作面完成移交单及检查验收记录表进行责任追究。

（3）误期责任将按承包合同中的相关条款进行处罚，并承担工期延期及对后续工作有持续影响所造成的相关损失。

4.2.2.3 工作面交接的具体实施

广州东塔项目 BIM 系统设置了工作面交接管理台账，针对每一次的工作面交接进行记录（图 4-71），包括工作面名称、交接日期、楼层、专业、交接单位、总包代表、工作面交接质量安全情况等诸多信息，从而做到随时追溯、随时查询，为协调和管理分包的施工工作开展提供了有效的数据支持。例如，当二次结构进场准备开展施工工作前，首先要对准备开展工作的工作面与主体结构单位进行交接，明确以后该工作面包括安全防护、建筑垃圾清理在内的工作归属，并签订工作面交接单，总包单位代表见证，将工作面交接单录入 BIM 系统留档，随时可以进行查询追溯工作范围归属，避免造成纠纷，便于分包管理和协调工作。参见图 4-72。

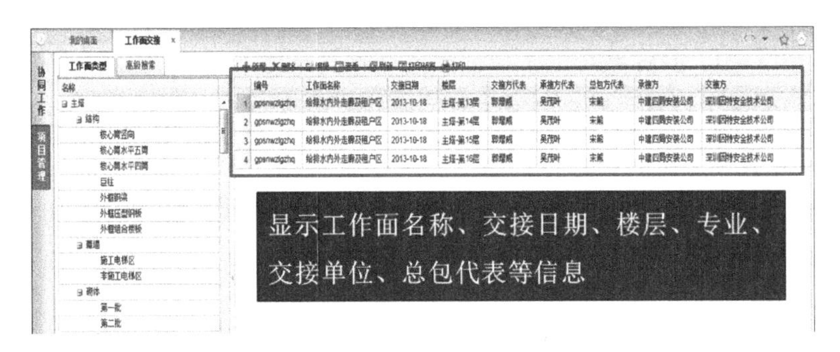

图 4–71　工作面交接管理台账

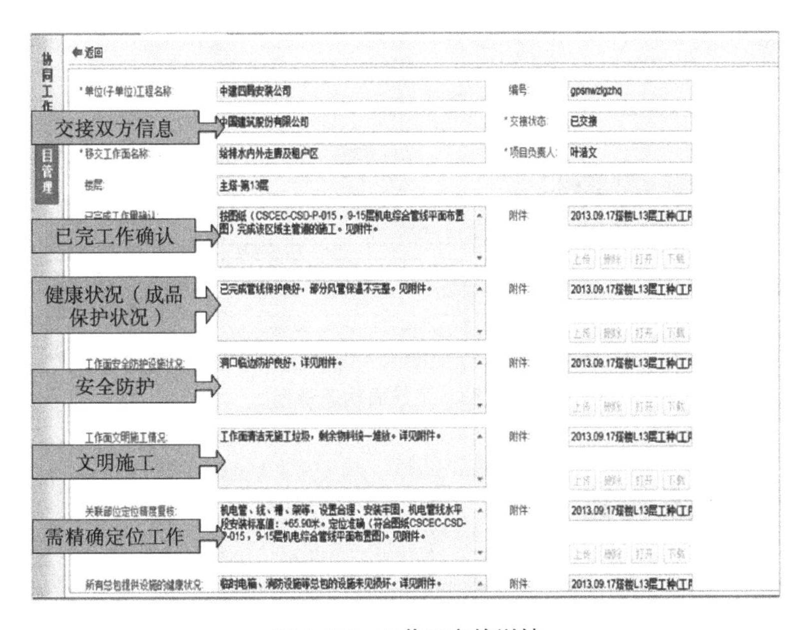

图 4–72　工作面交接详情

4.2.3　工作面状态查询

工作面管理还需要具备一个回溯的功能，因为在同一工作面内多专业施工过程中，往往会由于成品保护、场地清理、交接时间点、施工进度滞后等问题产生相互影响和相互制约的情况，则总承包单位需要根据具体工作面的回溯查询，进行公正公平的评判和协调；同时，在商务结算的时候，往往需要回溯查询具体时间点以及某一时间段内具体施工的内容以及完成的工作量，为结算提供足够的依据。

广州东塔项目 BIM 系统的工作面状态查询具有以下功能：查看各个施工队伍当日、当周的施工任务；查看所需配套工作及完成情况；查看形象进度等。例如，在图 4-73 给出的工作面状态查询窗口，可以查看相关模型展示界面、当时某个时间点的各工作面分布及状态、当时的施工进度状态预警、当时任务的进展、工程量及劳动力投入。

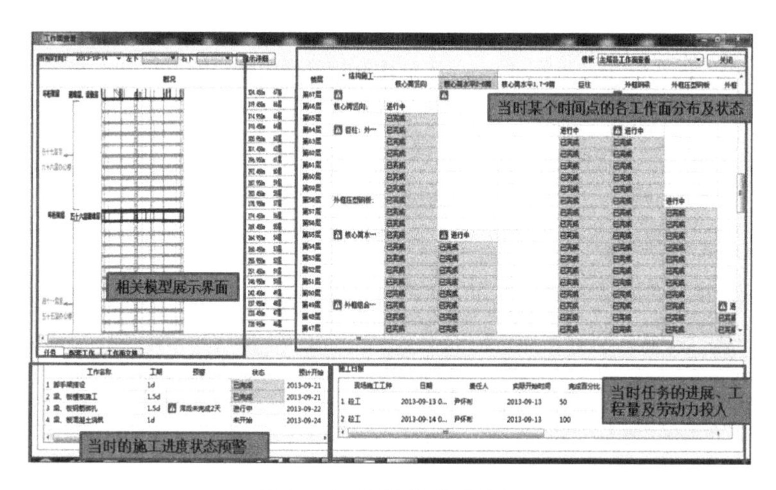

图 4-73　工作面状态查询

4.3　图纸管理

项目施工管理过程中，均会存在图纸繁多、版本更替频繁、变更频繁等现象，传统的图纸管理难度很大，也经常会因为图纸版本更替或变更信息传递不及时造成现场施工返工、拆改等情况的发生。因此，图纸信息的及时性、准确性、完整性成为项目精细化管理的重中之重。

广州东塔项目有过千份施工图纸，每份图纸都有多个版本，同时包含图纸修改单、设计变更洽商单、技术咨询单等诸多文件，现场图纸管理难度很大。项目开发的 BIM 系统图纸管理模块，将每次业主下发的施工图纸录入系统，针对每张图纸进行版本管理，同时录入相应的图纸修改单等附件，形成图纸管理台账，项目部所有工作人员可在 BIM 系统平台随时根据各自需要查询相关图纸，极大地提高了工作效率和工作质量，节约了大量的时间和人力。

广州东塔项目图纸管理模块可以实现如下功能：图纸信息管理，图纸、方案申报，预警设置，图纸、方案申报进度跟踪（区分楼层和专业）。

4.3.1　图纸信息管理

在 BPIM 中通过“项目管理—图纸管理—图纸管理”操作，进入图纸管理界面，如图 4-74 所示。在此界面下，可以进行图纸分类、图纸信息、高级检索、配套工作、图纸修改单、技术咨询单、设计变更洽谈单、答疑文件、其他附件等相关操作。

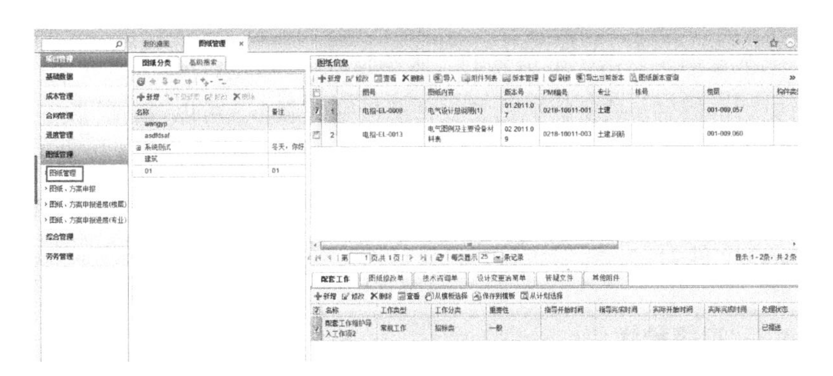

图 4-74　图纸管理界面

4.3.1.1　图纸分类

在图 4-74 中，点击图纸分类的“新增”按钮可以进入新增图纸分类窗体。在新增图纸分类窗体中，填写名称（必填项）、备注并选择保存后，即可完成新增图纸分类工作。

4.3.1.2　图纸信息

在图 4-74 的图纸管理界面中选中某一类别的图纸，图纸信息联动显示该图纸类别下对应的图纸信息。此时可以进行新增、修改、查看、删除、导入、版本管理等相关操作。

（1）新增图纸信息。点击图纸信息的“新增”按钮进入新增图纸信息窗体，可以进行新增图纸信息的填写。新增图纸信息时，图号、版本号、专业、签收日期为必填项；图纸内容、PMI 编号、栋号、楼层、备注为非必填项。

（2）导入图纸信息。点击图纸信息的“导入”按钮，可以导入相应的 Excel 文件。可导入的字段有图号、图纸名称、版本号、PMI、签收日期、专业、栋号、楼层。

（3）点击图纸信息的“修改”、“删除”、“查看”按钮，分别可以修改、删除、查看图纸信息。

（4）附件列表。点击图纸信息的“附件列表”按钮进入附件列表窗体，可以通过“添加”导入附件，通过“删除”删除附件。已经存在的附件，可以“下载”到本地，也可以直接“打开”查看。添加附件后，图纸信息第一列显示别针的图标。

（5）版本管理。点击图纸信息的“版本管理”按钮进入版本管理窗体，可以查看到历史版本信息。最新版本是签收日期最晚的版本。可以“新增”版本，“修改”或“查看”历史版本信息，也可以对历史版本中的“附件列表”进行添加、删除、下载、打开，还可以通过“导出当前版本”按钮将图纸分类以及对应的图纸信息导出到 Excel 文件中。

4.3.1.3 高级检索

高级检索功能可以在大量的图纸信息中，根据多维度的条件快速检索锁定相应图纸及其信息，图纸申报管理中功能相同。可以想象，在传统图纸管理模式下，要查询某一部位的详细做法可能需要同时找到十几张图纸对照查看，这至少需要 2 ~ 3 人花费大概 1 小时的时间才能完成，而 BIM 系统中的图纸管理模块的应用，只需要在高级检索中输入条件即可查到，支持模糊搜索，速度与传统模式相比较快了不知多少倍，更是节约了大量的时间和人力。

在图 4-74 的图纸管理界面中点击“高级检索”进入高级检索页面（图 4-75），可以根据图纸的基本信息和附加信息进行检索。填写基本信息和附件信息后，点击“查询”，右侧显示查询结果。点击“重置”，可以将填写的所有检索信息清除。不填写检索信息，表示不按照该条件检索，查询结果应该为全部。基本信息检索包括：图号、图纸内容、PMI 编号、专业、栋号、楼层、构件类型、签收时间（时间段）、编制日期（时间段）。附加信息包括：CIP 编号、PMI 编号、内容简述、签发日期（时间段）。只填写签收时间（从），表示从该签收时间之后的图纸信息；只填写签收时间（到）表示该签收时间之前的图纸信息；填写签收时间（从）和签收时间（到），表示这个时间段的图纸信息。如果签收时间（从）大于签收时间（到），则查询结果为空。各个检索条件之间是“且”的关系。

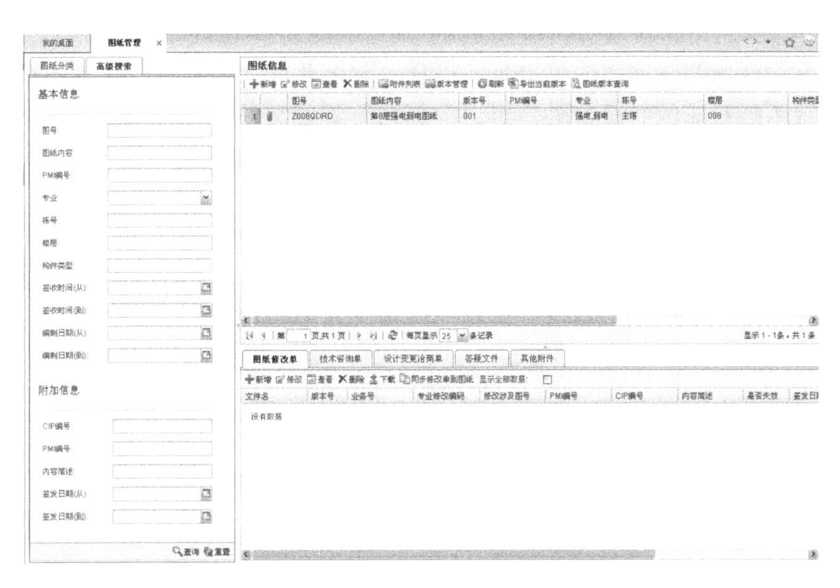

图 4–75 高级检索界面

4.3.1.4 其他图纸管理功能

（1）配套工作。选中图纸信息，下方联动显示对应的配套工作。点击“新增”进入新增配套工作窗体，填写名称、工作分类、重要性、工作类型、部门等必填项，选择填写工作面、相对开始时间、相对完成时间、备注等非必填项后，可以新增配套工作；也可以“从模板选择”新增配套工作。新增配套工作后，可以“从计划选择”相应的“相对开始时间、相对完成时间、工作面”。

（2）图纸修改单。选中图纸信息，下方联动显示对应的图纸修改单。可以“新增”图纸修改单、“上传文件”选择本地文件上传到图纸修改单，也可以对图纸修改单进行“修改”、“查看”、“删除”操作或者“下载”到本地。

（3）技术咨询单。选中图纸信息，点击“技术咨询单”页签进入技术咨询单界面，联动显示图纸对应的技术咨询单。可以“新增”技术咨询单、“上传文件”从本地上传文件到技术咨询单，也可以“修改”、“查看”、“删除”技术咨询单或者“下载”到本地。

（4）设计变更洽谈单。选中图纸信息，选择“设计变更洽商单”页签进入设计变更洽商单界面，联动显示图纸对应的设计变更洽商单。可以“新增”设计变更洽商单、“上传文件”从本地上传文件到设计变更洽商单，也可以“修改”、“查看”、“删除”设计变更洽谈单或者“下载”到本地。

（5）答疑文件。选中图纸信息，选择“答疑文件”页签进入答疑文件界面，联动显示图纸对应的答疑文件。可以“新增”答疑文件、“上传文件”从本地上传文件到答疑文件，也可以“修改”、“查看”、“删除”答疑文件或者“下载”到本地。

（6）其他附件。选中图纸信息，选择“其他附件”页签进入其他附件界面，联动显示图纸对应的其他附件。可以“新增”其他附件、“上传文件”从本地上传文件到其他附件，也可以“修改”、“查看”、“删除”其他附件或者“下载”到本地。

4.3.2 图纸、方案申报

深化图纸指导施工，必须在施工计划前完成计划部分图纸的申报。但是申报过程复杂（周期长、申报对象多），用户无法直观看出下阶段施工的图纸是否申报完成。基于 BIM 的图纸管理模块中的图纸、方案申报功能有效地解决了这一问题。

图纸、方案申报包括三部分内容：建立图纸分类、其他功能和高级检索。

4.3.2.1 建立图纸分类

（1）建立图纸信息。与图纸信息管理类似，图纸、方案申报有三种建立图纸信息的方式：新增、复制和导入 Excel 文件。新增，即建立新的图纸信息；复制，即复制粘贴已经建好的图纸信息。复制时，图纸信息（除文件名称外）和申报信息（除附件信息外）都复制过来；导入 Excel 文件，即把已有 Excel 中的数据导入。可导入的字段有内容、“图号、方案编号”、计划送审日期、专业、栋号、楼层、申报号、申报类别、单位。三种建立图纸信息方式的操作界面分别如图 4-76、图 4-77 和图 4-78 所示。

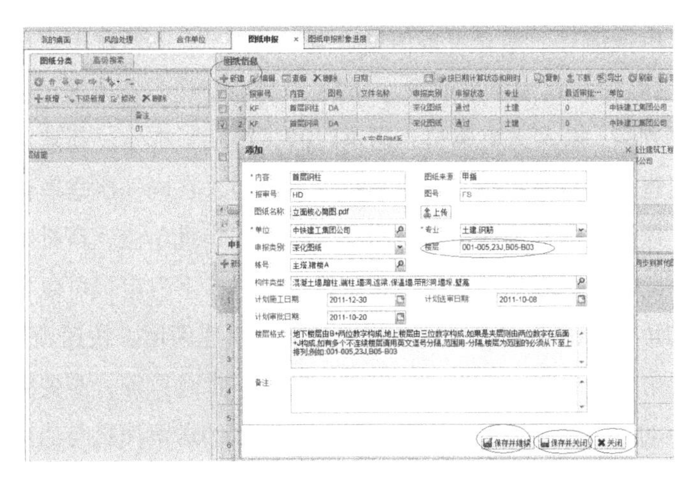

图 4-76 图纸申报——新建图纸信息界面

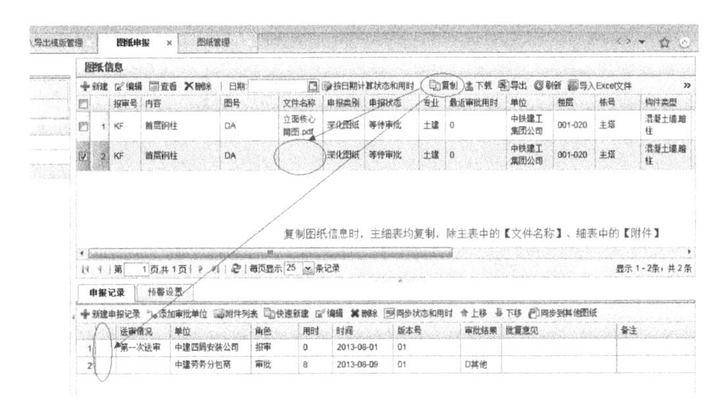

图 4-77 图纸申报——复制图纸信息界面

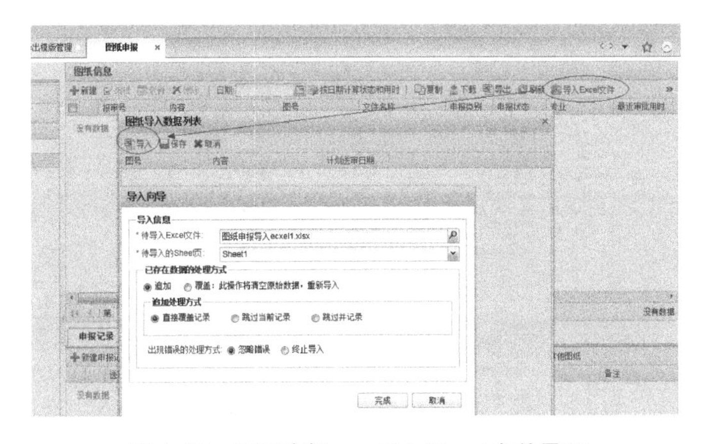

图 4-78 图纸申报——导入 Excel 文件界面

（2）建立申报信息。建立申报信息也有三种方式：①新建申报记录、新建审批单位(参见图4-79)。新建申报记录,一次送审只能新建一条申报记录;送审情况、角色系统自动判断；输入送审单位、送审时间、图纸版本号。新建审批单位，一次送审只能新建一条总包审批，多条审批。新建时，在同一次送审记录下，新增审批单位时，默认版本号为送审单位版本号。输入审批单位、审批时间、审批结果、审批意见。②快速新建。上次申报审批未通过，下次申报可以直接复制上次申报的单位和角色，即使用“快速新建”功能，快速新增。快速新增项有：送审情况、单位、角色，时间、版本号、审批结果、审批意见等，需要编辑时手动添加。参见图4-80。③同步到其他图纸。若其他图纸的送审信息与当前图纸的送审信息相似,可以通过“同步到其他图纸”把已经有的送审信息快速同步到当前图纸,

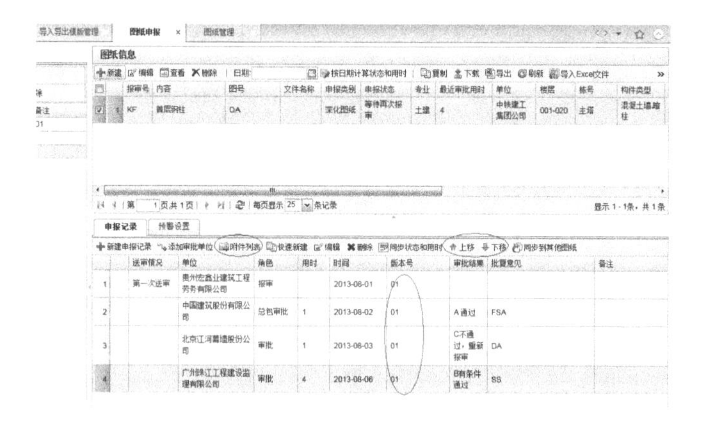

图4–79　图纸申报——新建申报记录、新建审批单位界面

图4–80　图纸申报——快速新建申报记录界面

在其基础上进行编辑。同步时，附件信息未同步过来，已有信息会被覆盖。例如，把已有的首层钢柱申报信息同步到首层钢梁上，其操作界面如图 4-81 所示。

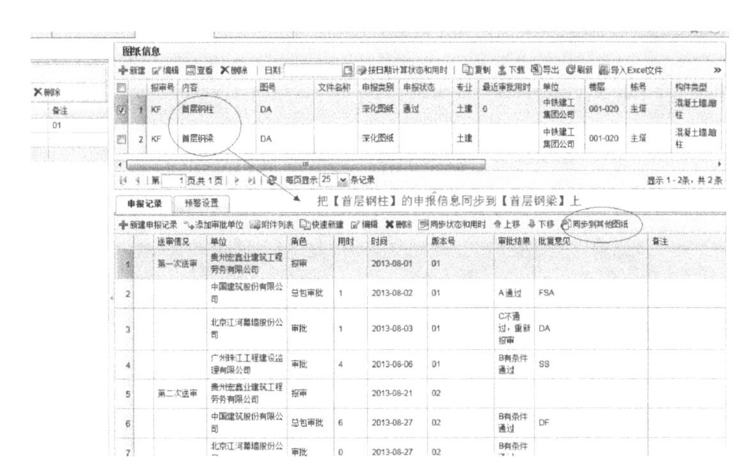

图 4–81　把已有的首层钢柱申报信息同步到首层钢梁上

4.3.2.2　其他功能

在图纸、方案申报方面，基于 BIM 的图纸管理模块还提供了诸多其他功能：

（1）同步状态和用时。申报信息新建好后，点击“同步状态和用时”，图纸信息中的申报状态、最近审批用时、申报次数、累计用时自动更新。

（2）按日期计算状态和用时。按照图纸信息中的编制日期批量计算状态和用时。

（3）附件列表。选中申报或者审批行，点击“附件列表”可以上传附件。

（4）更改目录。把当前分类下的图纸信息更改到其他分类下面。

4.3.2.3　高级检索

图纸、方案申报的高级检索功能可以根据图纸的基本信息和附加信息进行检索。

（1）基本信息（如报审号、内容、图号、文件名称、单位等）手动输入部分，均支持模糊查找，参见图 4-82。

（2）申报类别、申报状态为详细查询。

（3）专业、栋号、楼层、构件类型、最近审批用时、计划送审日期、计划施工日期、报审次数为交集查询，时间查询可以按照时间段查询。参见图 4-83。

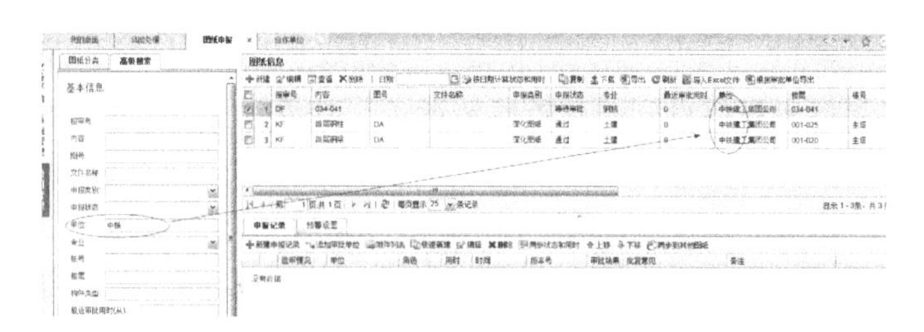

图 4-82　基本信息下的模糊查询界面

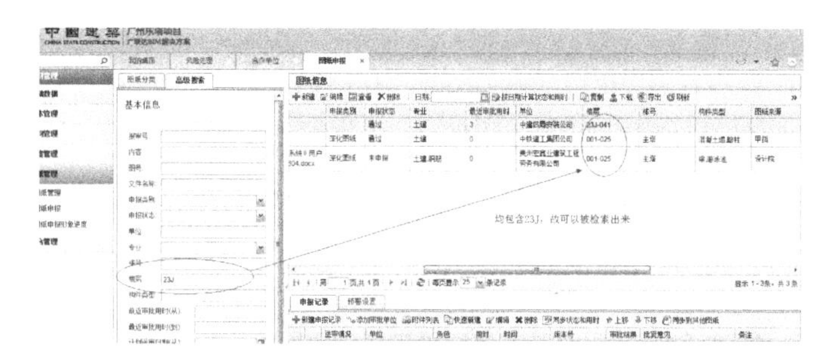

图 4-83　交集查询界面

（4）通过附件信息查询。通过附件信息，可以查出主表。查询方式有：①审批单位手动输入部分，支持模糊查找；②送审 / 审批时间为交集查询；③查询出图纸信息后，不支持导出查询结果。

上述四种查询方式，除通过附件信息查询外，还可以根据查询结果“导出”全部图纸信息，参见图 4-84。

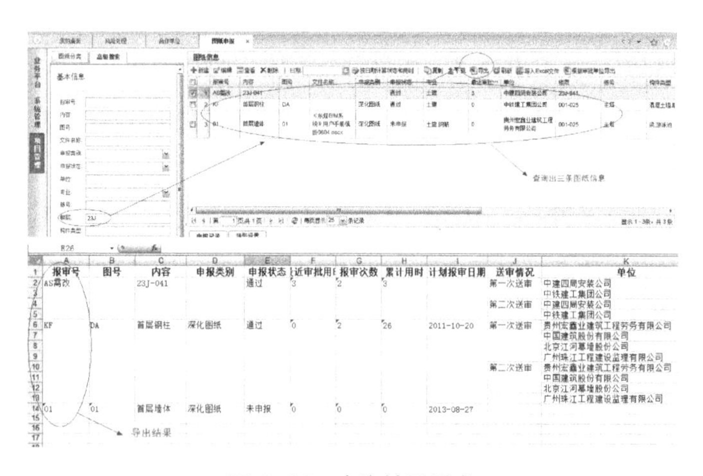

图 4-84　查询结果导出

4.3.3　预警设置

图纸申报预警功能，系统会依据事先设置好的预警规则，在图纸申报流程可能发生延误的情况下，给客户提供预警。预警设置包括五部分内容：图纸申报预警配置、风险项及算法、设置预警信息、触发预警、风险项处理。

4.3.3.1　图纸申报预警配置

图纸申报预警配置包括如下步骤：使用 admin 登录，通过“基础服务—计划任务类型”操作导入 BPIM.TZGL.TZSBYJTask.dll 文件；通过“基础服务—计划任务管理器”操作，新建任务，操作类型选择图纸申报预警任务；根据实际情况设置预警触发间隔时间。

4.3.3.2　风险项及算法

图纸申报共有六类风险项，分别为：业主图纸下发提醒；超过计划送审日期，未送审图纸送审提醒；业主单位尽快审批深化图纸提醒；图纸再次申报提醒；提醒总包审核分包申报的预警；图纸报审有条件通过后，提醒总包发函到业主的预警。六类风险项对应六类预警算法，如图 4-85 所示。

序号	启用	风险项	预警条件	预警算法	黄色预警	红色预警	预警提示信息	责任人	通知人	备注
1		业主设计图纸下发提醒	当前日期到计划施工日期小于90天	x天=计划施工日期-系统日期	90	60	【%图纸名称%】距计划施工时间x天，还未下发，提醒业主单位尽快下发设计图；			
2		超过计划送审日期，未送审图纸送审提醒	当前日期大于计划送审日期，送审明细为空	x天=系统日期-计划送审日期	0	3	【%图纸名称%】已经超过计划送审时间x天未送审，提醒分包单位尽快送审；			
3		业主单位尽快审批深化图纸提醒	中建审批后已经送出X天	X天=系统日期-中建审核日期	5	10	【%图纸名称%】已经送出X天，提醒业主单位尽快审批			
4		图纸再次申报提醒	审批**未通过**后X天	X天=系统日期-最近审批细表中审批最晚日期	4	7	【%图纸名称%】上次申报未通过已过x天，请尽快再次申报；			
5		提醒总包审核分包申报的预警	分包报送后X天	X天=系统日期-分包报送日期	4	7	【%图纸名称%】分包已经送来X天，需要尽快审批			
6		图纸报审有条件通过后，提醒总包发函到业主的预警；	审批**有条件通过**后X天	X天=系统日期-最近审批细表中审批最晚日期	4	7	【%图纸名称%】申报有条件通过已过x天，请尽快向有条件通过的业主单位发函；			

图 4-85　预警算法

4.3.3.3　设置预警信息

选中一条风险项，通过“设置预警信息”按钮，即可在弹出的二级窗体中设置预警信息，如图 4-86 所示。

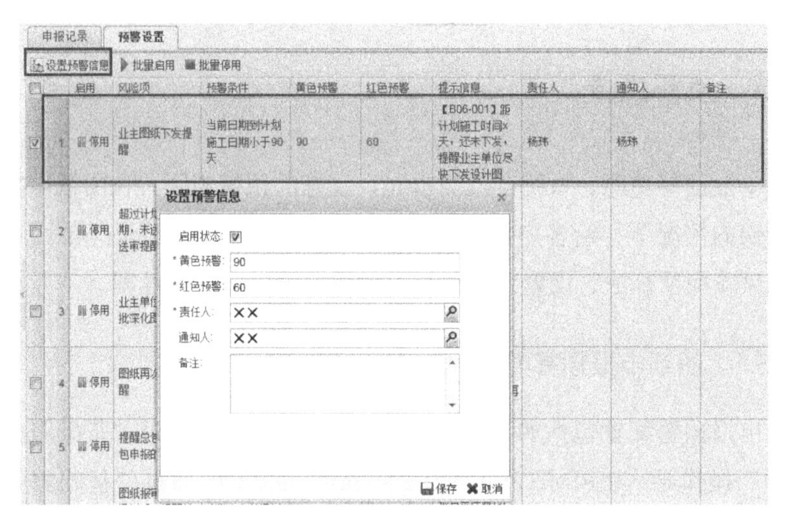

图 4-86　设置预警信息

4.3.3.4　触发预警

假设图纸信息中的计划施工日期为 2013 年 09 月 01 日，系统日期为 2013 年 08 月 27 日，则计划施工日期 – 系统日期 =5 天，0 ～ 60 天之内触发红色预警。如果天数在 60 ～ 90 天之内则触发黄色预警。责任人和通知人登录，在“我的桌面”中查看待处理和关注的预警。触发预警界面，如图 4-87 所示。

预警中心

待处理　关注

主题	预警级别	发生时间
【56】距计划施工时间5天，还未下发，提醒业主单位尽快下发设计图	红色预警	2013-08-27
【89】距计划施工时间-626天，还未下发，提醒业主单位尽快下发设计图	红色预警	2013-08-27
【首层钢柱】距计划施工时间-626天，还未下发，提醒业主单位尽快下发设计图	红色预警	2013-08-27
【首层钢梁】距计划施工时间-626天，还未下发，提醒业主单位尽快下发设计图	红色预警	2013-08-27

更多>>

图 4-87　触发预警界面

4.3.3.5　风险项处理

点击“我的桌面—预警中心”中的待处理主题，进入风险处理模块，对风险项进行处理。风险处理模块具有两种基本功能：

（1）批量启用功能。选择已启用的风险项，点击“批量启用”后，所有分类中图纸下的该风险项都启用。未填写责任人和通知人的会同步责任人和通知人，已填写的则不会同步。

（2）批量停用功能。选择已启用的风险项，点击“批量停用”后，所有分类中图纸下的该风险项都停用，批量停用后责任人和通知人不变动。

4.3.4　图纸、方案申报进度

图纸、方案申报进度按申报类别可以分为图纸、方案申报进度（楼层）和图纸、方案申报进度（专业）两种类别。

4.3.4.1　图纸、方案申报（楼层）

图纸、方案申报（楼层）按楼层统计每层图纸的申报状态。楼层是按照广州东塔实际工程设置，不可修改；申报状态按照“图纸申报”中“未申报、等待审批、等待再次报审、等待再次审批、通过”累计统计。当“图纸、方案申报”界面新增、修改、删除等导致“申报状态”变化时，在“图纸、方案申报进度（楼层）”界面，点击刷新即可完成相应的统计。

4.3.4.2　图纸、方案申报（专业）

图纸、方案申报（专业）按专业统计每层图纸的申报状态。“专业”是按管理员登录，在“基础数据—专业字典”中设置的，可修改。当对专业进行新增或者删减时，刷新“图纸、方案申报进度（专业）”，形象进度发生变化；申报状态按照“图纸申报”中“未申报、等待审批、等待再次报审、等待再次审批、通过”累计统计。当“图纸、方案申报”界面新增、修改、删除等导致“申报状态”变化时，在“图纸、方案申报进度（专业）”界面，点击刷新即可完成相应的统计。

4.4　合同管理

合同管理是一项从合同洽谈、草拟、签订、生效开始，直至合同履约完成或失效为止的全过程管理活动。合同管理不仅要重视签订前的管理，更要重视签订后的管理。合同管理有两个基本的特点：系统性、动态性。系统性就是凡涉及合同条款内容的各部门都要一起来管理；动态性就是注重履约全过程的情况变化，特别要掌握对自己不利的变化，及时对合同进行修改、变更、补充或中止和终止。

广州东塔项目分包合同管理在商务部，物资采购合同管理在物资部，实际支付信息在财务部门，导致合同信息分散，集中汇总难，查询难度大。同时，合同数量庞大、时效条款众多、缺乏预警提示，相关工作缺失，极易造成经济损失。

鉴于上述情况，广州东塔项目制定了详实的合同管理解决方案，主要着眼于合同登记管理、变更签证管理、报量结算管理、合同台账管理、合约规划等五个方面。通过 BIM 系统的开发与应用，大大增强了传统合同管理的功能。主要体现在：

（1）基于 BIM 模型的算量能力，为合同管理各环节（变更算量；业主报量、分包报量审核；竣工结算、分包完工结算审核）提供了便捷、准确的工程量计算。

（2）为合同相关管理提供配套工作项，推动项目各部门的协同工作。

（3）对合同文本的深入挖掘，提供合同条款的分类、检索功能，快速定位关注内容。

4.4.1 合同登记管理

合同登记管理可以实现对总承包合同、专业分包合同和分供合同的登记管理。

4.4.1.1 总承包合同登记管理

总承包合同登记管理可以实现新增总承包合同、新增补充协议、查看总承包合同条款、查看总承包合同清单、查看合同进展等功能。

（1）新增总承包合同。进入“合同管理—总承包合同—总承包合同登记”界面，点击“新增合同”按钮可以新增合同，参见图 4-88。在该界面，可以填写总承包合同的单据信息，以新增或从模板选择两种方式新增配套工作，也可以新增附件信息、进行风险预警设置，参见图 4-89。

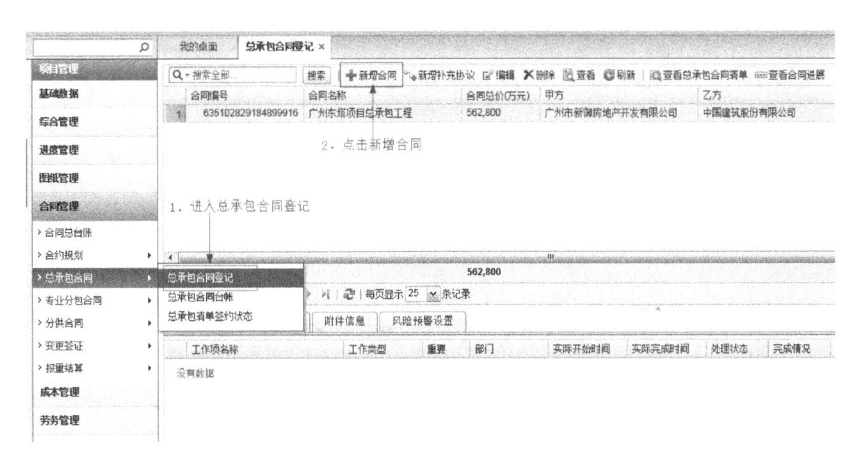

图 4–88　总承包合同登记界面

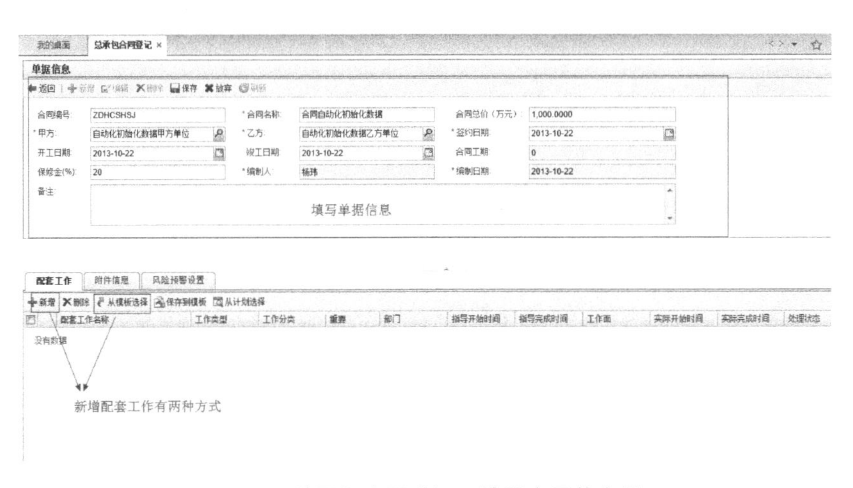

图 4–89　总承包合同登记—填写合同信息界面

（2）新增补充协议。在“总承包合同登记”界面，选中父合同，点击“新增补充协议”按钮，可以新增补充协议，参见图 4-90。其中，单据信息栏中，除合同总价外，其他字段均继承父合同，可以修改；而工作项、合同条款摘要、附件信息各页签不继承父合同内容，根据需要新增，参见图 4-91。

（3）有关查询功能。在“总承包合同登记”界面，点击“查看总承包合同条款”按钮，可以查看总承包合同条款，参见图 4-92；点击“查看总承包合同清单”可以查看总承包合同清单，参见图 4-93；点击“查看合同进展”可以查看合同进展，参见图 4-94。

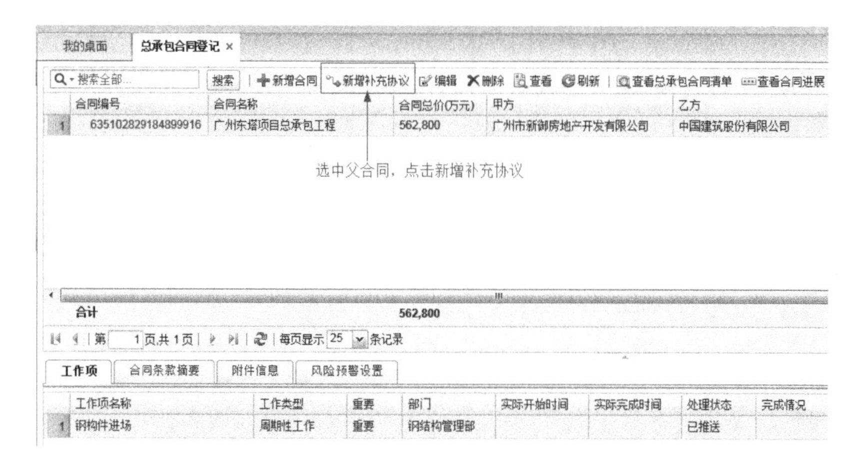

图 4-90　总承包合同登记—新增补充协议（1）

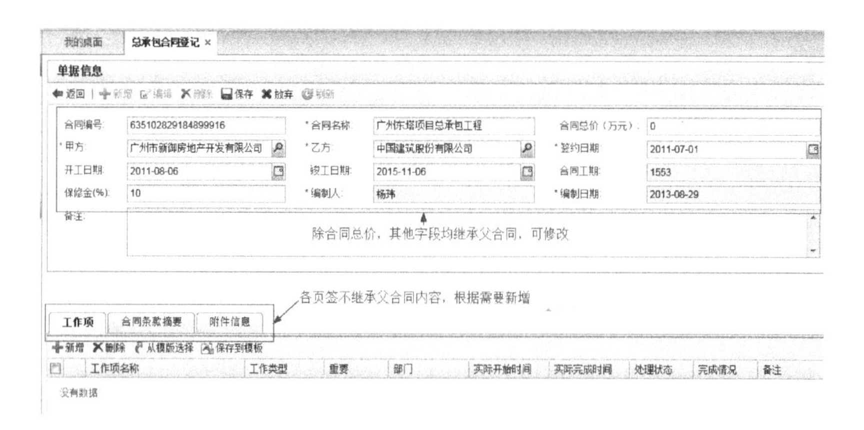

图 4-91　总承包合同登记—新增补充协议（2）

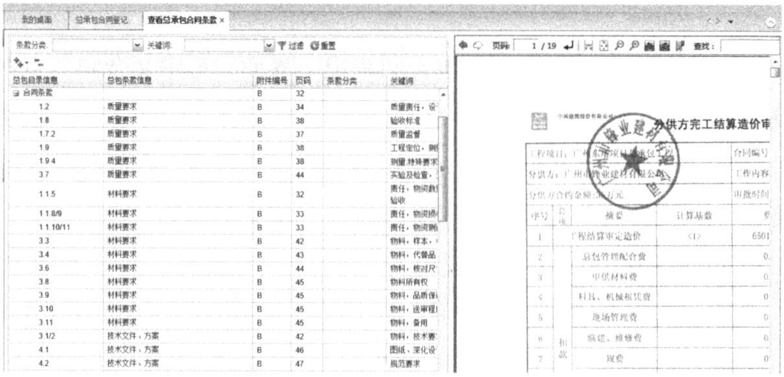

图 4-92　查看合同条款

查看总承包合同清单

章节

名称	合计
⊟ 总包清单	5,884,610,77...
⊞ 1B'号清单 基本...	240,650,797.64
⊞ 1B'号清单 基本...	105,540,027.27
⊟ 2号清单 土方开...	66,249,258.36
2.1土方开挖	33,789,819.97
2.2基坑围...	30,689,481.85
2.3降水及...	88,936.30
2.4监测系统	1,681,020.24
⊞ 3号清单 一期地...	126,737,730.03
⊞ 4号清单 二期地...	194,685,108.99
⊞ 5号清单 塔楼工程	162,798,630.27
⊞ 6号清单 塔楼部分	1,414,717,49...
⊞ 7号清单 裙楼工程	78,071,038.68
8号清单 首层室...	2,705,670.94
9号清单 人防建...	3,669,892.77
10号清单 机电...	26,529,629.62
11号清单 暂列...	3,462,255,50...
12号清单 选择...	0.00

清单编码	名称	单位	数量	单价	合价	人工
2.2/2/1	委托专业单位完成全套基坑围护…	项	1.00	266,558.40	266,558.40	0
2.2/2/2	机械进场、现场迁移及迁离施工…	项	0.00	0.00	0.00	0
2.2/3/3	在基坑围护工程施工前，总承包…	项	0.00	0.00	0.00	0
2.2/3/4	为进行基坑围护工程施工，按规…	项	0.00	0.00	0.00	0
2.2/3/5	开挖基坑围护工程施工遇上的明…	项	0.00	0.00	0.00	0
2.2/3/6	清除在挖土过程中所遇到之所有…	项	0.00	0.00	0.00	0
2.2/3/7	A区域基坑围护工程，人工挖孔桩...	m	2,732.00	729.68	1,993,485.76	6
2.2/3/8	A区域基坑围护工程，人工挖孔桩...	m	2,732.00	266.55	728,214.60	0
2.2/3/9	A区域基坑围护工程，人工挖孔桩...	m	2,229.00	398.92	889,192.68	2
2.2/3/10	A区域基坑围护工程，人工挖孔桩...	m	503.00	107.00	53,821.00	1
2.2/3/11	A区域基坑围护工程，人工挖孔桩...	kg	85,284.00	6.21	529,613.64	0
2.2/3/12	A区域基坑围护工程，人工挖孔桩...	kg	219,211.00	6.26	1,372,260.86	0
2.2/4/13	A区域基坑围护工程，旋挖桩，12...	m	2,608.00	0.00	0.00	0
2.2/4/14	A区域基坑围护工程，旋挖桩，12...	m	2,283.00	0.00	0.00	0
2.2/4/15	A区域基坑围护工程，旋挖桩，12...	m	325.00	0.00	0.00	0
2.2/4/16	A区域基坑围护工程，旋挖桩，钢...	kg	30,969.00	6.21	192,317.49	0
2.2/4/17	A区域基坑围护工程，旋挖桩，钢...	kg	227,102.00	6.26	1,421,658.52	0
2.2/4/18	A区域基坑围护工程，钢管桩，建...	m	310.00	133.75	41,462.50	0
2.2/4/19	A区域基坑围护工程，搅拌桩，建...	m3	598.00	178.69	106,856.62	0

第 1 页,共 5 页　每页显示 25 条记录　显示 1 - 25条，共 112 条

关闭

图 4-93　查看总承包合同清单

查看合同进展

操作类型:　查询　重置

	操作类型	序号	内容	发生时间	编制人
1	变更	1	暖通空调系统图纸目录		高海霞
2	变更	2	23		高海霞
3	变更	3	02		余梓含
4	变更	4	结施-SK-T-081.02版本号为0替换…		余梓含
5	变更	5	结施-T-209（版本号5）内容修改…		余梓含
6	变更	6	11		余梓含
7	变更	7	1		余梓含
8	变更	8	墙体边缘包边	2013-08-08	余梓含
9	报量	1	2013-3-23		夏凯
10	报量	2	2012-1-1		赵海龙
11	报量	3	2013-6-1		余梓含
12	报量	4	2013-2-22		余梓含

关闭

图 4-94　查看合同进展

4.1.1.2　专业分包合同登记管理

专业分包合同登记管理可以实现新增专业分包合同、新增补充协议和查看合同进展功能，其操作与总承包合同登记管理类似。

进入“合同管理—专业分包合同”界面，选取“专业分包合同登记”或“甲指专业分包合同登记”，则可分别进行专业分包合同或甲指专业分包合同的登记。

对于专业分包合同，还提供了模型挂接功能。选取“专业分包合同—费用明细—模型挂接”，系统自动启动5D定位至分包关联模块（图4-95），设置分包模型范围后执行“更新到BIM平台”。

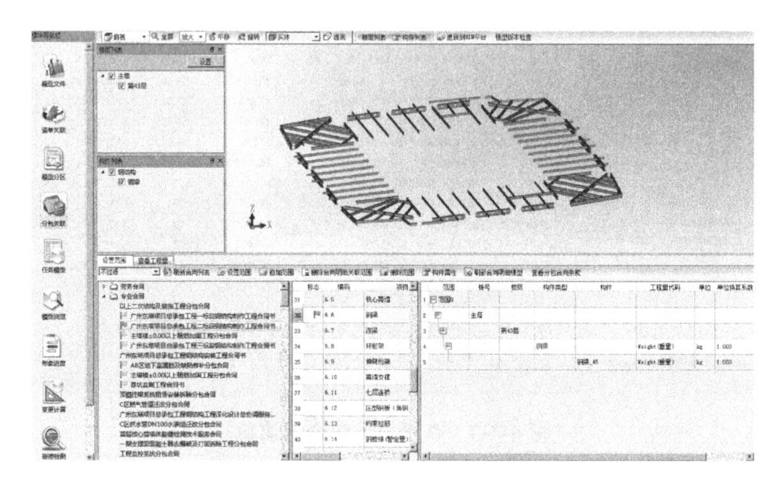

图4–95　专业分包合同——模型挂接

4.4.1.3　分供合同登记管理

分供合同登记管理可以实现新增分供合同、新增补充协议和查看合同进展功能，其操作与总承包合同登记管理类似。

进入“合同管理—分供合同”界面，可分别选取劳务分包合同登记、物资采购合同登记、机械设备采购合同登记、周转材料租赁合同登记、机械设备租赁合同登记、其他分供合同登记等选项，对相应的合同进行新增合同信息、新增补充协议和查看合同等登记操作。

4.4.2　变更签证管理

工程变更是工程实施阶段造价控制的重点，同时也是工程施工管理的重要内容。工程变更是合同工程实施过程中由发包人提出或由承包人提出经发包人批准的合同工程任何一项工作的增、减、取消或施工工艺、顺序、时间的改变，设计图纸的修改，施工条件的改变，招标工程量清单的错、漏从而引起合同条件的改变或工程量的增减变化。通常情况下，一旦工程的各个方面发生变动，势必影响工程的费用。因此，在工程施工阶段中工程变更是工程造价控制的难点。工程变更根据工程变更的原因与工程实际施工情况可以分为设计变更和工程签证这两种变更形式。

工程签证是发包人现场代表（或其授权的监理人）与承包人现场代表就施工过程中涉及的责任事件所作的签认证明。工程签证一般可分为现场经济签证、工程技术签证、工期签证以及隐蔽工程签证。这些工程施工变化情况往往会增加工程施工成本，延长工程工期。工程签证能够很好地协调工程牵涉方就工程款项、工期、工程量、赔偿等达成协议，书面记载施工现场变化产生的费用，有利于工程结算工作的开展，保障工程施工单位与业主的合法利益。另外，工程签证记录的施工现场变化情况是施工阶段的第一手资料，是赔偿事件的有利证据，方便后续的赔偿费用的计算。因此，工程签证又可以被称为工程现场签证。但是，目前工程签证没有统一规范的形式，主要有现场签证表、索赔申请表、设计变更、工程技术签证以及施工联系单等形式。这些形式被统称为工程签证。

在东塔项目基于BIM的合同管理模块中，变更签证管理主要包括六个子功能模块：变更指令、变更费用索偿、专业分包签证、甲指专业分包签证、劳务分包签证、临工单登记与审核。

4.4.2.1　变更指令

通过“项目管理—合同管理—变更签证—变更指令”操作，进入变更指令窗口，通过“新增”、“编辑”按钮可以新增变更指令或对变更指令进行编辑。如图4-96所示。

图 4-96　变更指令界面

4.4.2.2 变更费用索偿

进入变更费用索偿，找到需要的PMI，对其进行编辑，变更费用索偿内容来源于变更指令，并与之联动，参见图 4-97。

图 4–97 变更费用索偿界面

变更费用索偿新增明细有三种方式：①新增；②从合同选择，即从总承包清单选择；③导入预算。参考模型工程量，进入 5D 中变更计算模块参考工程量，细表中的签证数量根据参考量手动输入。

4.4.2.3 专业分包签证

新增专业分包签证需要输入主表数据和细表数据，如图 4-98 所示。图 4-98 中，所属合同为专业分包合同登记中各合同；签证类型为枚举值，包括签证、临工、机械台班三个选项，是必填项，用户可以在系统中维护；编制人和编制时间系统自动生成，为当前登录系统用户 ID 和系统日期。

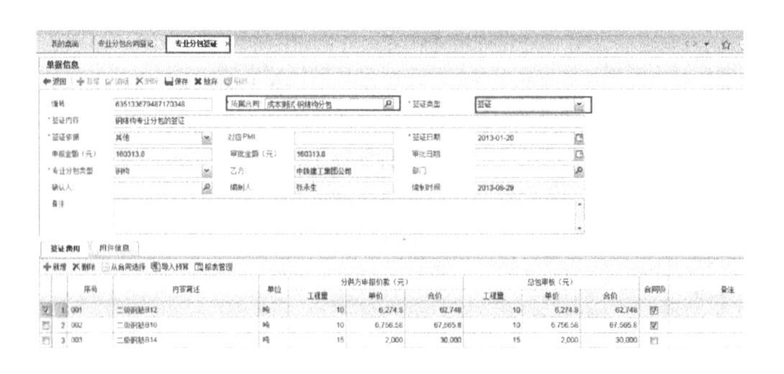

图 4–98 新增专业分包签证

甲指专业分包签证和劳务分包签证部分与专业分包签证类似。

4.4.2.4 临工单登记与审核

（1）临工单登记。在“合同管理—变更签证—临工单登记”界面，点击“新增”按钮进入新增临工单界面，参见图 4-99。主表输入必填项分包商、申请部门；细表输入必填项部位及工作内容、工人数量、工日总数，非必填项工种、起止时间、承担主体、承担工日数、单价、开工人、申请单编号、备注。当明细中有几条临工单明细，且只有承担主体不一样，其他字段均相同时，可以选中已经新建好的临时用工单，点击“选择承担主体”，在弹出选择承担主体对话框中选择相应的承担主体，点击确定，即可快速新增承担主体不同，其他信息相同的临时用工单明细。临工单增加成功后，可以在新增界面点击“提交审核”提交该临工单。或者在临工单界面，点击“提交审核”提交该临工单。

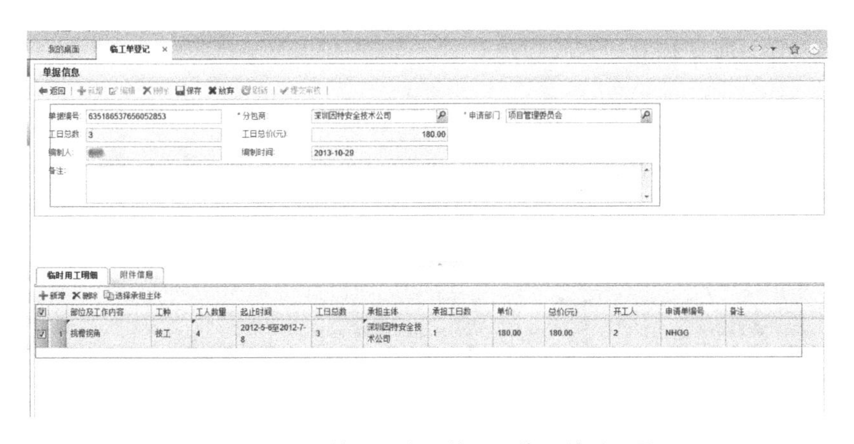

图 4–99 合同管理—变更签证—临工单登记界面

（2）临工单审核。“临工单审核”新增有两种方式：一种是在临工单登记时已提交并推送过来的临工单；二是直接在“临工单审核”界面新增，新增方法与临工单登记类似。审核时，可以在新增临工单界面的审核项上打钩，也可以在临工单审核界面点击“审核”按钮。参见图 4-100。不管是已经审核、还是未审核的临工单都可以进行编辑、删除、查看等操作。

图 4–100　临工单审核界面

4.4.3　报量结算

合同结算指承包商在实施工程项目过程中，依据工程承包合同的有关规定和按照工程进度计划实际完成的阶段工程，依据合同中的工程数量单价表来编制工程结算表，再由业主签认后支付给承包商工程款的全过程。

广州东塔项目基于 BIM 的合同管理模块的报量结算包括：业主报量、总承包合同结算、专业分包报量、专业分包结算、甲指专业分包报量、甲指专业分包结算。

4.4.3.1　业主报量

业主报量需要执行如下操作：

（1）通过“合同管理—报量结算—业主报量”进入业主报量界面，如图 4-101 所示。

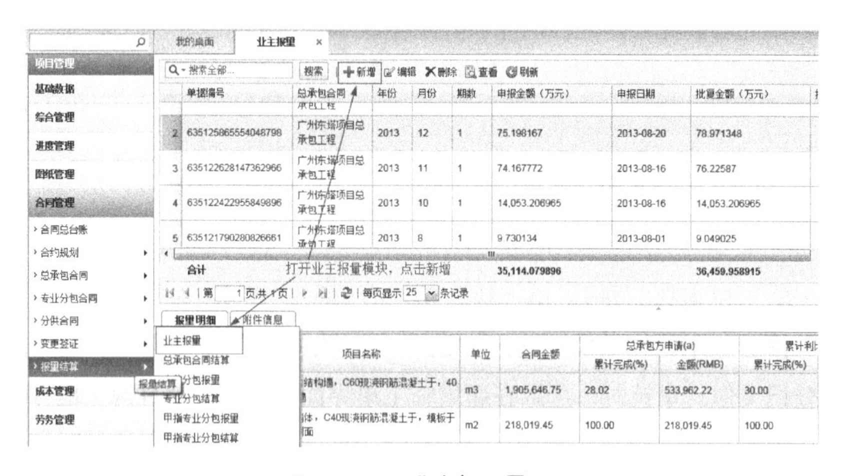

图 4–101　业主报量界面

（2）编辑业主报量主细表信息。报量明细新增有五种方式：①点击新增，填写内容参见图 4-102；②从合同选择，即从总承包合同清单选择，参见图 4-103；

③从变更选择，参见图 4-104 和图 4-105；④导入预算，参见图 4-106；⑤参考模型工程量。报量明细中没有模型中的清单项时，在 5D 中更新到平台后，会自动新增并把该清单项带入细表，参见图 4-107；报量明细中存在模型中的清单项时，在 5D 中更新到平台后，会自动覆盖细表数据，合同金额和总包方申请累计完成比带入细表。其中，累计完成百分比为本期报量模型百分比与上期累计完成百分比之和。

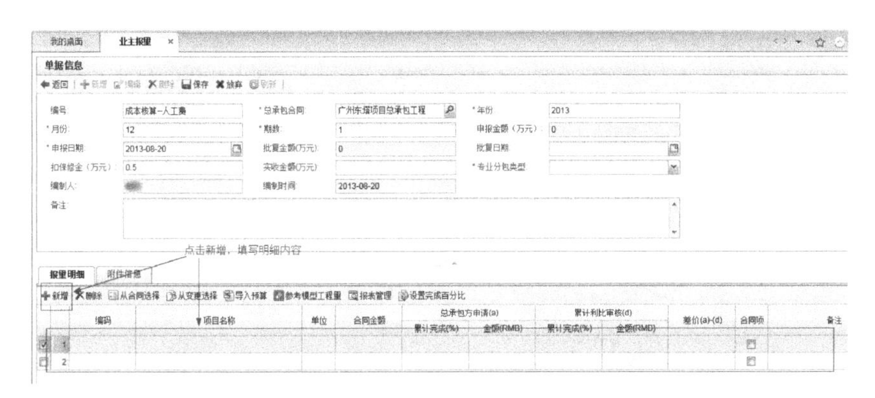

图 4-102　新增业主报量界面

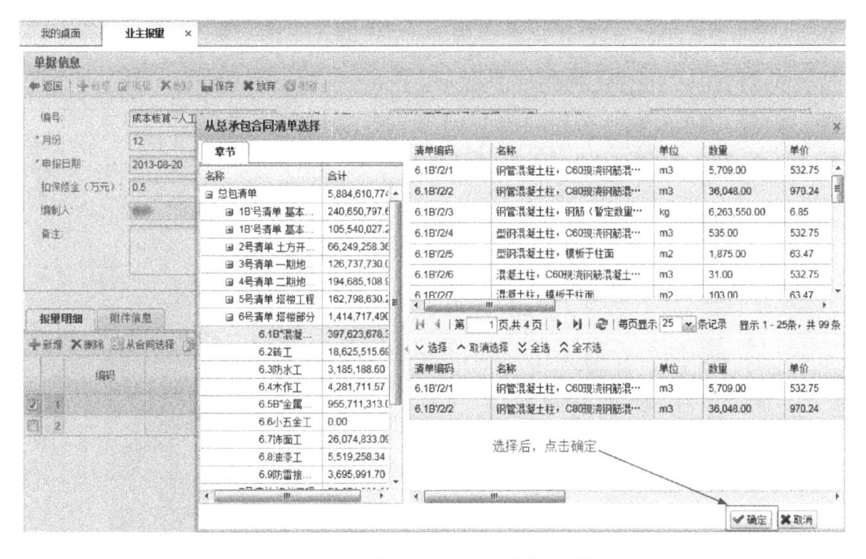

图 4-103　从合同选择业主报量界面

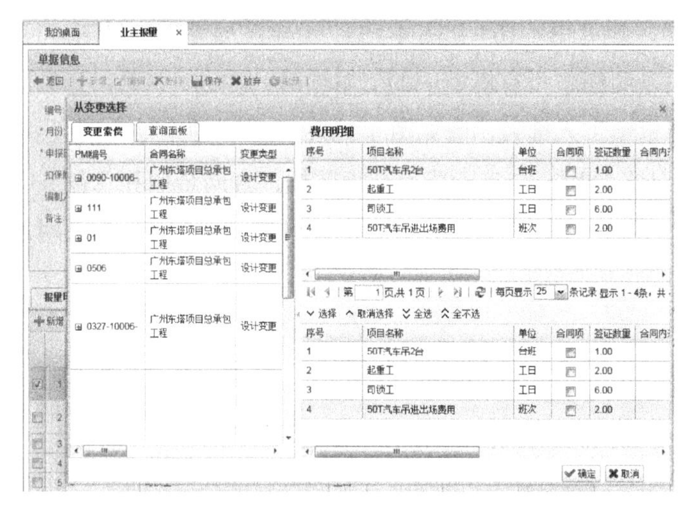

图 4-104　从变更选择业主报量界面（1）

图 4-105　从变更选择业主报量界面（2）

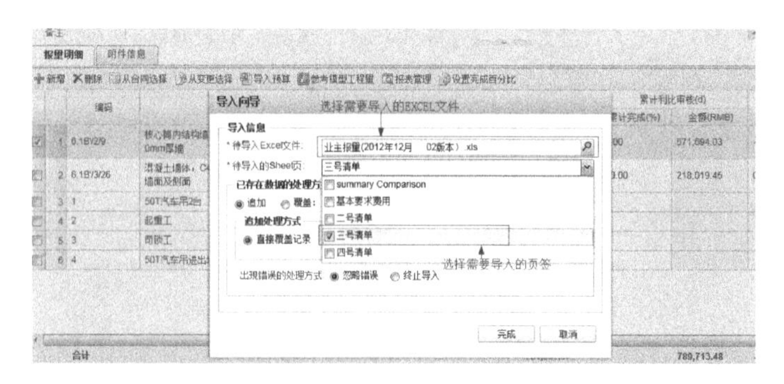

图 4-106　导入预算业主报量界面

图 4-107　参考模型工程量业主报量界面

（3）报表管理。需登录 admin 提前配置报表文件才可使用，可对报表进行打印，也可导出 Excel、Pdf、Word，参见图 4-108。

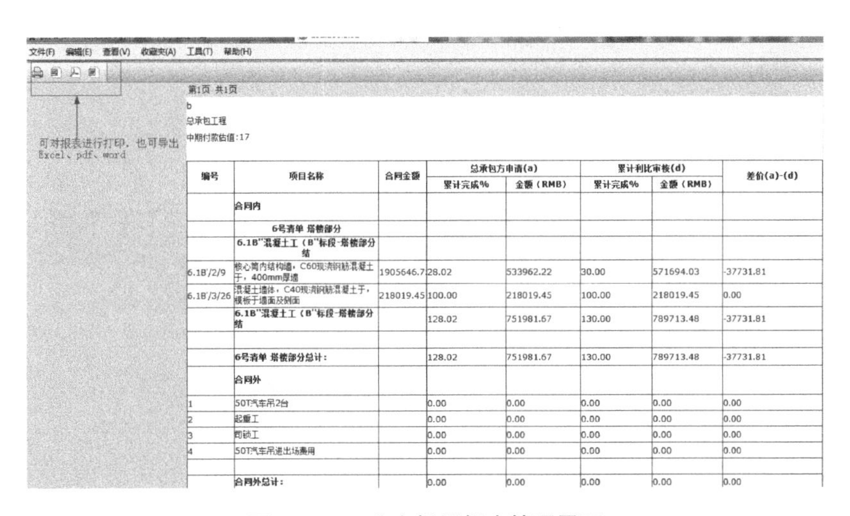

第1页 共1页

b

总承包工程

中期付款估值:17

编号	项目名称	合同金额	总承包方申请(a)		累计利比审核(d)		差价(a)-(d)
			累计完成%	金额（RMB）	累计完成%	金额（RMB）	
	合同内						
	6号清单 塔楼部分						
	6.1B"混凝土工（B"标段-塔楼部分结						
6.1B'/2/9	核心筒内结构墙，C60现浇钢筋混凝土于，400mm厚墙	1905646.7	28.02	533962.22	30.00	571694.03	-37731.81
6.1B'/3/26	混凝土墙体，C40现浇钢筋混凝土于，模板于墙面及侧面	218019.45	100.00	218019.45	100.00	218019.45	0.00
	6.1B"混凝土工（B"标段-塔楼部分结		128.02	751981.67	130.00	789713.48	-37731.81
	6号清单 塔楼部分总计：		128.02	751981.67	130.00	789713.48	-37731.81
	合同外						
1	50T汽车吊2台		0.00	0.00	0.00	0.00	0.00
2	起重工		0.00	0.00	0.00	0.00	0.00
3	司锁工		0.00	0.00	0.00	0.00	0.00
4	50T汽车吊进出场费用		0.00	0.00	0.00	0.00	0.00
	合同外总计：		0.00	0.00	0.00	0.00	0.00

图 4-108　业主报量报表管理界面

（4）设置完成百分比。可以批量设置百分比。

（5）合同项判断。合同项通过编码来判断是否是总承包清单中的编码，如果是，则为合同项明细。参见图 4-109。

4.4.3.2　总承包合同结算

通过“项目管理—合同管理—报量结算—总承包合同结算”操作，进入总承

报量明细 | 附件信息

	编码	项目名称	单位	合同金额	总承包方申请(a)		累计利比审核(d)		差价(a)-(d)	合同项
					累计完成(%)	金额(RMB)	累计完成(%)	金额(RMB)		
1	6.1B'/2/9	核心筒内结构墙，C60现浇钢筋混凝土于，400mm厚	m^3	100.00	10.00	10.00		571,694.03	-571,684.03	☑
2	6.1B'/3/26	混凝土墙体，C40现浇钢筋混凝土于，模板于墙面及侧面	m^2			218,019.45		218,019.45	0.00	☑
3	6.1B'/3/26	50T汽车吊2台	台班							☑
4	2	起重工	工日	10.00	10.00	1.00			1.00	☑
5	3	司锁工	工日							☐
6	4	50T汽车吊进出场费用	班次							☐
7		三号工程量及单价表								☑
8		一期地下室工程								☑
9		3.1B 混凝土工								☑

图 4-109　业主报量合同项判断界面

包合同结算窗口，通过新增、编辑按钮可以新增总承包合同结算或对总承包合同结算进行编辑。参见图 4-110。

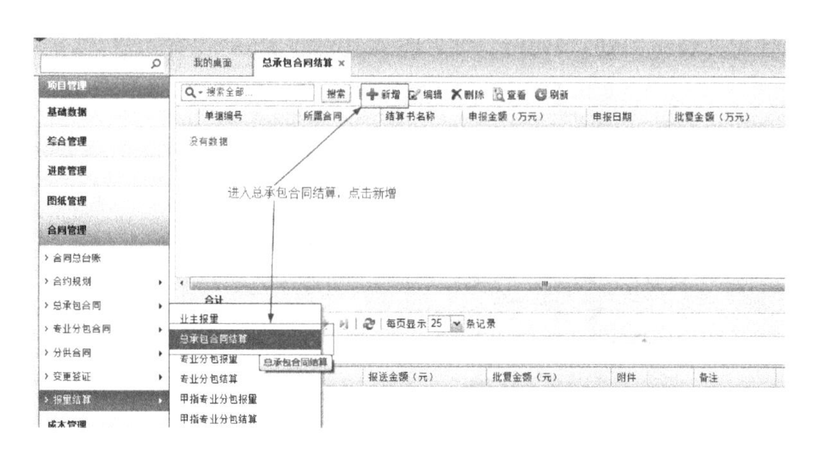

图 4-110　新增总承包合同结算

4.4.3.3　专业分包报量

专业分包报量步骤如下：

（1）执行“合同管理—报量结算—专业分包报量”操作。

（2）点击“新增”按钮弹出专业分包报量的界面，注意需要选择本期报量所属的合同文件。

（3）主表信息输入完成需要填写报量明细数据，输入方式分为：从合同选择（图 4-111）、从签证费用选择（图 4-111 类似）、参考模型工程量（图 4-112）和导入预算。

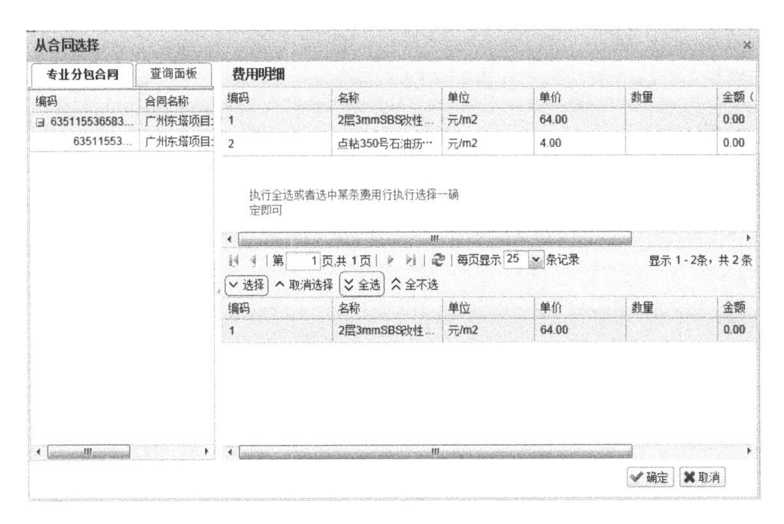

图 4-111　专业分包合同结算—从合同选择界面

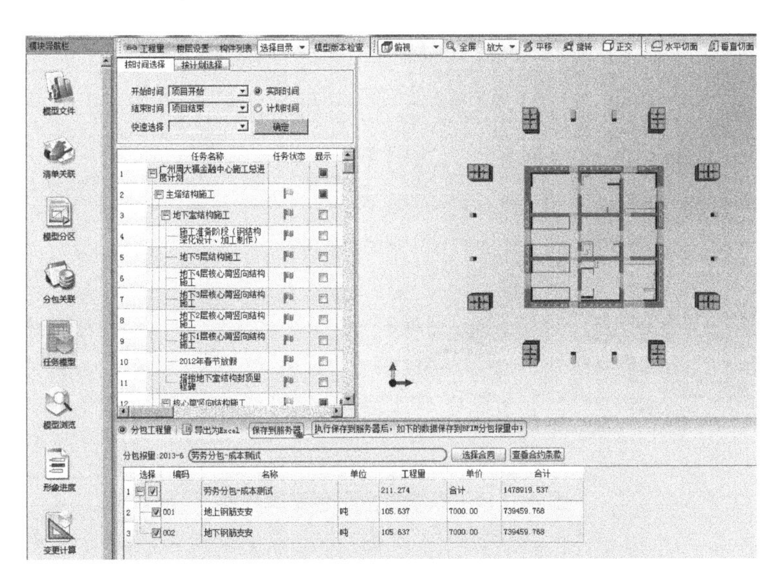

图 4-112　专业分包合同结算—参考模型工程量界面

4.4.3.4　专业分包结算

专业分包报量步骤如下：

（1）通过“项目管理—合同管理—报量结算—专业分包结算”操作，进入专业分包结算窗口。通过新增、编辑按钮可以新增专业分包结算或对专业分包结算进行编辑。参见图 4-113。

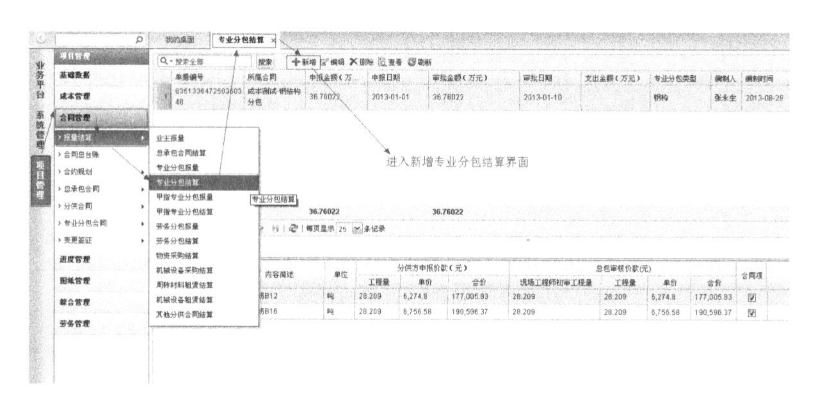

图 4-113　专业分包结算界面

（2）点击“新增”进入新增专业分包结算界面，如图 4-114。填写主表信息，“保存”后，再次“编辑”，可分别选择新增、从合同选择、从签证费用选择、参考模型工程量和导入预算输入结算明细。

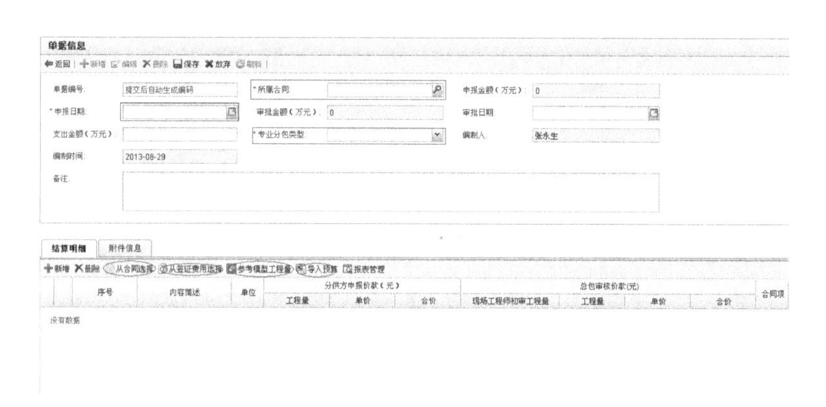

图 4-114　新增专业分包结算界面

（3）若选择“从合同选择”，则弹出图 4-115 所示的界面。选中左侧的合同，右上角联动显示该合同的费用明细。选中右上角的费用明细，点击“选择”或者“全选”，将右上角的费用明细选到右下角。点击“确定”，费用编码、费用名称、单位、单价导入到结算明细中，如图 4-116 所示。

（4）若选择“从签证费用选择”，则弹出图 4-117 所示的界面。选中专业分包变更签证,右上角显示该签证的费用明细。选中右上角的费用明细,点击“选择”或“全选”，选择需要的费用明细。点击“确定”，序号、内容简述、单位、总包审核价款中的工程量和单价，导入到结算明细中，如图 4-118 所示。

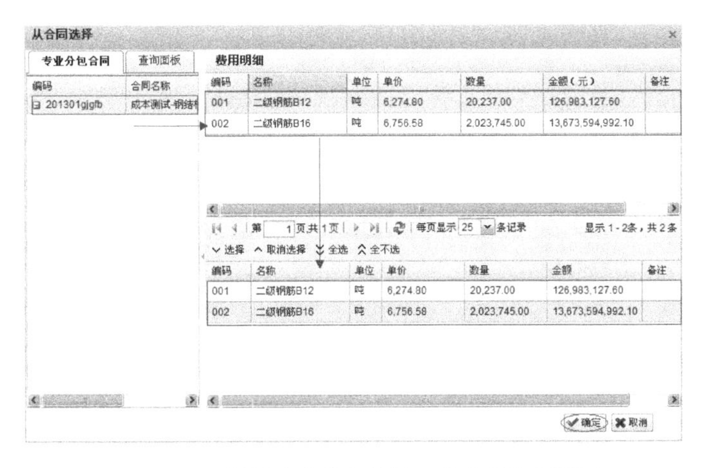

图 4-115　新增专业分包结算—从合同选择界面

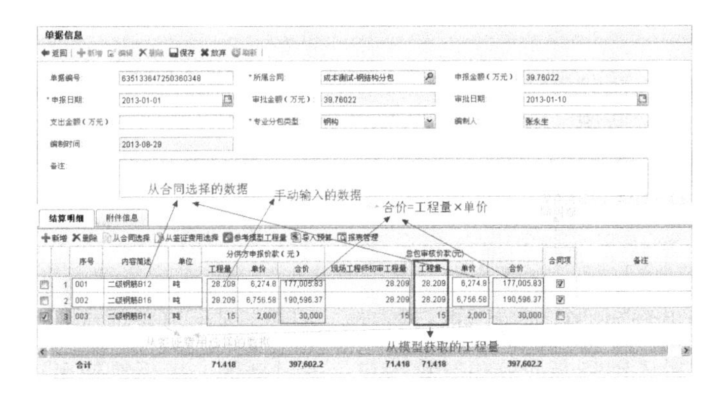

图 4-116　结算明细数据

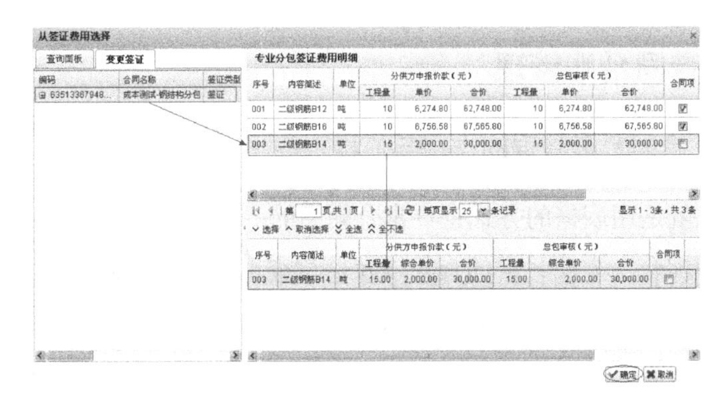

图 4-117　新增专业分包结算—从签证费用选择界面

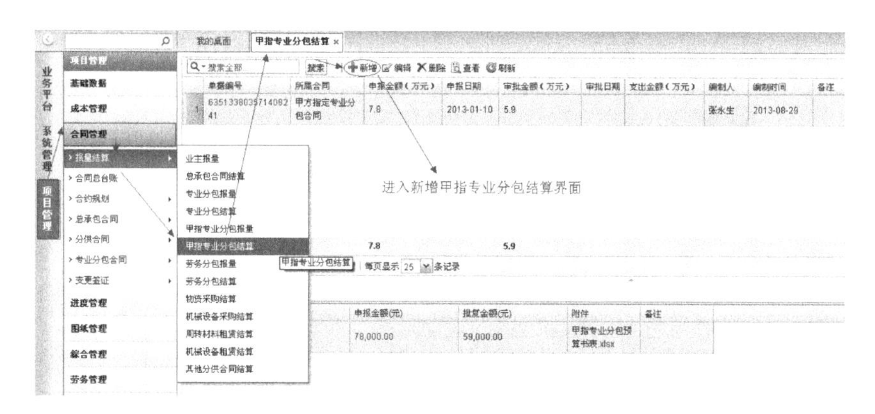

图 4-118　新增甲指专业分包结算

（5）若选择“参考模型工程量”，则打开 BIM5D，进行分包关联，将合同的工程量传递给总包审核价款中的工程量，系统自动计算总包审核价款的合价 = 工程量 × 单价。

（6）若选择“导入预算”，则导入 Excel 格式的结算明细数据。

（7）若选择“新增”，则手动输入结算明细数据。

（8）点击“报表管理”，可以将费用明细导出成 Pdf 格式文档，方便于打印。

4.4.3.5　甲指专业分包报量和结算

甲指分包报量和结算通过“项目管理—合同管理—报量结算—甲指专业分包结算”操作，进入甲指专业分包结算窗口，通过新增、编辑按钮可以新增甲指专业分包结算或对甲指专业分包结算进行编辑。

4.4.4　合同台账管理

4.4.4.1　合同台账管理的作用与流程

合同台账就是用表格的方式将日常合同中的一些信息进行登记、编号，与合同归类存档相配合，方便日常的查找以及信息查询；合同台账主要内容可以包括合同编号、合同名称、签约日期、期限、签约方、价格、付款方式等其他日常可能需要频繁查询的信息。

工程建设合同管理任务重、信息量大、横跨时间长，在实际工作中建立合同台账，实现全部合同执行与管理信息的动态监控，对于实现管理目标、提高管理效率、反映合同全貌十分重要。加强合同台账管理有诸多必要性：施工多任务管理的需要、工程后期管理的需要、高效处理大量信息的需要、提供合同全貌的需要。

合同台账包括合同总台账、总承包合同台账、分供合同台账。各种合同及报量、结算、支付信息集中汇总到合同台账，任意时间段内可查看以下内容：收支合同对比；收入或支出合同变更、报量、结算、实际收支情况；单个合同变更、报量、结算、实际收支情况。

合同台账功能很好地解决了广州东塔项目合同信息分散、集中汇总难、查询难度大等问题，相应的管理流程如图 4-119 所示。

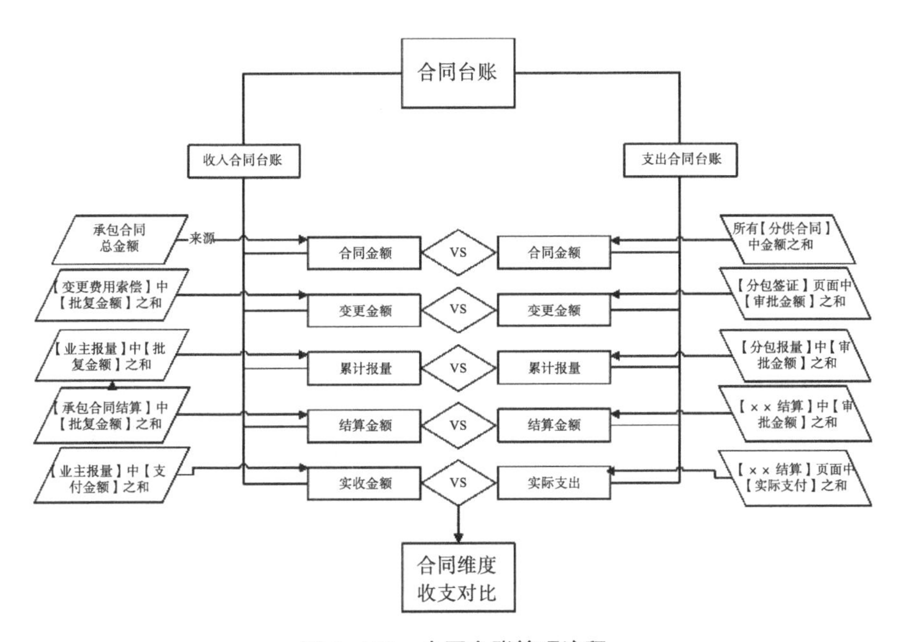

图 4-119 合同台账管理流程

4.4.4.2 合同总台账

（1）设置合同总台账的业务背景。为了便于相关领导从大面查看劳务分包合同、周转材料租赁合同、物资采购合同、机械设备采购合同、机械设备租赁合同、其他分供合同的情况，以及浏览合同结算的结果，特设置了合同总台账。合同总台账浏览的数据主要有：原合同金额（万元）、签证金额（万元）、变更后金额（万元）、累计报量（万元）、累计结算（万元）、累计支出（万元）等。

（2）数据展现形式。在合同总台账界面中，数据有多种展现形式，如图 4-120 所示。

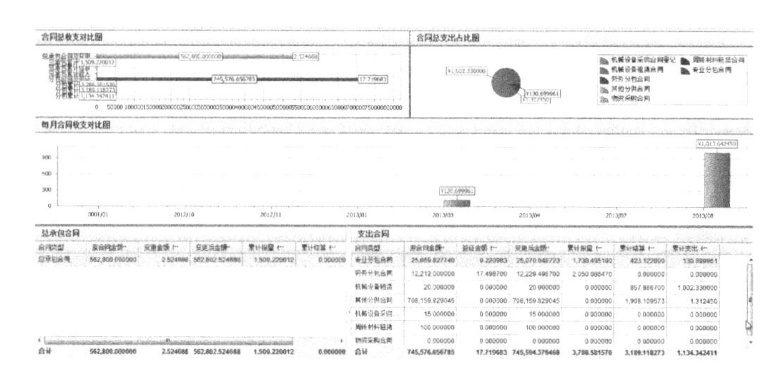

图 4-120　合同总台账界面

（3）数据来源。合同总台账的数据分别来源于总承包合同台账和分供合同台账。

（4）相关功能。参见总承包合同台账的相关功能。

4.4.4.3　总承包合同台账

（1）设置总承包合同台账的业务背景。为了便于相关领导从大面查看承包合同情况，以及浏览合同执行中签证索赔、业主报量、总承包合同结算的结果。浏览数据主要有：原合同金额（万元）、变更金额（万元）、变更后金额（万元）、累计报量（万元）、累计结算（万元）、累计收入（万元）。

（2）数据展现形式。在总承包合同台账界面，数据展现形式主要包括图形展示和图表展示两种，如图 4-121 所示。

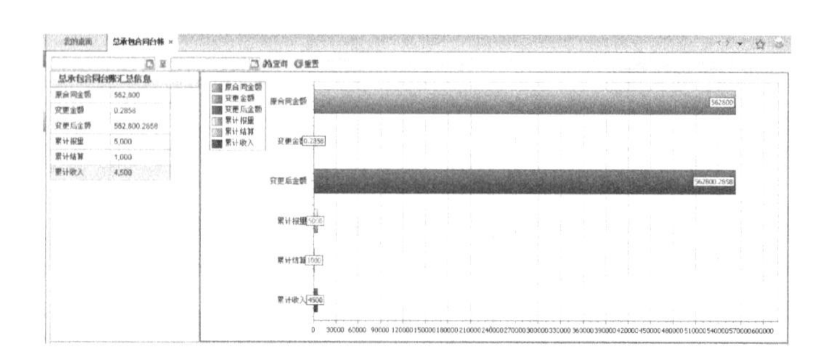

图 4-121　总承包合同台账界面

（3）数据来源。原合同金额（万元）来源于“总承包合同登记”中的合同金额；变更金额（万元）来源于“变更费用索偿”中的批复金额；变更后金额（万元）通过计算得出，计算方式是“原合同金额–变更金额＝变更后金额”；累计报量（万元）来源于“业主报量”中最近一期的审批金额；累计结算（万元）来源于“总承包合同结算”中的批复金额；累计收入（万元）来源于“业主报量”中的实收金额。

（4）相关功能。总承包合同台账还具有查询、重置、台账模式信息查看等相关功能。查询可以“按时间段过滤”，显示台账中图标数值，默认为项目开工至查询日，参见图4-122；重置可以清空查询数据和结果，默认为项目开工至查询日，参见图4-123；台账模式信息查看可以在台账管理页面表格中，选择一合同文件，打开链接后可看到该合同文件下的内容：承包合同登记、变更费用索偿、业主报量、承包合同结算页面的主表和细表，参见图4-124。链接到明细后，总承包合同登记、变更费用索偿、业主报量、总承包合同结算页面主表和明细表只读；且不显示预警信息、工作项细表。

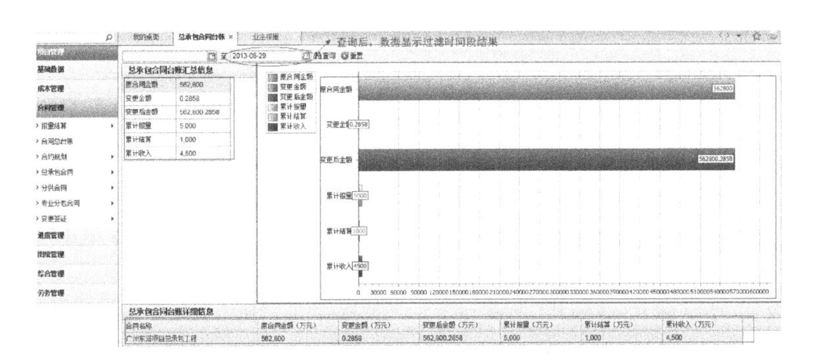

图4–122 总承包合同台账的查询功能

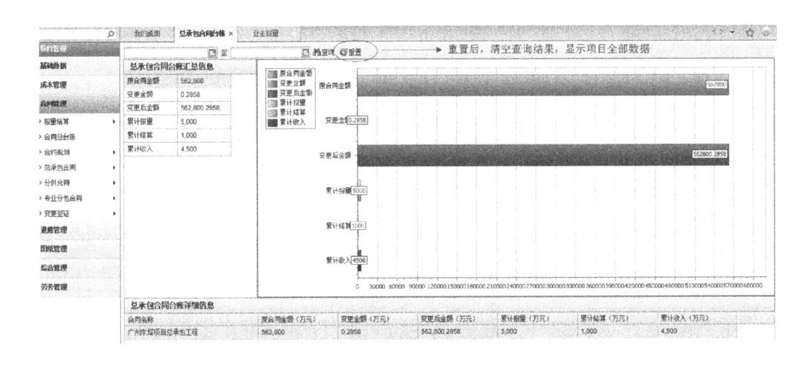

图4–123 总承包合同台账的重置功能

图 4-124　总承包合同台账的台账模式信息查看功能

4.4.4.4　分供合同台账

（1）设置分供合同台账的业务背景。分供合同台账的设置是为了便于领导从大面查看劳务分包合同、周转材料租赁合同、物资采购合同、机械设备采购合同、机械设备租赁合同、其他分供合同的情况，以及浏览合同结算的结果。浏览的数据主要有：原合同金额（万元）、签证金额（万元）、变更后金额（万元）、累计报量（万元）、累计结算（万元）、累计支出（万元）。

（2）数据展现形式。在分供合同台账界面，数据展现形式主要包括图形展示和图表展示两种，如图 4-125 所示。

（3）数据来源。原合同金额（万元）来源于“劳务分包合同、周转材料租赁合同、物资采购合同、机械设备采购合同、机械设备租赁合同、其他分供合同”中的合同金额；签证金额（万元）来源于“劳务分包签证”中的审批金额；变更后金额（万元）通过计算得出，计算公式为“原合同金额 + 签证金额 = 变更后金额”；累计报量（万

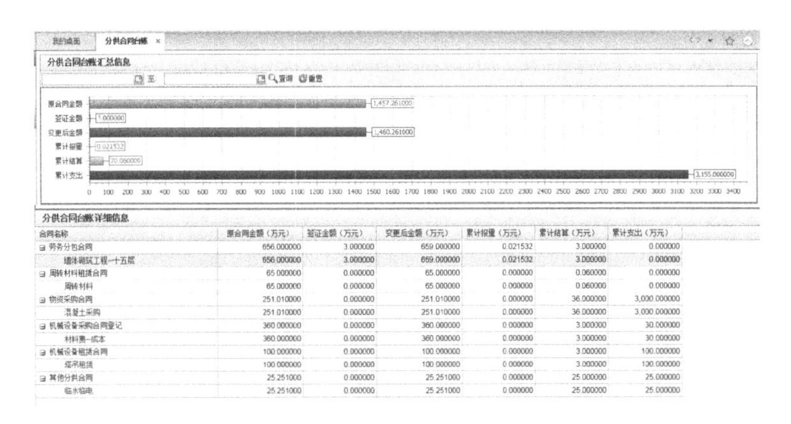

合同名称	原合同金额（万元）	签证金额（万元）	变更后金额（万元）	累计报量（万元）	累计结算（万元）	累计支出（万元）
劳务分包合同	656.000000	3.000000	659.000000	0.021532	3.000000	0.000000
墙体砌筑工程一十五层	656.000000	3.000000	659.000000	0.021532	3.000000	0.000000
周转材料租赁合同	65.000000	0.000000	65.000000	0.000000	0.060000	0.000000
周转材料	65.000000	0.000000	65.000000	0.000000	0.060000	0.000000
物资采购合同	251.010000	0.000000	251.010000	0.000000	36.000000	3,000.000000
混凝土采购	251.010000	0.000000	251.010000	0.000000	36.000000	3,000.000000
机械设备采购合同登记	360.000000	0.000000	360.000000	0.000000	3.000000	30.000000
材料费—成本	360.000000	0.000000	360.000000	0.000000	3.000000	30.000000
机械设备租赁合同	100.000000	0.000000	100.000000	0.000000	3.000000	100.000000
塔吊租赁	100.000000	0.000000	100.000000	0.000000	3.000000	100.000000
其他分供合同	25.251000	0.000000	25.251000	0.000000	25.000000	25.000000
临水临电	25.251000	0.000000	25.251000	0.000000	25.000000	25.000000

图 4-125　分供合同台账数据展示形式

元）来源于“劳务分包报量”中的审批金额；累计结算（万元）来源于“劳务分包结算、周转材料租赁结算、物资采购结算、机械设备采购结算、机械设备租赁结算、其他分供结算”中的批复金额；累计支出（万元）来源于“劳务分包报量、周转材料租赁结算、物资采购结算、机械设备采购结算、机械设备租赁结算、其他分供结算”中的支出金额。

（4）相关功能。与总承包合同台账类似，分供合同台账也具有查询、重置、台账模式信息查看等相关功能。查询可以“按时间段过滤”,显示台账中图标数值，默认为项目开工至查询日，参见图 4-126；重置可以清空查询数据和结果，默认为项目开工至查询日；台账模式信息查看可以在台账管理页面表格中，选择一合同文件，打开链接后可看到该合同文件下的内容：合同登记、结算页面的主表和细表，参见图 4-127。链接到明细后，合同登记、结算页面主表和明细表只读；且不显示预警信息、工作项细表。

合同名称	原合同金额（万元）	签证金额（万元）	变更后金额（万元）	累计报量（万元）	累计结算（万元）	累计支出（万元）
劳务分包合同	656.000000	0.000000	656.000000	0.021532	0.000000	20.000000
墙体砌筑工程一十五层	656.000000	0.000000	656.000000	0.021532	0.000000	20.000000
周转材料租赁合同	65.000000	0.000000	65.000000	0.000000	0.060000	0.000000
周转材料	65.000000	0.000000	65.000000	0.000000	0.060000	0.000000
物资采购合同	251.010000	0.000000	251.010000	0.000000	36.000000	3,000.000000
混凝土采购	251.010000	0.000000	251.010000	0.000000	36.000000	3,000.000000
机械设备采购合同登记	360.000000	0.000000	360.000000	0.000000	3.000000	30.000000
材料费—成本	360.000000	0.000000	360.000000	0.000000	3.000000	30.000000

图 4-126　分供合同台账的查询功能

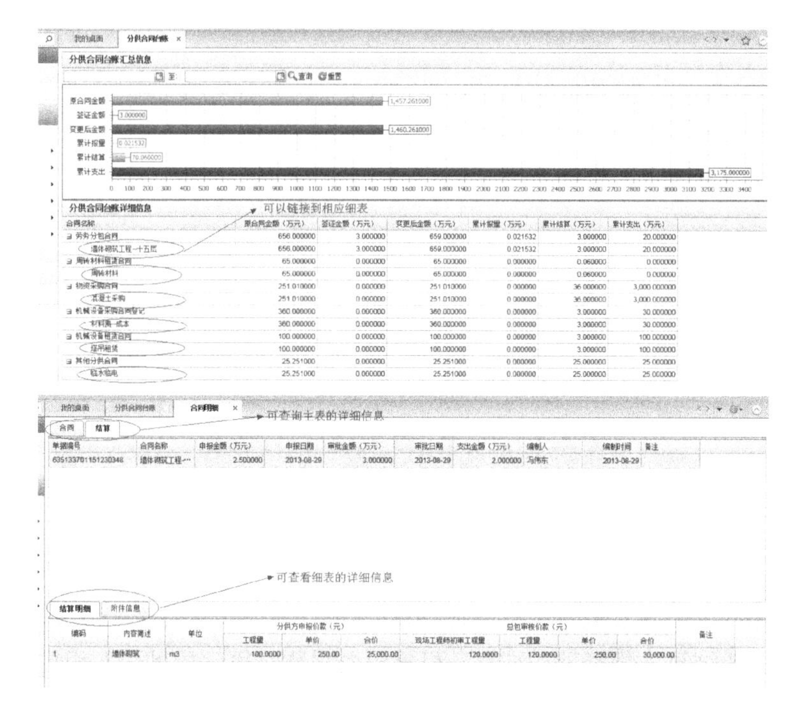

图 4-127 分供合同台账的台账模式信息查看功能

4.4.5 合约规划

为了更有效地实施合同管理，广州东塔项目基于 BIM 的合同管理模块提供了合约规划功能。

4.4.5.1 条款分类、关键词维护

（1）新增分类。执行“合同管理—合约规划—条款分类、关键词维护”操作，进入条款分类、关键词维护界面，选择“新增”按钮，输入必填项“条款分类”，非必填项“备注”，保存后可以新增分类。对新增或已有的分类，也可以进行查看、编辑、删除等操作。参见图 4-128。

（2）新增关键词。在条款分类、关键词维护界面，选中对应分类，点击右侧新增，弹出新增关键词对话框。输入必填项“关键词”、非必填项“备注”，保存后可新增关键词。对新增或已有的关键词，也可以进行查看、编辑、删除、刷新等操作。参见图 4-129。

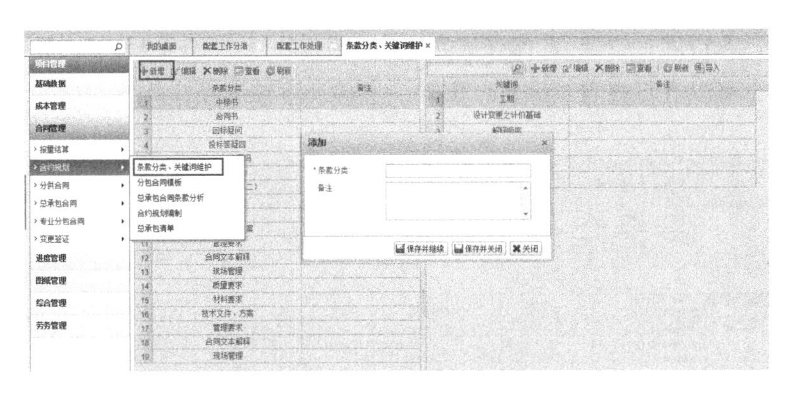

图 4-128　条款分类、关键词维护界面—新建分类

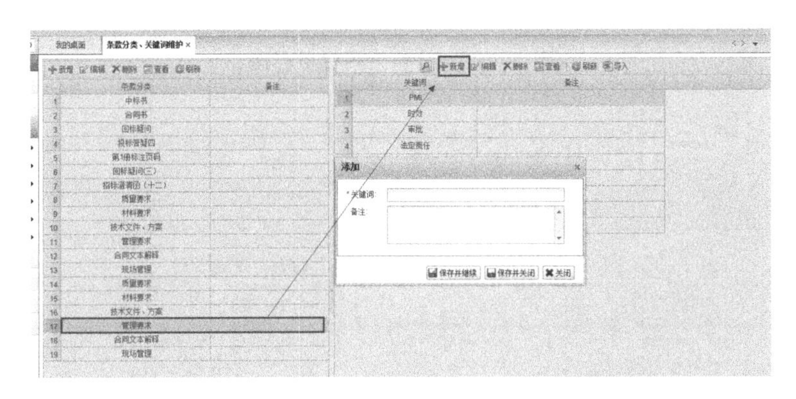

图 4-129　条款分类、关键词维护界面—新建关键词

（3）导入 Excel。在条款分类、关键词维护界面，点击“导入”按钮，可以导入相应的“条款分类和关键词”，进行快速新增。以前已经导入的条款分类和关键词不能重复导入，系统会自动过滤。

4.4.5.2　分包合同模板

（1）新增分类、新增下级分类。执行“合同管理—合约规划—分包合同模板”操作，进入分包合同模板界面，选择“新增、下级新增”按钮，输入必填项“编码、模板名称”，非必填项“备注”，保存后可以新增分类。对新增或已有的分类，也可以进行查看、编辑、删除、上移、下移、升级、降级等操作。参见图 4-130。

（2）新增分包合同模板。在分包合同模板界面，选中对应分类，点击右侧新增，弹出新增分包模板对话框。输入必填项“合同结构”、非必填项“内容、条款分类、关键词、备注”，保存后新增合同模板，参见图 4-131。对新增的分包合同模板，可以进行查看、编辑、删除、上移、下移等操作。

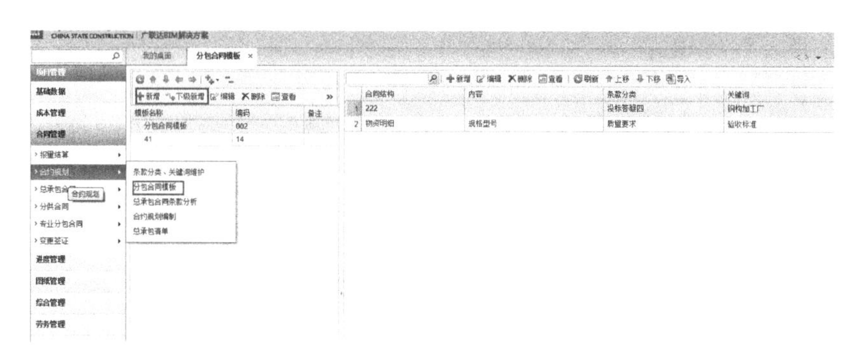

图 4-130　分包合同模板界面

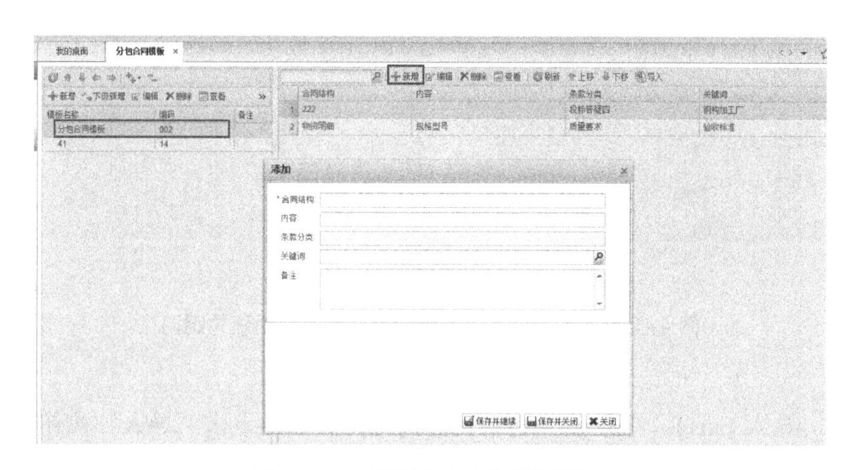

图 4-131　新增分包合同模板界面

（3）导入 Excel。在分包合同模板界面，点击“导入”按钮，可以把 Excel 中的分包合同模板导入相应分类下，进行快速新增。同一个分类下，不能导入相同的分包合同模板。

4.4.5.3　总承包合同条款分析

（1）上传合同文件。点击上传合同文件，弹出上传对话框，参见图 4-132。选中要导入的文件，点击打开，文件自动上传，上传完成后，弹出“请输入附件编号”对话框，输入相应的附件编号，确定，附件即上传成功。选中已经上传的附件，点击“更新附件”按钮可以重新上传附件，上传完成后，显示新附件，原来附件被覆盖，附件编号保留原来的附件编号。当上传附件未输入附件编号时，可点击“编辑文件编号”按钮，重新输入附件编号。对于已经上传的附件，可以删除或下载到相关路径予以保存。

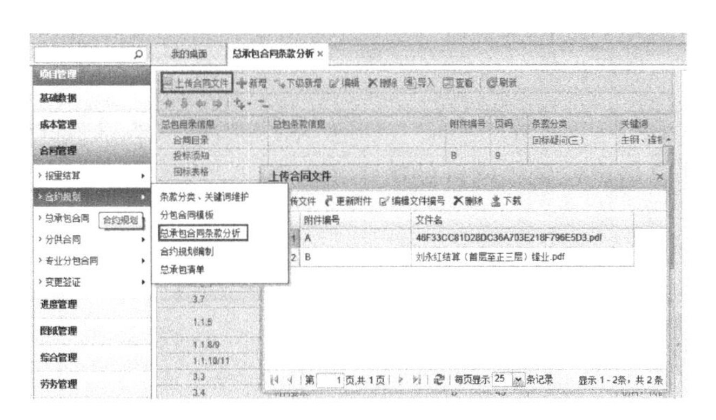

图 4-132　总承包合同条款分析—上传合同文件界面

（2）新增总承包合同条款分析、下级新增总承包合同条款分析。在总承包合同条款分析界面，点击“新增”，在弹出的对话框中，输入必填项“总包目录信息”、非必填项“总包条款信息、附件编号、页码、条款分类、关键词、备注”，保存后新增条款分析。参见图 4-133。对新增的总承包合同条款分析，可以进行查看、编辑、删除、上移、下移等操作。

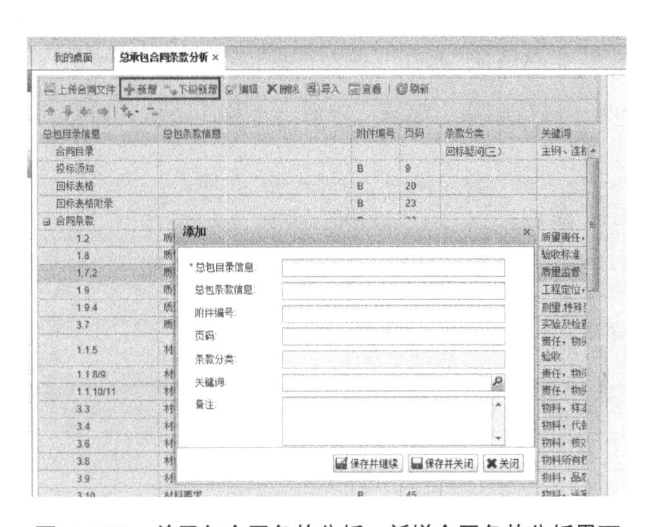

图 4-133　总承包合同条款分析—新增合同条款分析界面

（3）导入 Excel。在总承包合同条款分析界面，点击“导入”按钮，可以把 Excel 中的总承包合同条款导入，进行快速新增。

（4）总承包合同条款分析。图 4-134 中，左侧为合同条款，右侧为上传的 Pdf 附件，双击左侧“合同条款”，系统可以根据合同条款中“附件编号、页码”，右侧定位到相应的 Pdf 页。当双击的“合同条款”行没有上传附件时，系统提示“打开文件失败”；当双击的“合同条款”行，“附件编号”为空时，右侧 Pdf 文件界面没有反应；当双击的“合同条款”行输入的“页码”超过附件的“页码”时，右侧的 Pdf 文件总是定位到该附件的第 1 页。

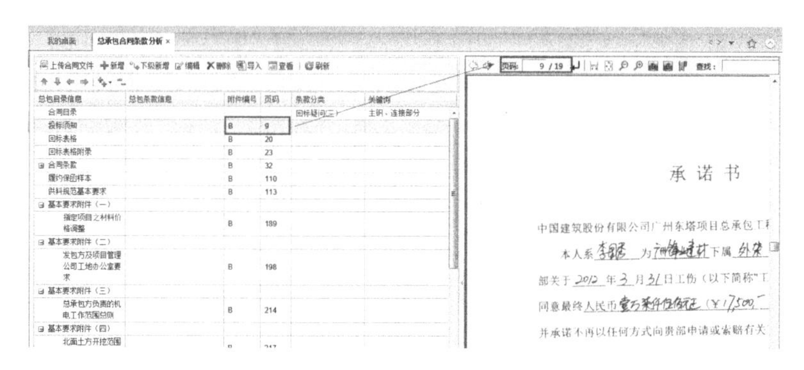

图 4-134　总承包合同条款分析—合同条款分析界面

4.4.5.4　合约规划编制

（1）新增分类、下级新增。在合约规划编制界面，点击“新增、下级新增”，输入必填项“名称”、非必填项“备注”，保存后新增分类，参见图 4-135。新增完成后，可以选中新增分类，进行删除、编辑、查看、上移、下级、升级、降级等操作。

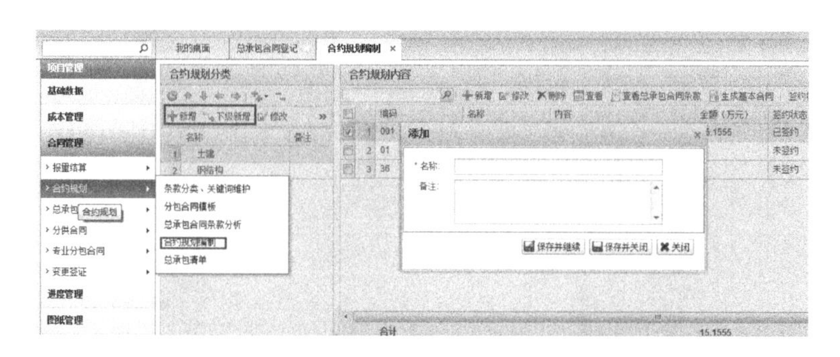

图 4-135　合约规划编制—新增、下级新增界面

（2）新增合约规划内容。在图 4-136 中，选中左侧对应分类，点击“新增”，输入必填项“编码、名称”、非必填项“内容、金额、备注”，保存后新增合约规划内容。新增完成后，可以选中新增合约规划内容，进行删除、编辑、查看、刷新等操作。

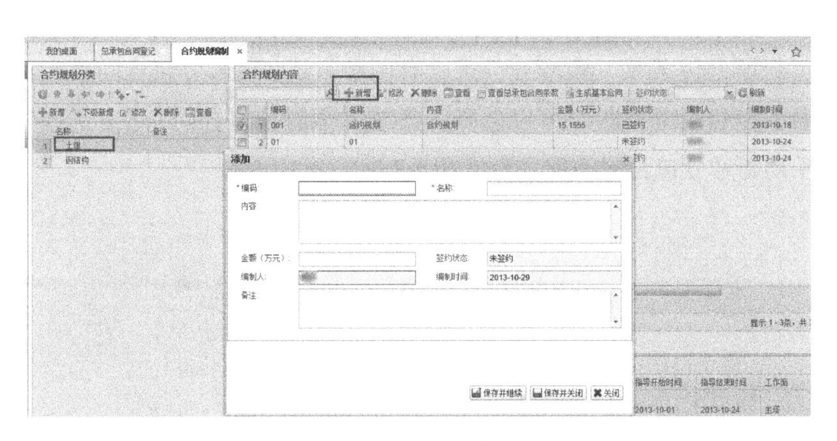

图 4–136　合约规划编制—新增合约规划内容界面

（3）新增合约规划。参照总承包合同登记操作。

（4）新增费用明细。在图 4-137 中，选中主表对应合约规划，点击费用明细界面“新增”，在弹出的新增对话框中输入必填项“编码、名称”、非必填项“单位、数量、单价、金额、备注”，保存后新增费用明细。新增完成后，费用明细中的“签约”列未打钩，对应的合约规划“签约状态”列显示“未签约”；当费用明细中的费用项部分签约时，已经签约的费用项“签约”列打钩，未签约的费用项“签

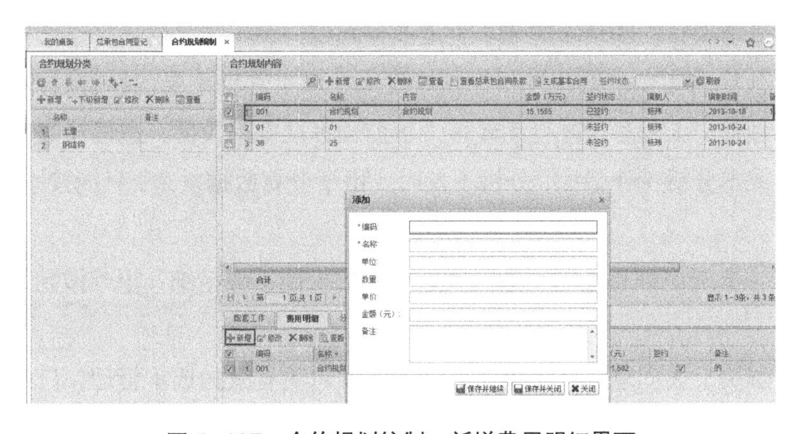

图 4–137　合约规划编制—新增费用明细界面

约”列未打钩，对应的合约规划“签约状态”列显示“未签约”；当费用明细中的费用项全部签约时，已经签约的费用项“签约”列全部打钩，且对应的合约规划“签约状态”列显示“已签约”。新增完成后，可以点击“费用明细”下方的编辑、查看、删除等按钮进行其他操作，费用明细已经被签约的不能删除。在费用明细下方的“参考模型工程量”，可以打开 BIM5D 软件。

（5）新增分包条款。新增分包条款有两种方式：载入分包合同模板和新增。选择“载入分包合同模板”可以选择多条或者全部分包合同条款；选择“新增”则通过手动新增分包合同条款，参见图 4-138。

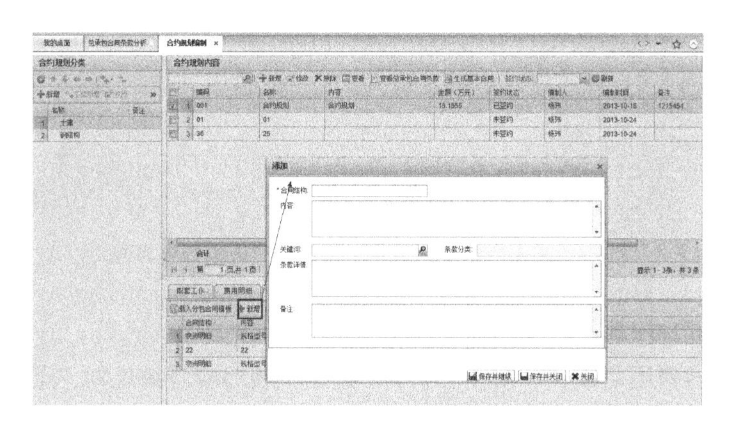

图 4-138　合约规划编制—新增分包条款界面

4.5　成本管理

广州东塔项目面临诸多的成本管理业务问题：

（1）预算准确率较低，过程控制难度大。成本管理主要依靠事后核算分析，业主变动频繁，工程量增减变动较多，事前预算准确率较低，过程控制难度大。

（2）成本分析工作量大，分析不及时。由于核算数据复杂，只能按季度核算，不够及时。

（3）主要资源细化控制不够。大宗材料的控制不够精细，很难做到部位级的量控。

为了解决上述问题，并实现对广州东塔项目更有效的成本管理，广州东塔项目 BIM 系统中设置了成本管理模块，其总体实现过程和具体业务流程分别如图

4-139 和图 4-140 所示。

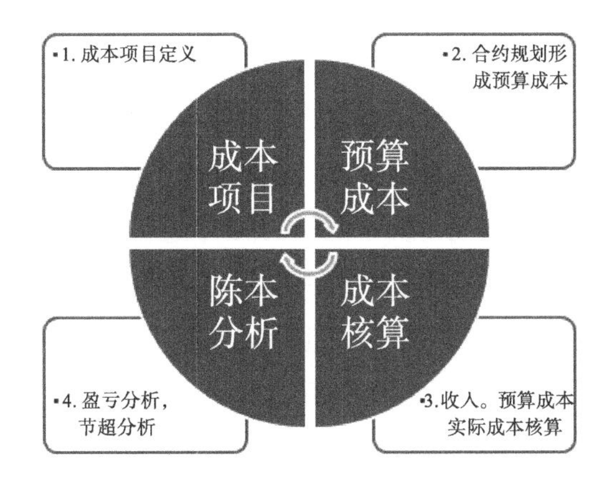

图 4-139　基于 BIM 的成本管理模块的总体实现过程

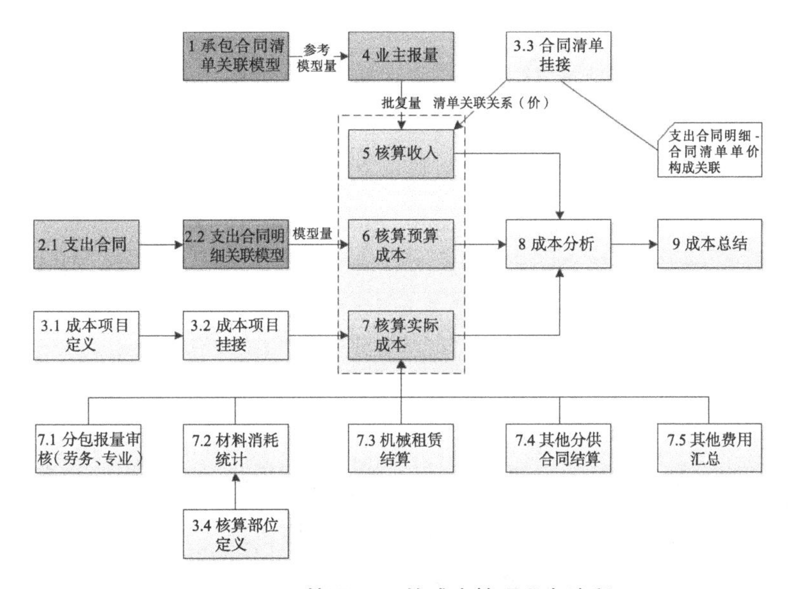

图 4-140　基于 BIM 的成本管理业务流程

以下将从成本管理准备、成本核算、成本分析、成本总结等四个方面进行介绍。

4.5.1　成本管理准备

成本管理准备包括以下内容：成本项目定义、成本项目挂接、清单挂接、核算部位定义、材料消耗统计、其他费用汇总。

4.5.1.1 成本项目定义

从生产费用的具体用途出发，将直接生产费用和间接生产费用划分为若干项目即成本项目，如直接材料、直接人工、制造费用、水电费等。成本项目定义需要在基于 BIM 的基础数据子系统中的成本项目中进行定义，而非在基于 BIM 的成本管理模块中进行定义。广州东塔成本项目定义情况，如图 4-141 所示。在此窗口下，不仅可以定义一级成本项目，也可以定义二级成本项目；不仅可以进行成本项目定义，也可以进行成本对比分析。

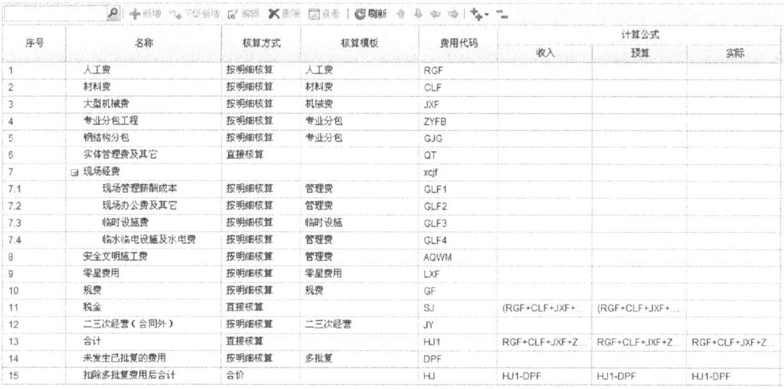

新增 下级新增 编辑 删除 查看 刷新

序号	名称	核算方式	核算模板	费用代码	计算公式		
					收入	预算	实际
1	人工费	按明细核算	人工费	RGF			
2	材料费	按明细核算	材料费	CLF			
3	大型机械费	按明细核算	机械费	JXF			
4	专业分包工程	按明细核算	专业分包	ZYFB			
5	钢结构分包	按明细核算	专业分包	GJG			
6	实体管理费及其它	直接核算		QT			
7	现场经费			xcjf			
7.1	现场管理薪酬成本	按明细核算	管理费	GLF1			
7.2	现场办公费及其它	按明细核算	管理费	GLF2			
7.3	临时设施费	按明细核算	临时设施	GLF3			
7.4	临水临电设施及水电费	按明细核算	管理费	GLF4			
8	安全文明施工费	按明细核算	管理费	AQWM			
9	零星费用	按明细核算	零星费用	LXF			
10	规费	按明细核算	规费	GF			
11	税金	直接核算		SJ	(RGF+CLF+JXF+...	(RGF+CLF+JXF+...	
12	二三次经营（合同外）	按明细核算	二三次经营	JY			
13	合计	直接核算		HJ1	RGF+CLF+JXF+Z...	RGF+CLF+JXF+Z...	RGF+CLF+JXF+Z...
14	未发生已批复的费用	按明细核算	多批复	DPF			
15	扣除多批复费用后合计	合价		HJ	HJ1-DPF	HJ1-DPF	HJ1-DPF

图 4-141 广州东塔成本项目定义情况

4.5.1.2 成本项目挂接

成本项目挂接，即设置成本项目与支出合同数据的关系，实现将实际成本相关的数据挂接到相应成本项目。成本项目挂接具体包括：

（1）支出合同挂接。支出合同挂接即设置支出合同与成本项目关系。支出合同包括：劳务分包合同、专业分包合同、机械设备采购合同、机械设备租赁合同、其他分供合同。支出合同挂接界面如图 4-142 所示。

（2）劳务分包报量。劳务分包报量大致分为三步：劳务合同签订、引用合同进行劳务报量、报量的接收。劳务分包报量包括主表和细表两大功能。主表功能可以查看所有、已挂接或未挂接的分包报量期记录；细表功能可以查看所有、已挂接或未挂接的分包报量费用明细记录。劳务分包报量界面如图 4-143 所示。

（3）专业分包报量、机械设备采购结算、机械设备租赁结算、其他分供合同结算的功能实现同劳务分包报量相似。

我的桌面　支出合同(成本项目挂接) ×

搜索全部…　搜索　刷新　展开　折叠

编码	名称	成本项目名称
⊞ 劳务分包合同		
⊞ 机械设备采购合同		
⊞ 机械设备租赁合同		
⊞ 其他分供合同		
⊞ 专业分包合同		

图 4–142　成本项目挂接界面

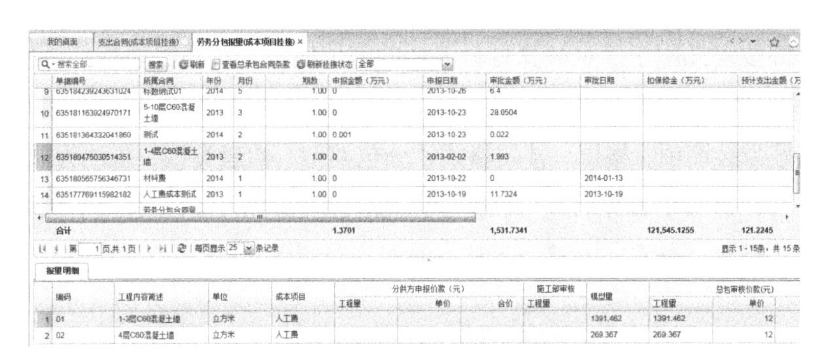

图 4–143　劳务分包报量界面

4.5.1.3　清单挂接

清单挂接用于设置支出合同（甲指分包合同除外）明细与利比清单的关系。清单挂接中的支出合同包括：劳务分包合同、专业分包合同、物资采购合同、周转材料租赁合同。

（1）劳务分包合同清单挂接。如图 4-144 界面所示，主细表页面与劳务分包合同信息页面类似。支出明细对应总承包清单，费用类型选项包括人工、材料、机械、包工包料等，可同时选择多个费用类型，选择范围是已选择清单列表中所有的清单对应的费用类型。合同清单与劳务分包明细项单位换算系数的关系式为：清单工程量 × 单位换算系数 = 支出单位工程量。在对应总承包清单中可以查看已挂接分包合同以及查看清单已对应的支出明细合同详细信息。

（2）专业分包合同、物资采购合同、周转材料租赁合同的清单挂接同劳务分包合同相似。

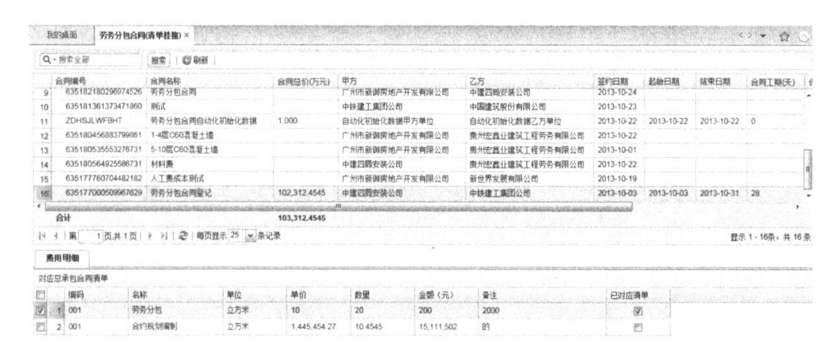

图 4-144　劳务分包清单挂接界面

4.5.1.4　核算部位定义

核算部位定义用于确定核算材料消耗的部位信息，仅在需要按部位核算时使用。核算部位定义界面如图 4-145 所示。在添加窗口中，主要材料的编码、部位名称、栋号为必填项，楼层、楼层格式、分包类型、构建类型、备注为非必填项。新增完成后，返回主表界面，可以选中该部位消耗统计信息，进行下级新增、查询、编辑、删除、查看、上移、下移、升级、降级等操作。

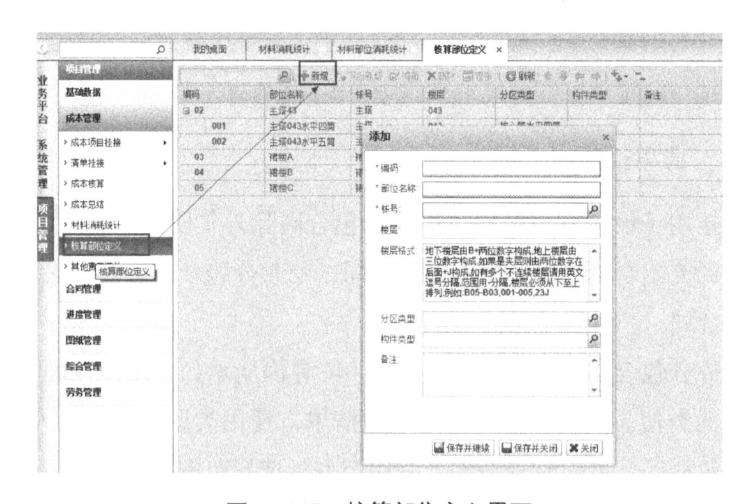

图 4-145　核算部位定义界面

4.5.1.5　材料消耗统计

材料消耗统计由物资部用来提供材料消耗数据。在图 4-146 所示的材料消耗统计界面选择“新增”，可以输入主表数据和细表数据。主表中的“年、期”为必填项，“编码”自动生成；细表中的“编码、名称、单价”为必填项。新增细表有三种方式:从字典选择（数据来源于:基础数据—物资字典）、从合同选择（数据来源于：物资采购合同登记、周转材料租赁合同登记）、导入Excel（导入相应周期的Excel），选择的字段有“编码、名称、单位、单价”。细表中，数量可以手动输入，也可以给相对应材料明细中“按部位统计”字段打钩，然后点击“部位消耗量”，链接出“材料部位消耗统计”窗口，按照材料或者按照部位输入相应的数量，点击保存，数量则返回到对应的“材料明细”数量字段中。

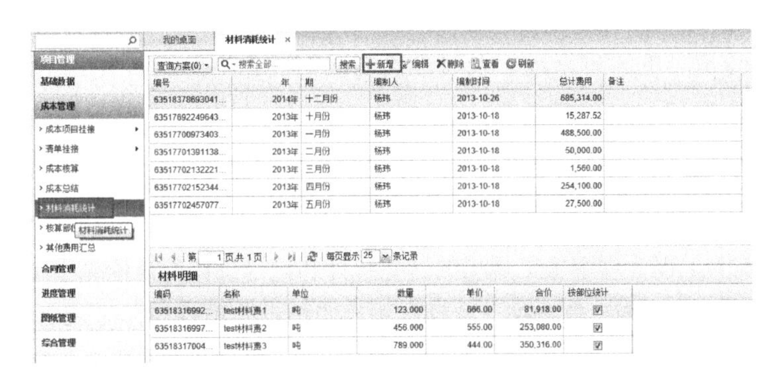

图 4–146　材料消耗统计界面

4.5.1.6　其他费用汇总

其他费用汇总由财务部用于提供其他费用统计。在图4-147所示的其他费用汇总界面选择“新增”,可以输入主表数据和细表数据。主表中的“年、期”为必填项,“编

图 4–147　其他费用汇总界面

码”自动生成；细表中的“编码、名称、成本项目”为必填项。新增细表有两种方式：点击“新增”手动输入“编码、名称、金额、成本项目”字段、“导入 Excel”导入相应周期的费用明细，可导入的字段有“编码、名称、金额、成本项目”。

4.5.2 成本核算

成本核算是把工程建设过程中所发生的费用按其性质和发生地点，分类归集、汇总、核算，计算出该过程中各项成本费用发生总额并分别计算出每项活动的实际成本和单位成本的管理活动。及时准确的成本核算不仅能如实反映承包商施工过程以及经营过程中的各项耗费，也是对承包商成本计划实施情况的检查和控制。

BIM 在成本核算中的应用价值主要体现在及时准确地获取各项物资财产实时状态上。各项财产物资的收发、领退、转移、报废、清查、盘点等是成本核算的基础工作，在传统的工程管理中施工现场的这些统计和记录工作都是依靠手工填写表格，再把表格信息报告给项目管理部，这样的现场跟踪报告很难保证成本信息的及时性和准确性。在基于 BIM 的成本管理模块中，成本核算功能很好地解决了这一难题。

4.5.2.1 成本核算原理

（1）建立支出合同明细—模型—承包合同清单关联关系。支出合同明细—模型—承包合同清单关联关系如图 4-148 所示。支出合同明细需要提供支出合同明细信息（例如地下室混凝土浇捣养护信息），模型提供构架范围、工程量信息，承包合同清单提供合同清单及单价构成信息（例如地下室混凝土 C60、人工

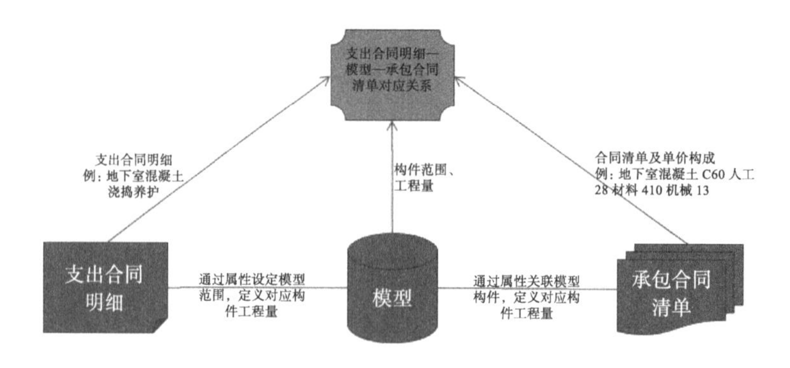

图 4-148 支出合同明细—模型—承包合同清单关联关系

28、材料 410、机械 13）;此外，支出合同明细与模型之间通过属性设定模型范围、定义对应构件工程量，模型与承包合同清单之间通过属性关联模型构件、定义对应构件工程量。

（2）收入的确定。如图 4-149 所示：首先由进度计划到模型，根据月度实际完成时间确定当月模型完成范围；模型到月度业主报量，根据模型的自动计算功能，计算完成比例（完成比例 = 本期模型清单量 / 模型总量）和本期合同清单量（本期合同清单量 = 合同总量 × 完成比例），然后进行报量参考；从月度业主报量中提取业主批复量，从承包合同清单中提取清单单价相应构成 × 下浮比例，从支出合同明细—模型—承包合同清单对应关系中提取合同清单、人工费，利用支出口径的收入计算公式（例如，与支出口径对应的收入 = 地下室混凝土浇捣养护批复工程量 × 单位换算系数单价构成 ÷ 单位换算系数），可得到支出口径的收入。

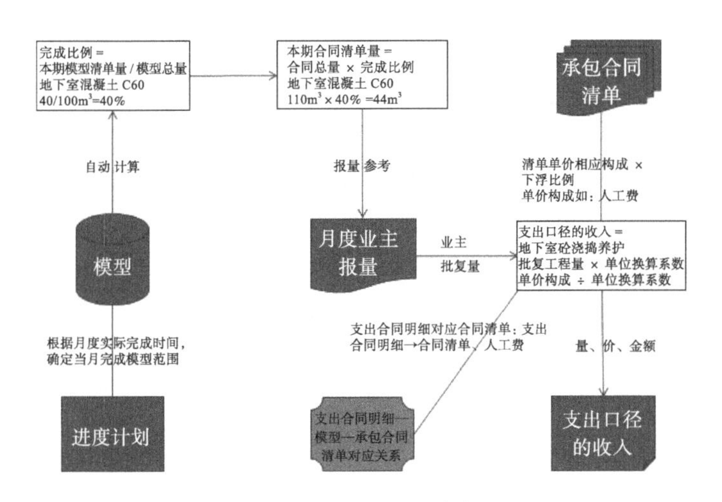

图 4-149　收入的确定

（3）实际成本的确定。实际成本也称应用成本，是按照现行制度规定的成本开支范围，以正常生产经营活动为前提，根据生产过程中实际消耗的物化劳动的转移价值和活劳动所创造价值中应纳入成本范围的那部分价值的货币表现。实际成本确定的流程如图 4-150 所示。从图 4-150 可以看出，实际成本来源于五个部分：劳务分供方、材料费、大型机械费、专业分包工程、其他费用。劳务分供方从分包报量中提取审核量、价、金额，专业分包工程从分包报量中提取审核量、价、金额；其中，分包审核可参考模型工程量，其算法同预算成本；其他费用包括其他分供合同、实际发生费用、摊销费用。

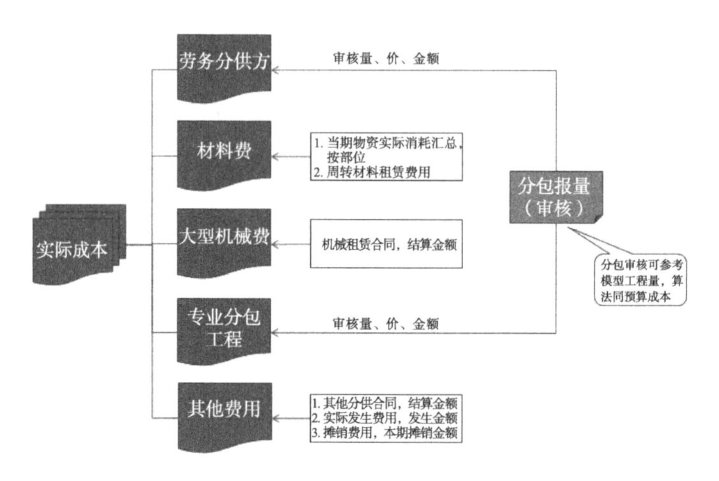

图 4-150　实际成本的确定

4.5.2.2　新建成本核算

成本核算可以按月或按季度核算。点击成本核算界面的“新增”按钮，弹出新增成本核算窗体，如图 4-151 所示。填写必填项“年、核算周期”，保存后新增成本核算项目。

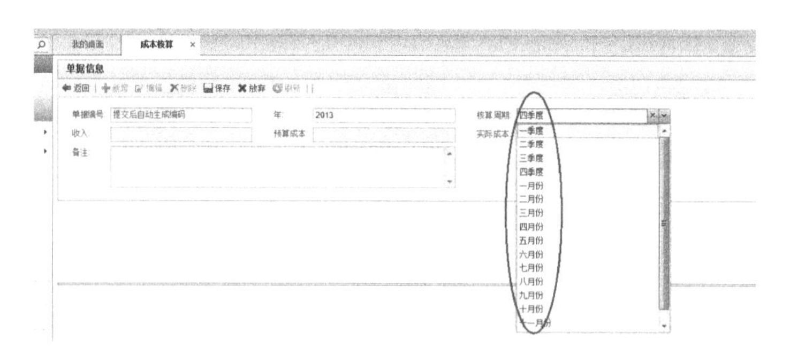

图 4-151　新增成本核算窗体

成本核算项目的单据编号自动生成，不可修改。当为季度核算时，编号生成方式为“年 +S+ 核算周期”，如 2014 年 +S+ 一季度，即 2014S01；当按月核算时，编号生成方式为“年 +M+ 月”，如 2014 年 +M+ 一月份，即 2014M01。

每期成本项目只能新建一次，重复新增时，系统给出提示：已建立同期，不允许重复。

在成本核算界面，选中核算信息，可进行查询、编辑、删除、查看等操作。

4.5.2.3　手工核算

以人工费手工核算为例：进入“成本管理—成本项目”，点击“人工费”按钮，可以对人工费进行编辑，参见图 4-152。

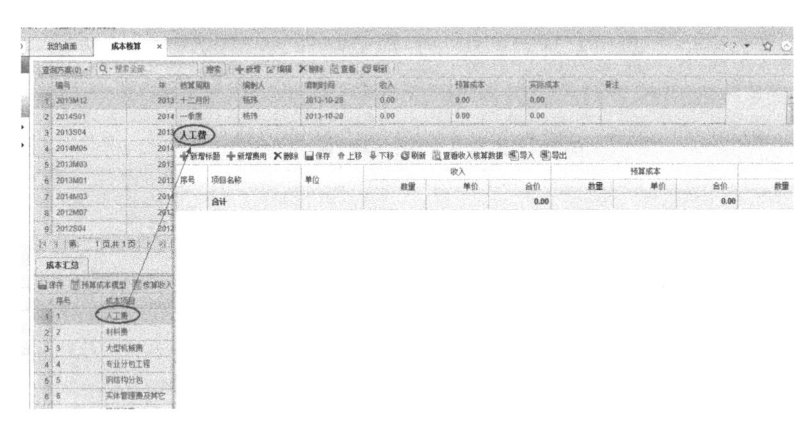

图 4-152　成本核算—手工核算界面

在人工费窗口中利用“新增标题、新增费用”按钮，输入该核算周期相应“人工费”的收入、预算金额和实际金额，保存后即完成该核算周期“人工费”的手工核算。参见图 4-153。

我的桌面　成本核算

人工费

新增标题　新增费用　删除　保存　上移　下移　刷新　查看收入核算数据　导入　导出

序号	项目名称	单位	收入			预算成本			实际成本		
			数量	单价	合价	数量	单价	合价	数量	单价	合
1	安装四建公司	元			3,200.00			2,800.00			2,8
1.1	墙体砌筑费用	元	20	160.00	3,200.00	20	140.00	2,800.00	20	140.00	2,8
	合计				3,200.00			2,800.00			2,8

图 4-153　成本核算—手工核算界面

其他成本项目的手工核算，与人工费的手工核算操作类似。

实体管理费不管是自动核算，还是手工核算，都需要手动输入。

“现场经费、税金、合计、扣除多批复费用后合计”金额，按照“综合管理—成本项目—计算公式”中定义的计算公式计算。

盈亏和节超由系统根据“收入、预算金额、实际金额”自动计算，计算公式为：盈亏 = 收入—预算金额，节超 = 收入—实际金额。

4.5.2.4 自动核算

自动核算包括收入、预算成本和实际成本的自动核算。

（1）自动核算收入。在基于 BIM 的成本管理系统中，自动核算收入的相关模块如表 4-1 所示，其业务流程和算法分别如图 4-154 和图 4-155 所示。

自动核算收入的相关模块　　表4-1

系统	相关模块
BPIM	项目管理 / 成本项目：定义成本项目及核算方式 合同管理 / 合约规划 / 总承包清单：上传合同清单 合同管理 / 分供合同登记 /：登记支出合同，编制费用明细 合同管理 / 业主报量：在业主报量中采用模型参考报量 成本管理 / 清单挂接：关联清单与支出明细及其单价构成 成本管理 / 成本项目挂接：支出合同及明细与成本项目挂接 成本管理 / 成本核算：核算收入
G5D	清单关联：关联清单与模型 分包关联：关联支出合同费用明细与模型 任务模型：选择业主报量范围与清单 模型文件：上传模型文件 模型分区：分区划分
GProject	编制计划；将计划与模型关联

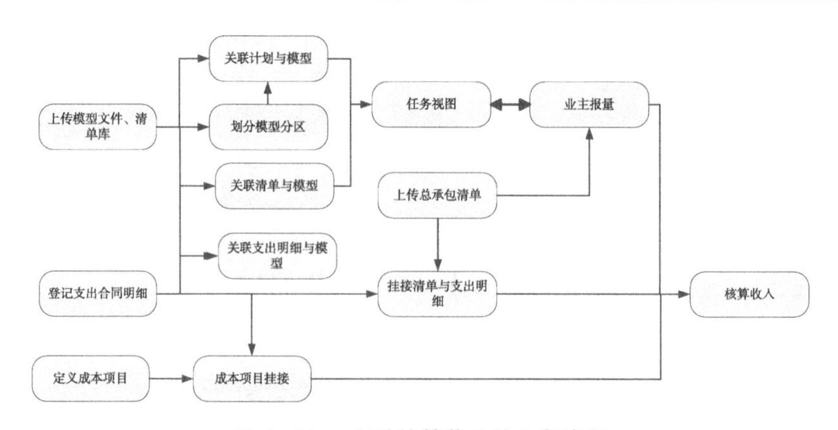

图 4-154　自动核算收入的业务流程

数据源说明：

黄色	承包合同利比清单库
绿色	模型获得数据
蓝色	支出合同登记
橙色	计算
紫色	合同/业主报量

利比清单数据

编码	名称	单位	工程量	人工	材料	损耗	材料（含抗	机械
A	正三层以门	KG	100	0.75	5.1	0.01	5.151	0.1
B	正三层以门	KG	200	0.75	5.2	0.01	5.252	0.2
C	正三层以门	KG	300	0.75	5.3	0.01	5.353	0.3

支出明细

编码	名称	单位
M	正三层以门	t
N	正三层以门	t

支出明细与承包合同利比清单关联关系

A(人工+机械）——M、A(人工+机械）——N、B(人工+机械）——M、B(人工+机械）——N、

利比清单与模型关联

支出明细与模型关联

单位转换系数：单位换算系数=劳务分包合同明细项单位/合同清单单位(参见合同清单挂接)

利比清单] 0.001

优惠下浮 0.8764

某期业主报量数据 支出口径模型范围统计工程量（反摊到构件上的审批值）

编码	名称	单位	本期模型报量	本期累计比例	上期累计比例	本期审批工程量	收入（人工机械合价）	
A	正三层以门	KG	4	10%	5%	5	4.25	
B	正三层以门	KG	16	20%	10%	20	19	
C	正三层以门	KG	25	30%	20%	30	31.5	

某期业主报量与该期支出明细挂接模型范围交集工程量

编码	名称	单位		
编码	名称	单位	模型工程量	审批量
A	正三层以门	KG	4	
M	正三层以门	KG	2	2.5
N	正三层以门	KG	2	2.5
B	正三层以门	KG	16	
M	正三层以门	KG	10	12.5
N	正三层以门	KG	6	7.5
C	正三层以门	KG	25	
M	正三层以门	KG	12	14.4
N	正三层以门	KG	13	15.6

某期支出明细收入数据

编码	名称	单位	收入工程量	收入合价1	收入单价	收入合价2
M	正三层以门	t	0.0294	29.12	868.053	25.5208
N	正三层以门	t	0.0256	25.63	877.427	22.4621

验证

清单口径人工机械核算收入*下浮系数

47.9829

核算后支出口径收入

47.9829

两者相等，核算正确

图 4-155 自动核算收入的算法

（2）自动核算预算成本。在基于 BIM 的成本管理系统中，自动核算预算成本的相关模块如表 4-2 所示，其业务流程如图 4-156 所示。

自动核算预算成本的相关模块　　表4-2

系统	相关模块
BPIM	项目管理 / 成本项目：定义成本项目及核算方式 合同管理 / 分供合同登记 /：登记支出合同，编制费用明细 成本管理 / 成本项目挂接：支出合同及明细与成本项目挂接 成本管理 / 成本核算：核算预算成本
G5D	分包关联：关联支出合同费用明细与模型 任务模型：选择预算成本模型范围 模型文件：上传模型文件 模型分区：分区划分
GProject	编制计划；将计划与模型关联

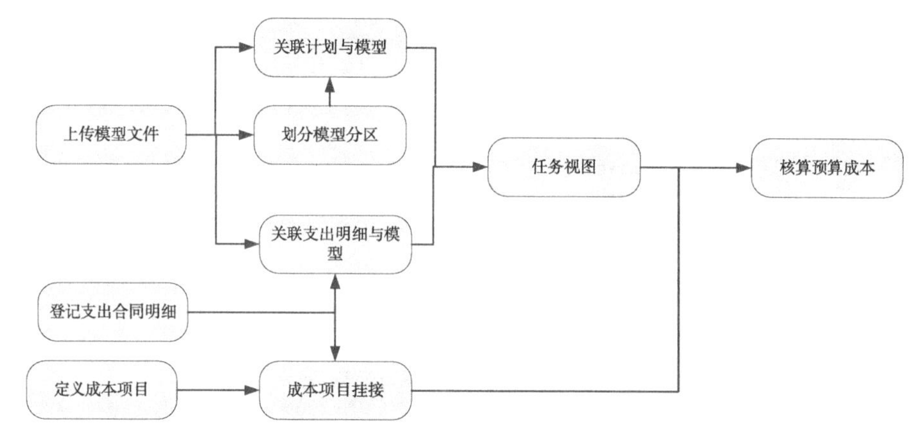

图 4–156　自动核算预算成本的业务流程

（3）自动核算实际成本。在基于 BIM 的成本管理系统中，自动核算实际成本的相关模块如表 4-3 所示，其业务流程如图 4-157 所示。

（4）自动核算示例—自动核算收入

①新增劳务分包合同，主表填写劳务分包信息，细表新增支出明细，保存。参见图 4-158。

自动核算实际成本的相关模块　　表4-3

系统	相关模块
BPIM	项目管理 / 成本项目：定义成本项目及核算方式 合同管理 / 分供合同登记：登记支出合同，编制费用明细 合同管理 / 支出合同报量与结算：报量与结算明细 成本管理 / 成本项目挂接：支出合同及明细与成本项目挂接 成本管理 / 材料消耗统计：物资实际消耗汇总，物资部提供 成本管理 / 其他费用汇总：其他费用实际成本汇总，财务部汇总 成本管理 / 成本核算：核算实际成本

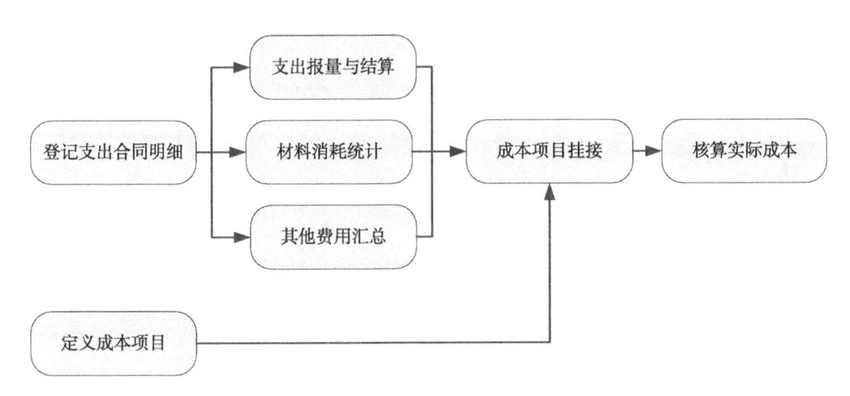

图 4-157　自动核算实际成本的业务流程

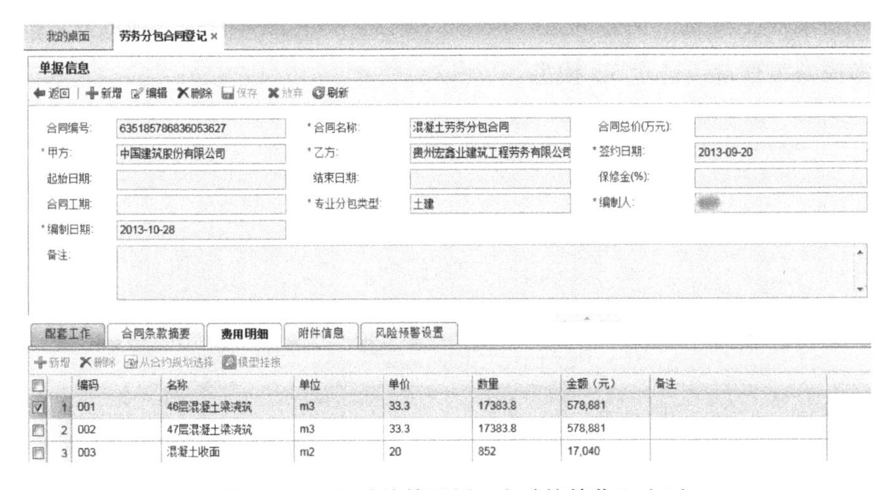

图 4-158　自动核算示例—自动核算收入（1）

②通过“编辑—模型挂接”操作，进入5D分包关联，参见图4-159。其中：46层混凝土浇筑——关联46层、核心筒水平四筒、核心筒水平五筒、构件—土建—

梁、工程量代码—体积；47层混凝土浇筑——关联47层、核心筒水平四筒、核心筒水平五筒、构件—土建—梁、工程量代码—体积；混凝土收面——关联46、47层、核心筒水平四筒、核心筒水平五筒、构件—土建—梁、工程量代码—模板面积；最后执行更新到平台操作。

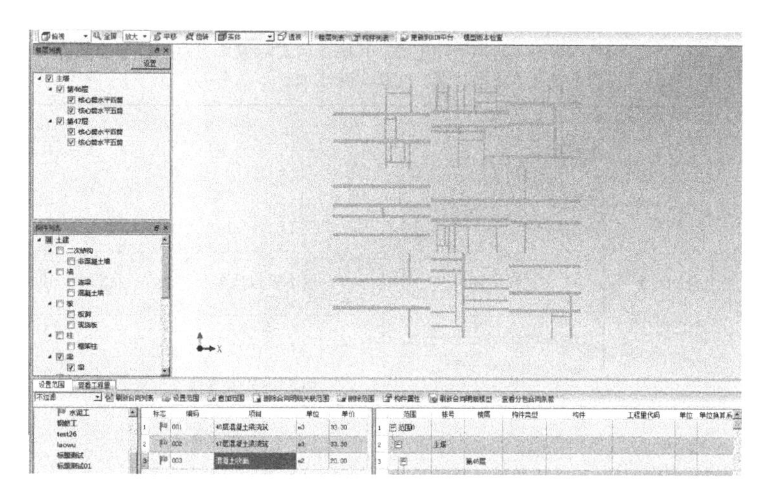

图4-159　自动核算示例—自动核算收入（2）

③新增业主报量，从合同选择清单，保存，参见图4-160；然后通过编辑按钮参考模型工程量，进入5D模型。

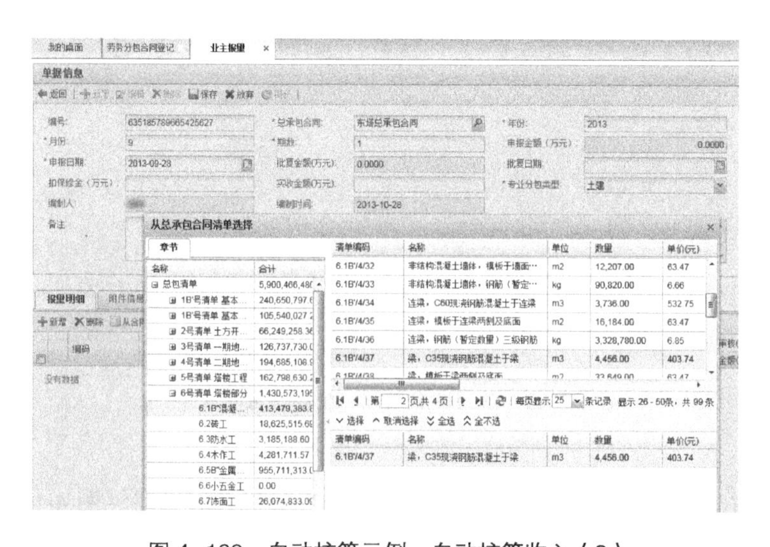

图4-160　自动核算示例—自动核算收入（3）

④清单关联模型。选择楼层并将构件与清单关联：工程量代码选择体积，点击做法刷，选择 46、47 层，参见图 4-161。

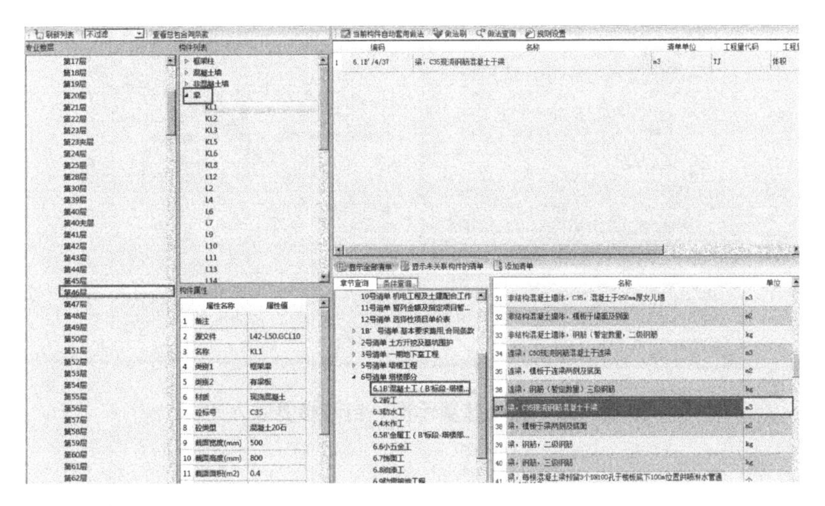

图 4-161　自动核算示例—自动核算收入（4）

⑤进入“任务模型”选择任务范围，选择核心筒水平楼板施工——46、47 层，参见图 4-162。

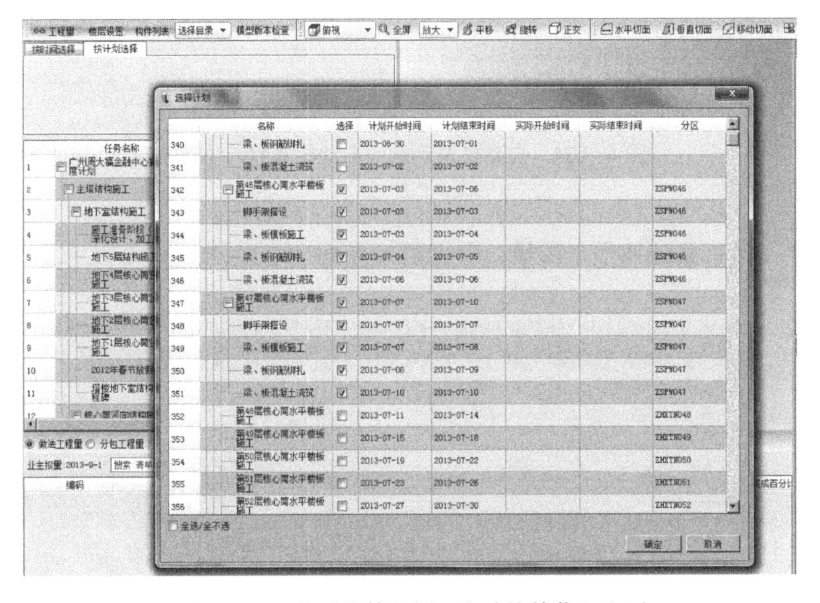

图 4-162　自动核算示例—自动核算收入（5）

⑥勾选清单，保存到服务器，提示保存成功，参见图 4-163。

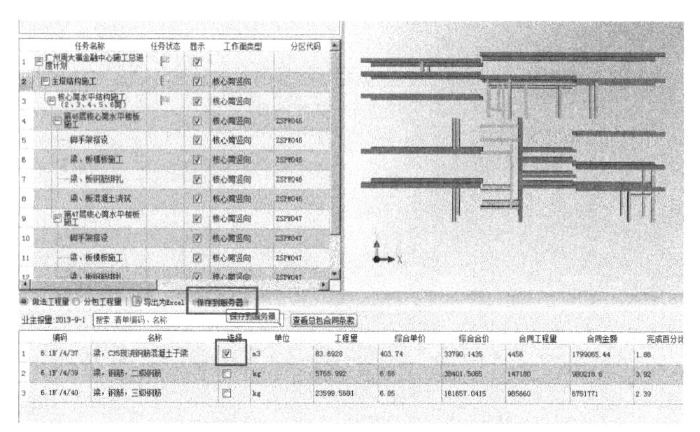

图 4-163　自动核算示例—自动核算收入（6）

⑦返回 BPIM 业主报量，5D 自动返回模型数据量，参见图 4-164。

图 4-164　自动核算示例—自动核算收入（7）

⑧手工填写累计业主审核量，参见图 4-165。

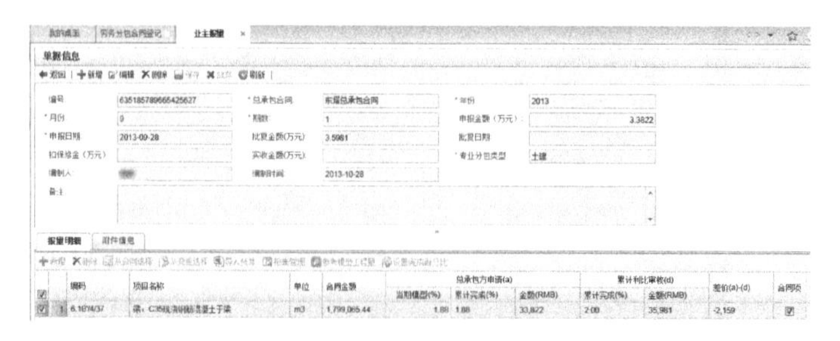

图 4-165　自动核算示例—自动核算收入（8）

⑨成本项目挂接。进入“成本管理”，选择“支出合同”挂接成本科目——人工费，参见图 4-166。

我的桌面　劳务分包合同登记　业主报量　支出合同(成本项目挂接) ×

搜索全部…　搜索　刷新　展开　折叠

编码	名称	成本项目名称
⊟ 劳务分包合同		
635177000509967629	劳务分包合同登记	
635177760704482182	人工费成本测试	
ZDHSJLWFBHT	劳务分包合同自动化初始化数据	
635180456883799861	1-4层C60混凝土墙	人工费
635180535553276731	5-10层C60混凝土墙	
635180564925586731	材料费	
635181361373471860	测试	
635182180296974526	劳务分包合同	
635182888720618575	反馈测试人工费1	
635182889291575665	反馈测试人工费2	
635183773574378177	水泥工	
635183885102301499	钢筋工	
635183991941864883	test26	
635184148645740667	laowu	
635184237226248783	标题测试	
635184237742761472	标题测试01	
635185727157396839	劳务	
635185786836053627	混凝土劳务分包合同	
⊟ 机械设备采购合同		
635177055612581437	机械设备采购合同登记	

人工费
材料费
大型机械费
专业分包工程
钢结构分包
现场管理薪酬成本
现场办公费及其他
临时设施费
临水临电设施及水电费
安全文明施工费
零星费用
规费
二三次经营（合同外）
未发生已批复的费用

图 4-166　自动核算示例—自动核算收入（9）

⑩清单挂接。进入“清单挂接”中的“劳务分包合同”，支出明细都对应清单，勾选合同中需核算的费用，填写换算系数，参见图 4-167。

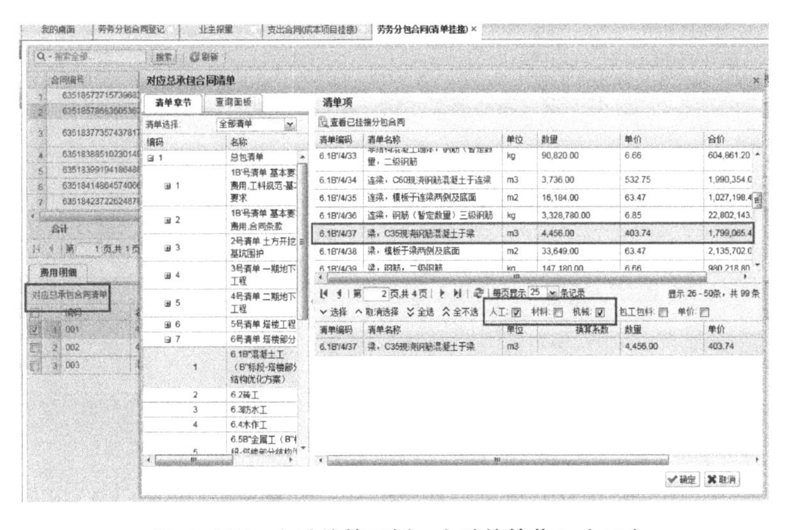

图 4-167　自动核算示例—自动核算收入（10）

⑪“成本核算”新增2013年9月成本核算期间，保存，参见图4-168。

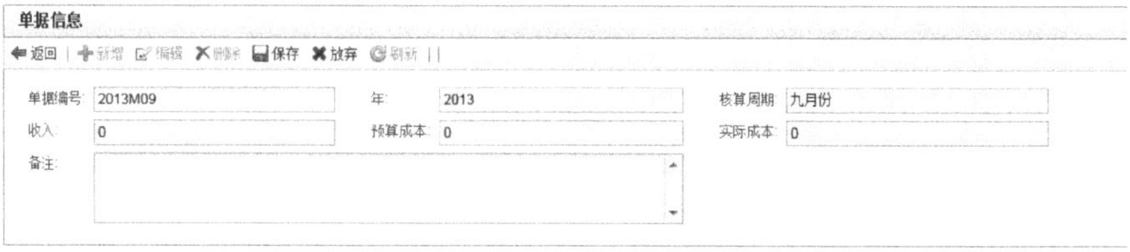

单据信息

返回 | 新增 编辑 删除 保存 放弃 刷新

单据编号	2013M09	年	2013	核算周期	九月份
收入	0	预算成本	0	实际成本	0
备注					

图 4-168　自动核算示例—自动核算收入（11）

⑫点击“核算收入”，参见图4-169。

我的桌面 | 劳务分包合同登记 | 业主报量 | 支出合同 | 劳务分包合同(清单挂接) | 成本核算 | 劳务分包报量

查询方案(0) | 搜索全部... | 搜索 | 新增 编辑 删除 查看 刷新

	编号	年	核算周期	编制人	编制时间	收入	预算成本	实际成本
1	2013M09	2013	九月份	××	2013-10-28	6,162.72	0.00	0.00
2	2014M12	2014	十二月份	××	2013-10-28	241,720.45	0.00	4,107,000.00
3	2013M12	2013	十二月份	××	2013-10-28	3,322.56	2,913.68	2,800.00
4	2013M03	2013	三月份	××	2013-10-26	1,918,082.87	0.00	0.00
5	2013M01	2013	一月份	××	2013-10-26	23,842.57	0.00	0.00
6	2014M03	2014	三月份	××	2013-10-26	-3,249.02	0.00	0.00

第 1 页,共1页 | 每页显示 25 条记录

成本汇总

保存 | 预算成本模型 | 核算收入 | 核算预算成本 | 核算实际成本 | 导出

	序号	成本项目	收入	预算成本	实际成本	盈亏	节超
1	1	人工费	5,935.39	0.00	0.00	5,935.39	0.00
2	2	材料费	0.00	0.00	0.00	0.00	0.00
3	3	大型机械费	0.00	0.00	0.00	0.00	0.00
4	4	专业分包工程	0.00	0.00	0.00	0.00	0.00
5	5	钢结构分包	0.00	0.00	0.00	0.00	0.00

图 4-169　自动核算示例—自动核算收入（12）

⑬单击人工费查看支出明细中的收入，参见图4-170。

人工费

新增标题 新增费用 删除 保存 上移 下移 刷新 查看收入核算数据 导入 导出

序号	项目名称	单位	收入			预算成本			实际成本	
			数量	单价	合价	数量	单价	合价	数量	单价
一	贵州宏鑫业建筑工程劳…				5,935.39			0.00		
1.2	47层混凝土梁浇筑	m3	44.56	33.30	1,483.85	0	0.00	0.00		
1.3	混凝土收面	m2	89.12	33.30	2,967.70	0	0.00	0.00		
1.4	46层混凝土梁浇筑	m3	44.56	33.30	1,483.85	0	0.00	0.00		
	合计				5,935.39			0.00		

图 4-170　自动核算示例—自动核算收入（13）

⑭查看收入核算数据(数据反查),参见图4-171。本期模型量=本期模型报量,参见图4-172;模型量=支出明细与清单范围交集量,此值由5D系统根据交集图元自动计算工程量;本期审核量=本期业主利比审核量,即总承包清单中工程量×(本期累计报量百分比—上期累计报量百分比),参见图4-173;审核量=模型量×本期审核量/本期模型量;数量=审核量×换算系数。

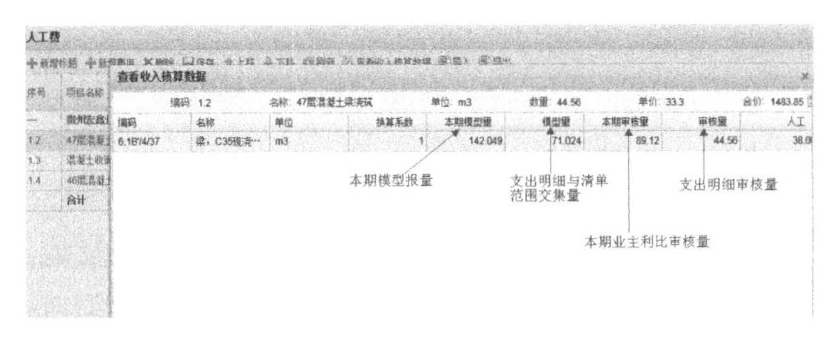

图4-171　自动核算示例—自动核算收入(14)

图4-172　自动核算示例—自动核算收入(15)

章节	合计
包清单	5,900,466,480.48
1B'号清单 基本要求费用,工料规范-基本要求	240,650,797.64
1B'号清单 基本要求费用,合同条款	105,540,027.27
2号清单 土方开挖及基坑围护	66,249,258.36
3号清单 一期地下室工程	126,737,730.03
4号清单 二期地下室工程	194,685,108.99
5号清单 塔楼工程	162,798,630.27
6号清单 塔楼部分	1,430,573,195.91
6.1B"混凝土工(B"标段 塔楼部分结构优化方案)	413,479,383.87
6.2砖工	18,625,515.69
6.3防水工	3,185,188.60
6.4木作工	4,281,711.57
6.5B"金属工(B"标段-塔楼部分结构优化方案)	955,711,313.05

	清单编码	名称	单位	数量	单价(元)
4	6.1B'/4/29	非结构混凝土墙体，C35，混凝土于150mm厚墙	m3	578.00	403.74
5	6.1B'/4/30	非结构混凝土墙体，C35，混凝土于200mm厚墙	m3	374.00	403.74
6	6.1B'/4/31	非结构混凝土墙体，C35，混凝土于250mm厚女儿墙	m3	57.00	403.74
7	6.1B'/4/32	非结构混凝土墙体，模板于墙面及侧面	m2	12,207.00	63.47
8	6.1B'/4/33	非结构混凝土墙体，钢筋(暂定数量，二级钢筋	kg	90,820.00	6.66
9	6.1B'/4/34	连梁，C60现浇钢筋混凝土于连梁	m3	3,736.00	532.75
10	6.1B'/4/35	连梁，模板于连梁两侧及底面	m2	16,184.00	63.47
11	6.1B'/4/36	连梁，钢筋(暂定数量)三级钢筋	kg	3,328,780.00	6.85
12	6.1B'/4/37	梁，C35现浇钢筋混凝土于梁	m3	4,456.00	403.74
13	6.1B'/4/38	梁，模板于梁两侧及底面	m2	33,649.00	63.47
14	6.1B'/4/39	梁，钢筋，二级钢筋	kg	147,180.00	6.66
15	6.1B'/4/40	梁，钢筋，三级钢筋	kg	985,660.00	6.85
16	6.1B'/5/41	梁，每根混凝土梁预留3个DN100孔于楼板底下100m位置供喷淋水管通过,DN100孔	个	14,448.00	55.53

图4-173　自动核算示例—自动核算收入(16)

4.5.3 成本分析

成本分析是利用成本核算及其他有关资料，分析成本水平与构成的变动情况，研究影响成本升降的各种因素及其变动原因，寻找降低成本途径的分析方法。成本分析是成本管理的重要组成部分，其作用是正确评价企业成本计划的执行结果，揭示成本升降变动的原因，为编制成本计划和制定经营决策提供重要依据。

4.5.3.1 成本分析的原理

成本分析是根据成本资料对成本指标所进行的分析，包括成本的事前、事中和事后三个方面的分析。事前分析是指在成本没有形成之前所进行的成本预测。进行事前分析，可使企业的成本控制有可靠的目标；事中分析是指对正在执行的成本计划的结果所进行的分析，主要是为了进行成本控制，防止实际成本超过目标成本的范围；事后控制是指对成本实际执行的结果所作的分析，主要是对成本执行的结果进行评价，分析产生问题的原因，总结成本降低的经验，以利于下一期的成本控制活动的开展。成本分析中的数据关系及流图，如图4-174所示。

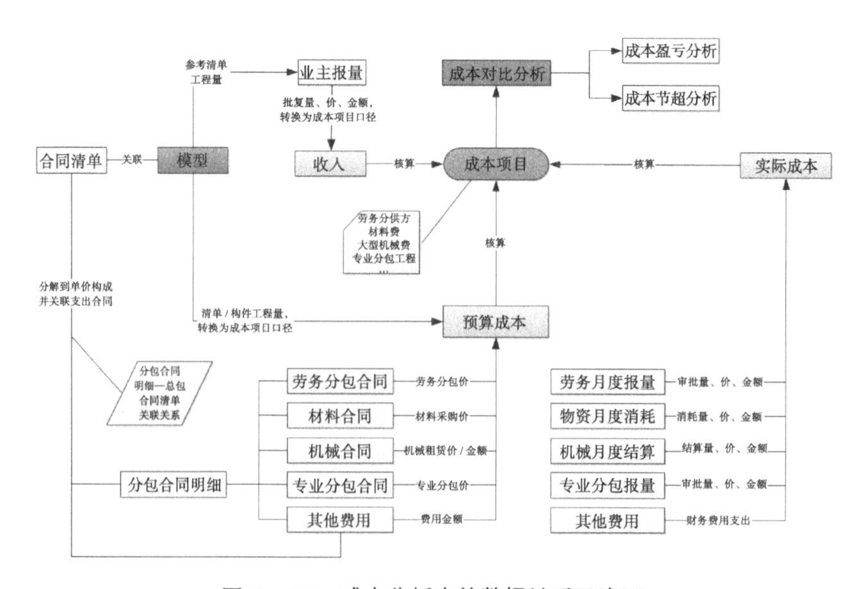

图4-174 成本分析中的数据关系及流图

基于BIM的成本管理系统采用对比分析法进行成本分析。所谓对比分析法是根据实际成本指标与不同时期的指标进行对比，来揭示差异，分析差异产生原因的一种方法。在对比分析中，可采取实际指标与计划指标对比、本期实际指标与上期（或上年同期，历史最好水平）实际指标对比、本期实际指标与国内外同类型企业的先进指标对比等形式。通过对比分析，可一般地了解成本的升降情况及其发展趋势，查明原因，找出差距，提出进一步改进的措施。在采用对比分析时，应注意本期实际指标与对比指标的可比性，以使比较的结果更能说明问题，揭示的差异才能符合实际。若不可比，则可能导致分析的结果不准确，甚至可能得出与实际情况完全不同的相反的结论。在采用对比分析法时，可采取绝对数对比、增减差额对比或相对数对比等多种形式。

采用对比分析法，基于成本核算数据进行成本分析包括以下内容：成本趋势分析、成本三算对比分析。

4.5.3.2　成本趋势分析

通过成本三算总额基于时间（期）的趋势曲线图、成本核算详细信息显示和过滤条件设置进行成本趋势分析。

（1）成本三算总额基于时间（期）的趋势曲线图。如图4-175所示，纵坐标为金额，横坐标为成本核算期间，三条曲线自上而下分别对应收入、实际成本、预算成本。

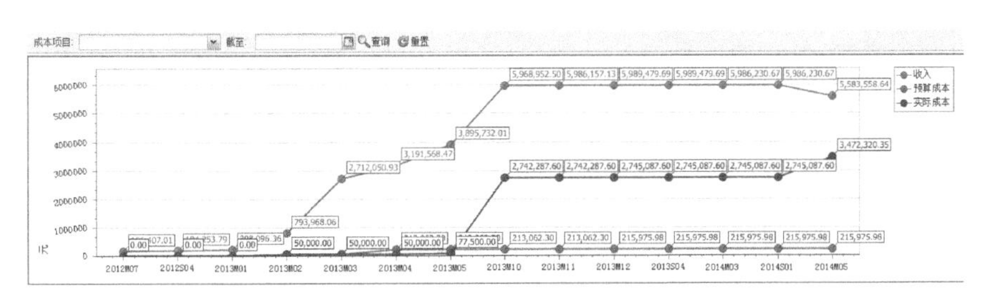

图4-175　成本三算总额基于时间（期）的趋势曲线图

（2）成本核算详细信息。如图4-176所示：①核算期间：成本核算期“编号”，点击表格“核算期间”的某期，显示该期当期成本核算表明细数据（进入成本核算该期）；②收入：统计截止查询期成本核算周期的收入累计值；③预算成本：统计截止查询期预算成本累计值；④实际成本：统计截止查询期成本核算周期的实际成本累计值；⑤盈亏额：收入—实际；⑥盈亏率：（收入—实际）/ 收入；⑦节超额：预算—实际；⑧节超率：（预算—实际）/ 预算；⑨导出：导出成本趋势分析明细 Excel。

导出

核算期间	收入	预算成本	实际成本	盈亏额	盈亏率	节超额	节超率
2013M02	793,968.06	66,337.32	50,000.00	743,968.06	93.70%	16,337.32	24.63%
2013M03	2,712,050.93	66,337.32	50,000.00	2,662,050.93	98.16%	16,337.32	24.63%
2013M04	3,191,568.47	213,062.30	50,000.00	3,141,568.47	98.43%	163,062.30	76.53%
2013M05	3,895,732.01	213,062.30	77,500.00	3,818,232.01	98.01%	135,562.30	63.63%
2013M10	5,968,952.50	213,062.30	2,742,287.60	3,226,664.90	54.06%	-2,529,225.30	-1,187.08%
2013M11	5,986,157.13	213,062.30	2,742,287.60	3,243,869.53	54.19%	-2,529,225.30	-1,187.08%
2013M12	5,989,479.69	215,975.98	2,745,087.60	3,244,392.09	54.17%	-2,529,111.62	-1,171.02%

图 4–176　成本核算详细信息

（3）过滤条件设置。确定要分析的成本项目内容和分析时间区间。查询条件选取成本项目中的总成本或其他成本项目，可以查看相应成本项目的收入、实际成本、预算成本的变化趋势。例如，选择成本项目为人工费，则可得到人工费收入、实际成本、预算成本的趋势曲线图，参见图 4-177；查询条件选取截止时间（月），则可查询成本核算期从开工至查询截止时间的累计数据。例如，选择截止时间为 2013 年 10 月，则可得到从项目开工到 2013 年 10 月的收入、实际成本、预算成本的趋势曲线图，参见图 4-178。

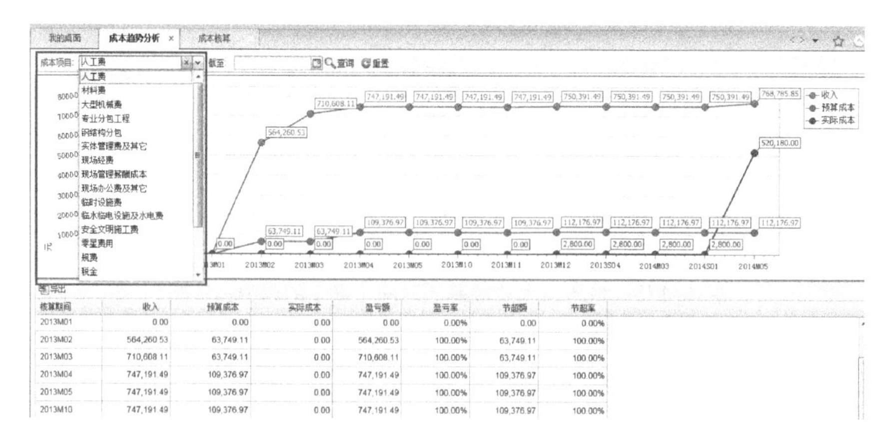

核算期间	收入	预算成本	实际成本	盈亏额	盈亏率	节超额	节超率
2013M01	0.00	0.00	0.00	0.00	0.00%	0.00	0.00%
2013M02	564,260.53	63,749.11	0.00	564,260.53	100.00%	63,749.11	100.00%
2013M03	710,608.11	63,749.11	0.00	710,608.11	100.00%	63,749.11	100.00%
2013M04	747,191.49	109,376.97	0.00	747,191.49	100.00%	109,376.97	100.00%
2013M05	747,191.49	109,376.97	0.00	747,191.49	100.00%	109,376.97	100.00%
2013M10	747,191.49	109,376.97	0.00	747,191.49	100.00%	109,376.97	100.00%

图 4–177　人工费收入、实际成本、预算成本的趋势曲线图

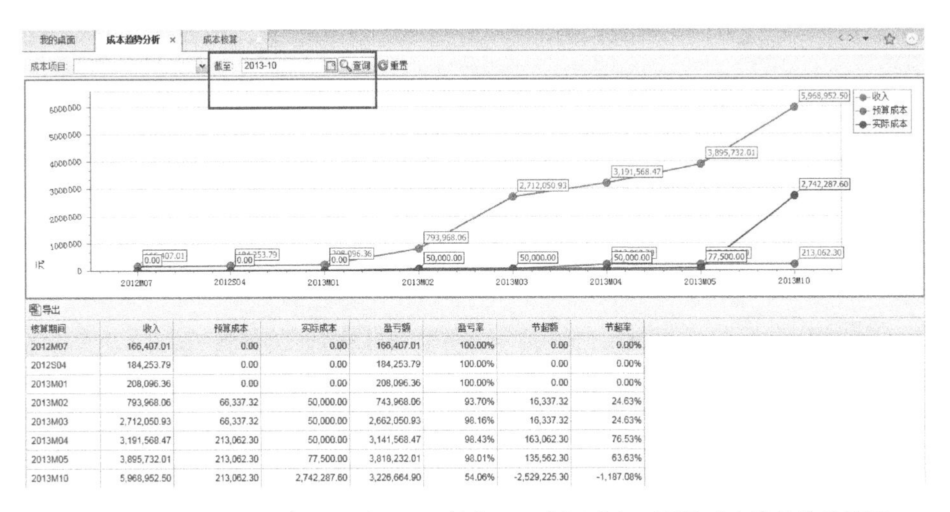

核算期间	收入	预算成本	实际成本	盈亏额	盈亏率	节超额	节超率
2012M07	166,407.01	0.00	0.00	166,407.01	100.00%	0.00	0.00%
2012S04	184,253.79	0.00	0.00	184,253.79	100.00%	0.00	0.00%
2013M01	208,096.36	0.00	0.00	208,096.36	100.00%	0.00	0.00%
2013M02	793,968.06	66,337.32	50,000.00	743,968.06	93.70%	16,337.32	24.63%
2013M03	2,712,050.93	66,337.32	50,000.00	2,662,050.93	98.16%	16,337.32	24.63%
2013M04	3,191,568.47	213,062.30	50,000.00	3,141,568.47	98.43%	163,062.30	76.53%
2013M05	3,895,732.01	213,062.30	77,500.00	3,818,232.01	98.01%	135,562.30	63.63%
2013M10	5,968,952.50	213,062.30	2,742,287.60	3,226,664.90	54.06%	-2,529,225.30	-1,187.08%

图 4-178 项目开工到 2013 年 10 月的收入、实际成本、预算成本的趋势曲线图

4.5.3.3 成本三算对比分析

通过成本项目累计数据三算对比分析柱状图、详细信息显示和成本对比分析查询进行成本三算对比分析。

（1）各个成本项目的累计数据三算对比分析柱状图。如图 4-179 所示：纵坐标为金额，横坐标为成本项目，针对收入、预算成本、实际成本进行对比。

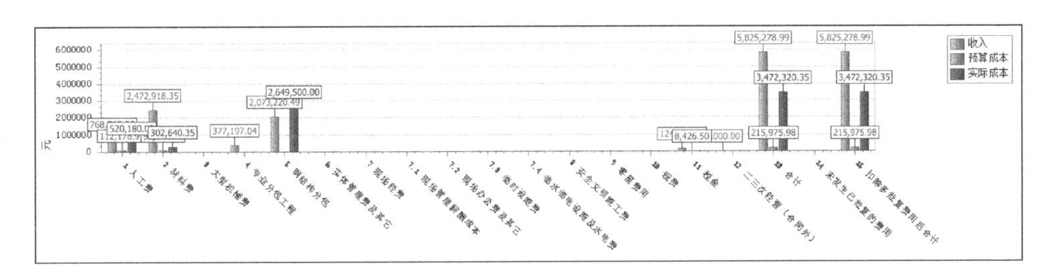

图 4-179 各个成本项目的累计数据三算对比分析的柱状图

（2）详细信息显示各个成本项目的明细汇总数据。与成本趋势分析相同。

（3）成本对比分析查询。可以按成本项目查询（图 4-180）、选定成本项目按部位浏览材料明细（图 4-181）、选定成本项目按材料浏览部位明细（图 4-182）。

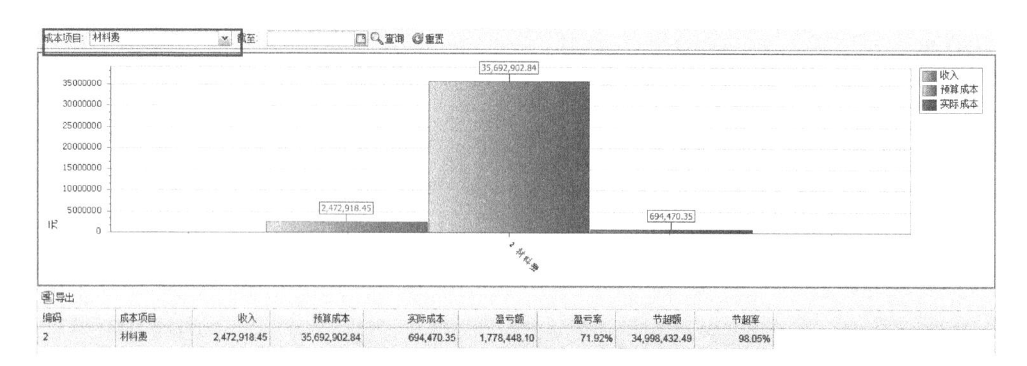

编码	成本项目	收入	预算成本	实际成本	盈亏额	盈亏率	节超额	节超率
2	材料费	2,472,918.45	35,692,902.84	694,470.35	1,778,448.10	71.92%	34,998,432.49	98.05%

图 4-180　按材料费对比查询

我的桌面 | 成本趋势分析 | 成本核算 | 成本对比分析 | 成本分析-材料费 | 成本分析-部位材料量 × | 成本分析-部位材料量

刷新 | 按材料统计

编码	部位名称
02	主塔43
001	主塔043水平…
002	主塔043水平…
03	裙楼A
020	测试
04	裙楼B
05	裙楼C

编码	材料名称	单位	收入	预算成本	实际成本	盈亏	节超
0103002	二级钢	吨					
02002	混凝土 C60	m^3					
02003	混凝土 C80	m^3					
0103001	一级钢	吨	0.00	0.00	0.00	0.00	0.00
001	混凝土	立方米					
001	C60混凝土	立方米	1,765.99	7,570.98	20.00	1,745.99	7,550.98
63518316992...	test材料费1	吨	16.64	16.64	16.64	0.00	0.00
63518316997...	test材料费2	吨	16.64	16.64	16.64	0.00	0.00
63518317004...	test材料费3	吨	0.00	0.00	0.00	0.00	0.00

图 4-181　选定成本项目按部位浏览材料明细

我的桌面 | 成本趋势分析 | 成本核算 | 成本对比分析 | 成本分析-材料费 | 成本分析-部位材料量 | 成本分析-部位材料量 ×

刷新 | 按部位统计

编码	材料名称	单位
0103002	二级钢	吨
02002	混凝土 C60	m^3
02003	混凝土 C80	m^3
0103001	一级钢	吨
001	混凝土	立方米
001	C60混凝土	立方米
63518316992...	test材料费1	吨
63518316997...	test材料费2	吨
63518317004...	test材料费3	吨

编码	部位名称	收入	预算成本	实际成本	盈亏	节超
02	主塔43	7.67	0.00	0.00	7.67	0.00
001	主塔043水平四筒	7.67			7.67	0.00
002	主塔043水平五筒				0.00	0.00
03	裙楼A	0.00	0.00	0.00	0.00	0.00
020	测试				0.00	0.00
04	裙楼B	0.00	0.00	0.00	0.00	0.00
01	01				0.00	0.00
05	裙楼C				0.00	0.00

图 4-182　选定成本项目按材料浏览部位明细

4.5.4　成本总结

成本总结的目的，在于贯彻落实责权利相结合的原则，促进成本管理工作的健康发展，更好地实现项目的成本目标。理论上讲，在制订成本计划时就为工程项目的所有参与人员（项目经理、各施工队以及各个班组）制订了具体的成本管理目标，对其进行定期或不定期的考核及督促是调动其成本管理积极性的有效手段。

在基于BIM的成本管理系统中，根据成本核算和分析结果，可以自动生成总结报告，也可对总结报告进行编辑调整。

（1）新增成本总结。点击“成本总结”，输入相应成本总结的“年、核算周期”，保存。保存后，编码自动生成，编码为不可修改。当为季度核算时，编码生成方式为“年+S+核算周期”，如2014年+S+一季度，即2014S01；当按月核算时，编码生成方式为“年+M+月”，如2014年+M+一月份，即2014M01。参见图4-183。

（2）系统生成该期总结报告后，会将“成本核算”中对应的该期的累计数据自动插入报告中。双击该条报告或者点击“打开”按钮，可直接预览生成的总结报告。或点击另存，保存后，也可以打开。

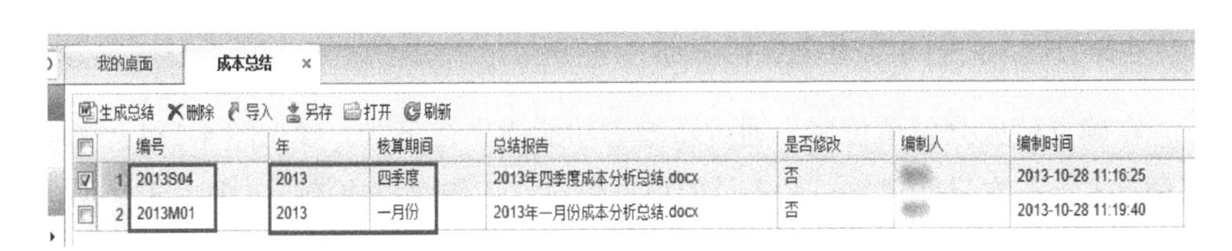

图4–183　成本总结界面

（3）需要修改成本总结报告时，可以在打开的报告中直接编辑，保存后，点击“导入”，直接替换成最新的总结报告。

（4）生成的总结报告也可删除。

4.6　劳务管理

广州东塔项目中，劳务管理面临诸多难题：

（1）分包及劳务队众多，分包共84个，其中专业分包29个、劳务分包22个、机械设备分包9个、其他分包24个。

（2）劳务人员数量庞大、工作面分散。专业分包劳务人员1020人，其中中建四局安装300人、中建钢构350人、江河幕墙120人、弱电100人、消防80人、强电50人、幕墙灯光20人；劳务分包劳务人员890人，其中主塔楼570人、裙楼 320 人。

（3）劳务人员奖惩等要报送劳务公司，增加中间环节。

为了妥善地解决上述问题，并且为了对广州东塔项目的劳务人员进行更有效的管理，广州东塔项目开发应用了基于 BIM 的劳务管理子系统。该子系统包括七个模块：劳务人员名册管理、劳务队伍进退场记录、劳务人员在场统计、劳务人员考勤记录、劳务人员考勤统计、劳务人员工资记录、劳务人员工资统计。

4.6.1 劳务人员名册管理

基于 BIM 的劳务管理子系统支持零星或批量的方式建立花名册，该花名册为劳务分包进场及考勤提供基础的通用数据。

4.6.1.1 零星的方式建立花名册

在确立劳务分包单位后，通过新增等功能建立花名册，参见图 4-184。采用该种方式，一次只能建立一名人员的单据信息，工作效率比较低，但由于个别特殊情况需要对少数人员建立花名册时，使用起来则相对比较方便。

图 4-184 零星的方式建立花名册

4.6.1.2 批量的方式建立花名册

在确立劳务分包单位后，通过“导入”等功能建立花名册，参见图 4-185。批量的方式一次可以建立很多人员的花名册，相对比较方便，但是，批量的方式建立花名册有其使用前提，即必须有已编制好的 Excel 文件或 Sheet 页。“导入”向导中的导入信息分为两种形式：待导入 Excel 文件、待导入的 Sheet 页；此外，还包括重复数据处理方式、出现错误的数据处理方式等功能。

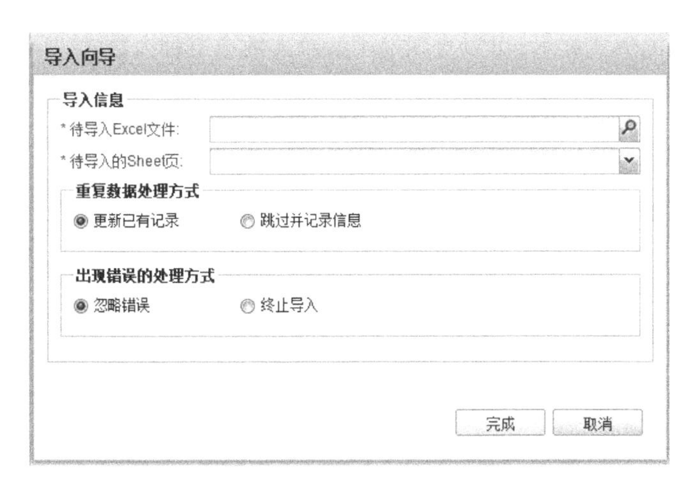

图 4–185　批量的方式建立花名册

4.6.2　劳务队伍进退场记录与在场统计

4.6.2.1　劳务队伍进退场记录

劳务队伍进退场记录用以记录各劳务队历次进场及退场时间、人数及人员详细信息。相应的处理界面如图 4-186 所示。

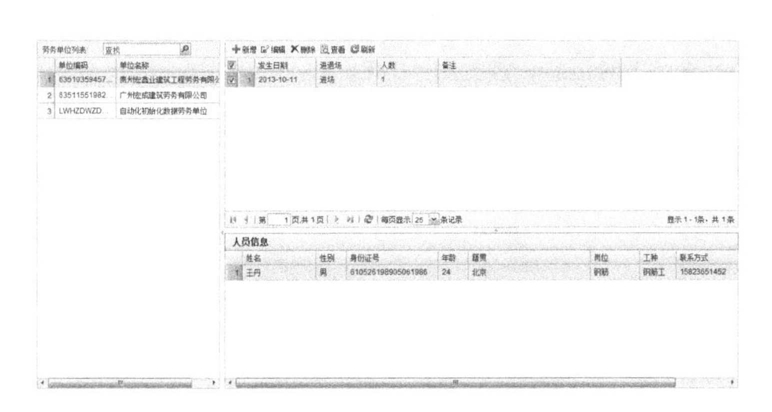

图 4–186　劳务队进退场记录界面

4.6.2.2　劳务人员在场统计

劳务人员在场统计用以查询分析各劳务队人员在一定期间内的人数，以及分工种情况。如图 4-187 所示：劳务人员在场统计不仅以表格的形式给出，而且还以二维折线图的形式展示，可以直观地了解总人数或工种人数随时间的变化情况，以及同一时间总人数与工种人数的区别。

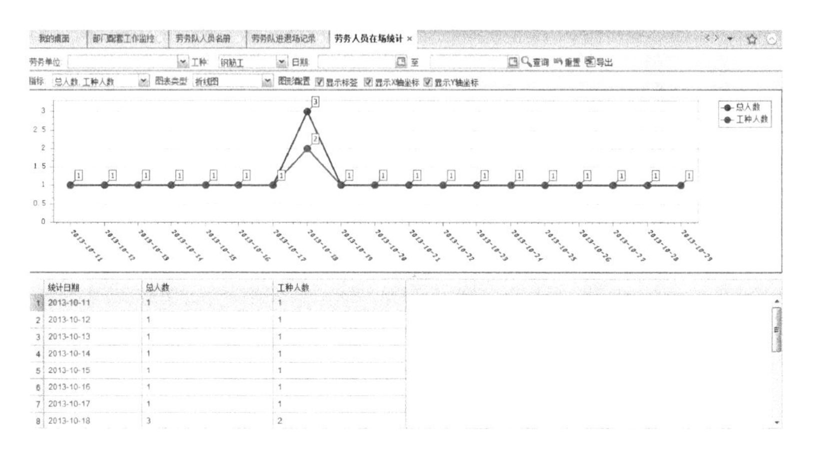

图 4-187　劳务人员在场统计

4.6.3　劳务人员考勤记录与统计

4.6.3.1　劳务人员考勤记录

劳务人员考勤记录提供了考勤数据的存储管理，借此可以实现查询各劳务队人员的出勤及累计工时汇总，参见图 4-188。

	劳务单位	姓名	身份证号	日期	上班时间	下班时间	备注
1	自动化初始化数据劳务...	考勤验证人员信息...	110228198804251896	2013-10-22	08:30:00	17:30:00	
2	自动化初始化数据劳务...	考勤验证人员信息...	110228198804251896	2013-10-22	08:30:00	17:30:00	
3	贵州宏鑫业建筑工程劳...	王丹	610526198905061985	2013-10-18	08:30:00	17:30:00	
4	贵州宏鑫业建筑工程劳...	王丹	610526198905061986	2013-10-18	08:30:00	17:30:00	
5	广州宏成建筑劳务有限...	吴露	640251198905061874	2013-10-18	08:30:00	17:30:00	
6	广州宏成建筑劳务有限...	吴露	640251198905061874	2013-10-17	08:30:00	17:30:00	
7	广州宏成建筑劳务有限...	吴露	640251198905061874	2013-10-15	08:59:00	17:30:00	
8	广州宏成建筑劳务有限...	张建	610526198905061987	2013-10-03	08:30:00	17:30:00	
9	广州宏成建筑劳务有限...	张建	610526198905061987	2013-08-15	08:30:00	17:30:00	

图 4-188　劳务人员考勤记录

4.6.3.2　劳务人员考勤统计

劳务人员考勤统计可以用来查询各劳务队人员的出勤及累计工时汇总。如图 4-189 所示：劳务人员考勤统计不仅以表格的形式给出，而且还以二维柱形图的形式展示，不论是从纵向（时间）对比还是从横向（出勤人次与累计工时）分析，都显得形象直观、一目了然。

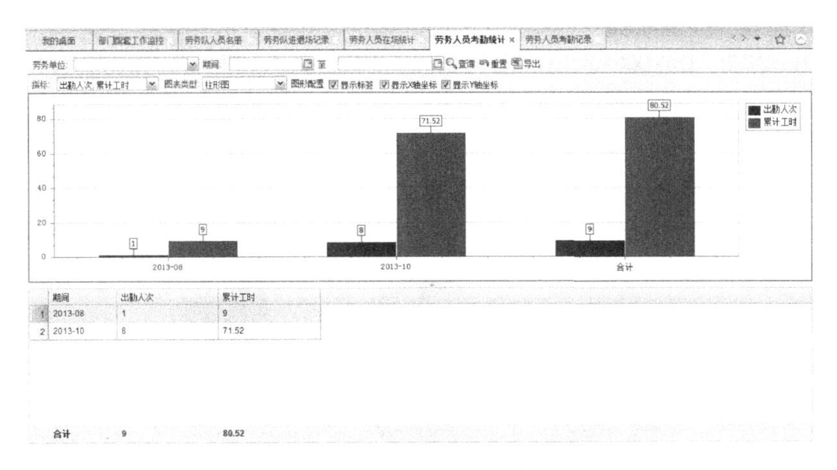

	期间	出勤人次	累计工时
1	2013-08	1	9
2	2013-10	8	71.52
	合计	9	80.52

图 4–189　劳务考勤统计分析

4.6.4　劳务人员工资记录与统计

4.6.4.1　劳务人员工资记录

劳务人员工资记录用以录入或导入各劳务队人员月度工资明细。如图 4-190 所示：员工的编号具有唯一性，勾选某一编号栏，则会显示该编号对应员工的工资明细窗口，在此窗口下可以录入该员工月度工资明细。

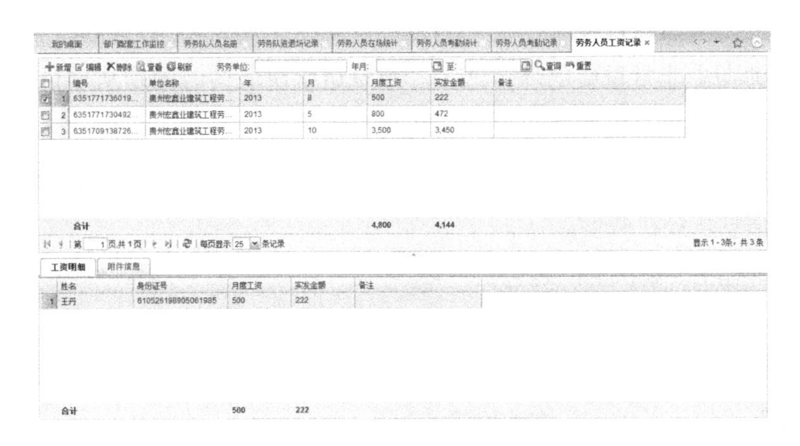

	编号	单位名称	年	月	月度工资	实发金额	备注
1	6351771736019...	贵州宏鑫业建筑工程劳...	2013	8	500	222	
2	6351771730492...	贵州宏鑫业建筑工程劳...	2013	5	800	472	
3	6351709138726...	贵州宏鑫业建筑工程劳...	2013	10	3,500	3,450	
	合计				4,800	4,144	

	姓名	身份证号	月度工资	实发金额	备注
1	王丹	610526198905061985	500	222	
	合计		500	222	

图 4–190　劳务人员工资记录

4.6.4.2 劳务人员工资统计

劳务人员工资统计用以查询各劳务队人员工资统计数据。如图 4-191 所示：劳务人员工资统计不仅以表格的形式给出，而且还以二维柱形图的形式展示，不论是从不同时间的计划发放工资（或实际发放工资）对比还是从同一时间的计划与实际发放工资对比，都显得形象直观、一目了然。

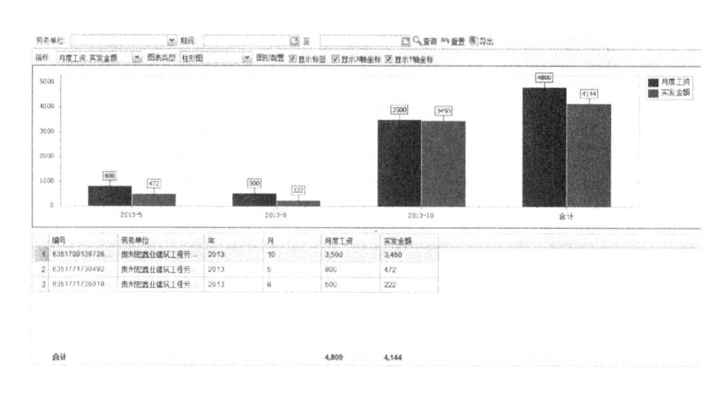

图 4-191 劳务人员工资统计

4.7 运维管理

现代运维管理是将地点、人员、流程、建筑设施、资产等因素整合起来，从而得到更高附加值的一个管理过程。所有的建设项目，最后都要进入运维管理阶段，在进行大量的建设投资之后，业主的目标和期望就是在运维管理阶段实现，物业的增值建设项目的设计和施工都是为了运营使用，因此，运维管理是建筑生命期中非常重要的环节之一。建筑运维阶段的时间是从项目竣工验收交付使用开始到建筑物最终报废。传统建设项目运维阶段一般由原建设单位将项目移交给新的物业公司，所以建筑运营管理的信息保存度低，信息链出现断裂，运维管理信息化势在必行。

运维管理主要解决的问题包括：

（1）如何把业主的信息存入模型，又如何方便地进行查询。

（2）如何确定建筑设备、管线的影响区域。例如：管道检修影响的区域有哪些，末端漏水应该关的阀门在哪里等。

针对上述问题，广州东塔项目基于 BIM 的运维管理子系统主要包括两大功能：运维信息操作和运维影响分析操作。

4.7.1　运维信息操作

基于BIM的运维管理子系统通过运维信息操作，将构件、隐蔽工程、机电管线、阀组等的定位、尺寸、安装时间、厂商等基础数据和信息存入BIM模型，从而实现对广州东塔项目的运维管理。运维信息操作流程如图4-192所示。

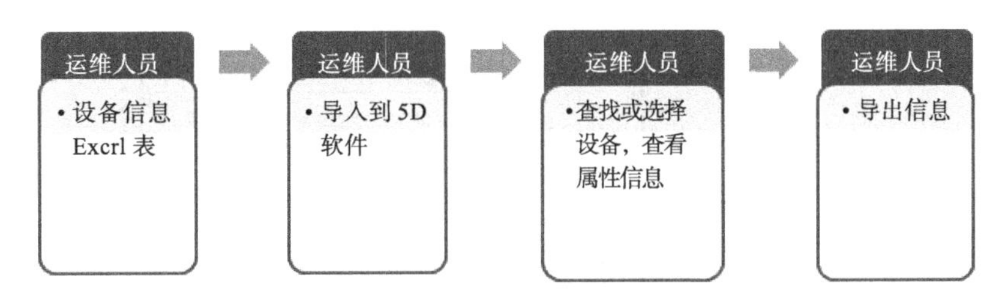

图4–192　运维信息操作流程

4.7.1.1　导入运维信息

（1）单击“导入运维信息”命令，在弹出的运维信息窗口中，系统自动把模型里有设备编号的图元列出，参见图4-193。

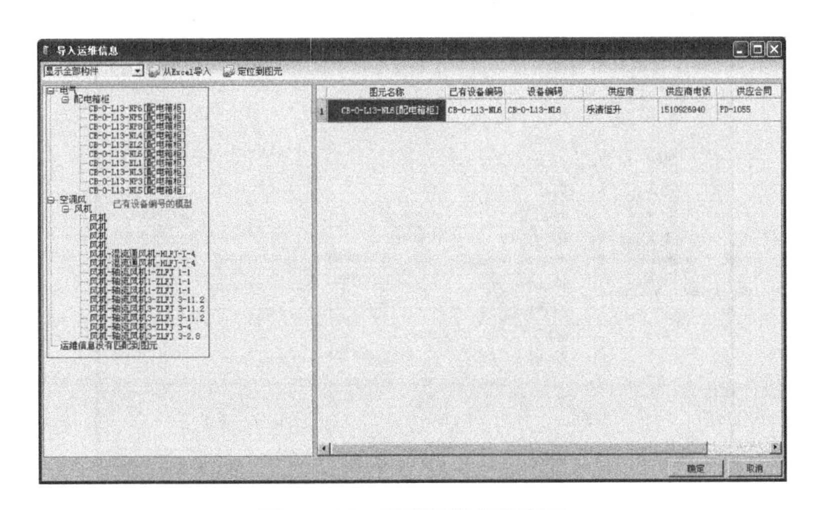

图4–193　导出运维信息窗口

（2）单击“从 Excel 导入”按钮，选择有运维信息的 Excel 导入，参见图 4-194。需要注意的是，欲导入的 Excel 文件名应与软件内一致。

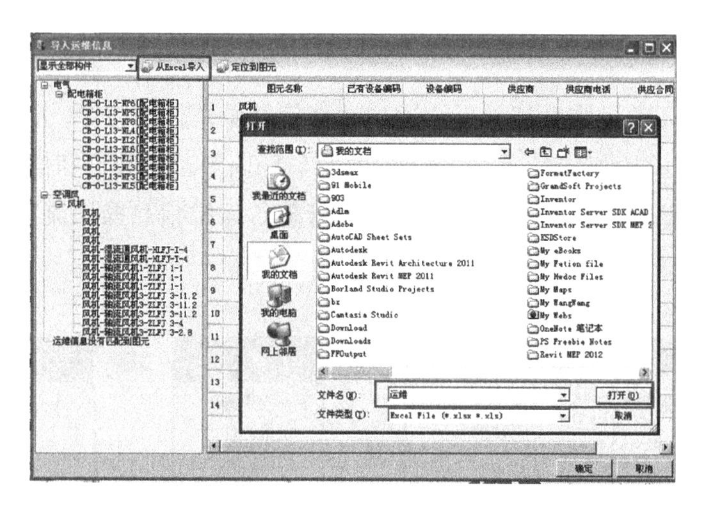

图 4–194 从 Excel 文件导入运维信息

（3）单击显示列表下拉菜单，可以选择显示图元列表的范围，参见图 4-195。

（4）在构件处单击，图元为选中状态后，单击“定位到图元”按钮，软件可以直接查到本条记录的模型，参见图 4-196。

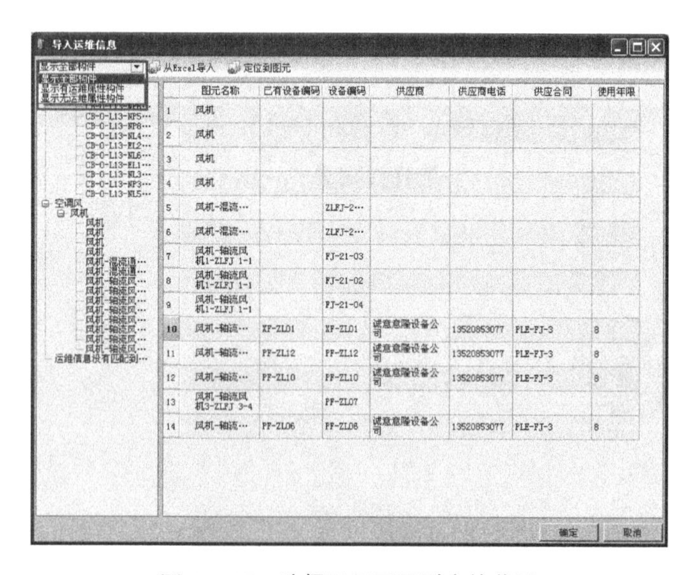

图 4–195 选择显示图元列表的范围

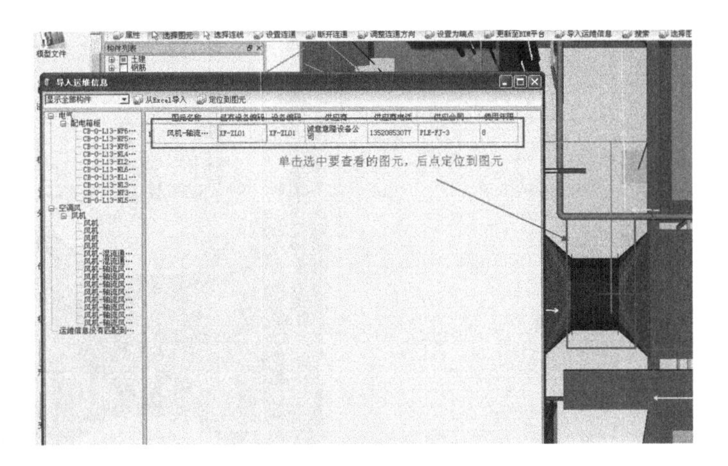

图 4-196　定位到图元界面

4.7.1.2　搜索功能

在运维模块下运行搜索功能，在属性值内填写相关信息，可自动搜索出有相应属性的图元，双击可定位到该图元，参见图 4-197。

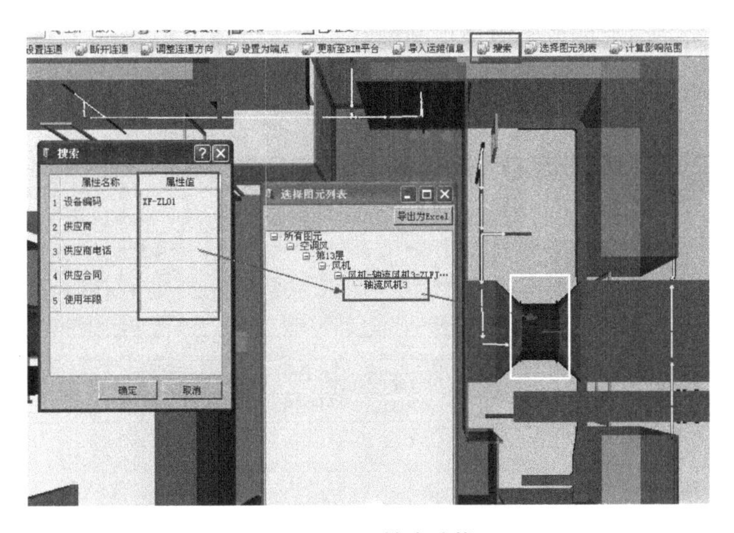

图 4-197　搜索功能

4.7.1.3　图元运维属性

在模型上选择图元后，单击“属性”命令，弹出构件属性窗口，切换页签到运维信息，可看到模型运维的属性信息，参见图 4-198。

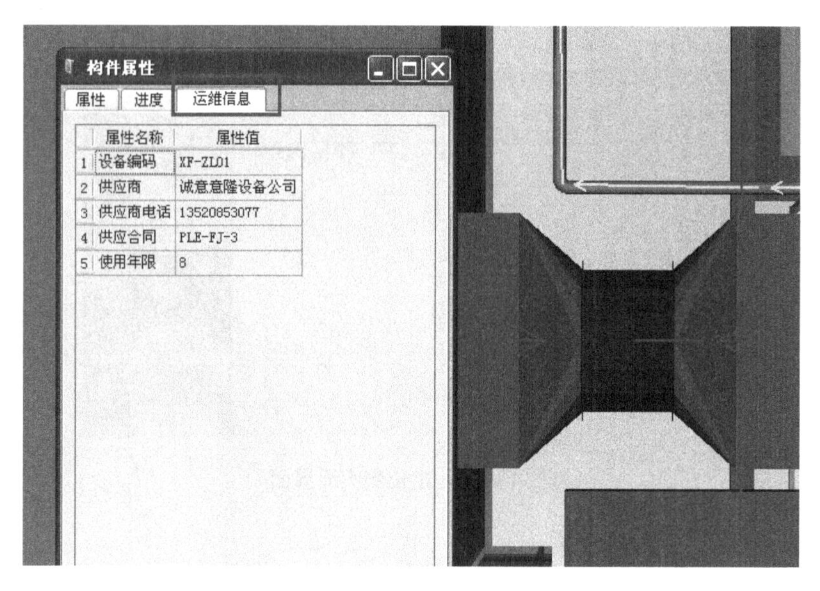

图 4-198　模型运维的属性信息

4.7.1.4　导出为 Excel

在选择图元列表处单击要导出的部分，点击“导出为 Excel”按钮，可以把信息导成 Excel 格式文件，参见图 4-199。

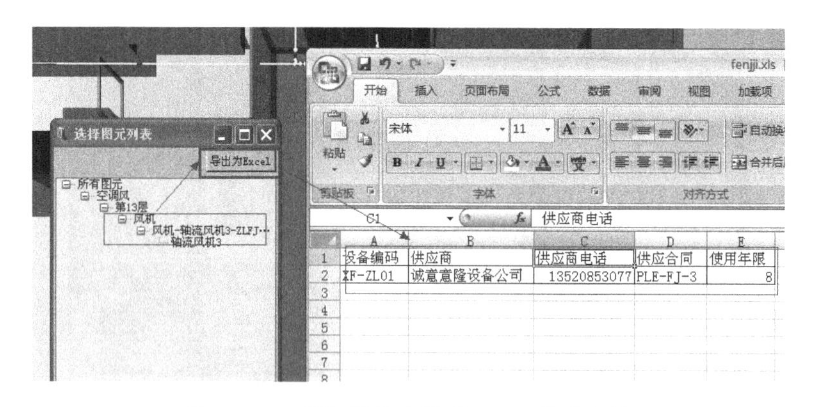

图 4-199　把运维信息导成 Excel 格式文件

4.7.2　运维影响分析操作

运维影响分析操作流程如图 4-200 所示。

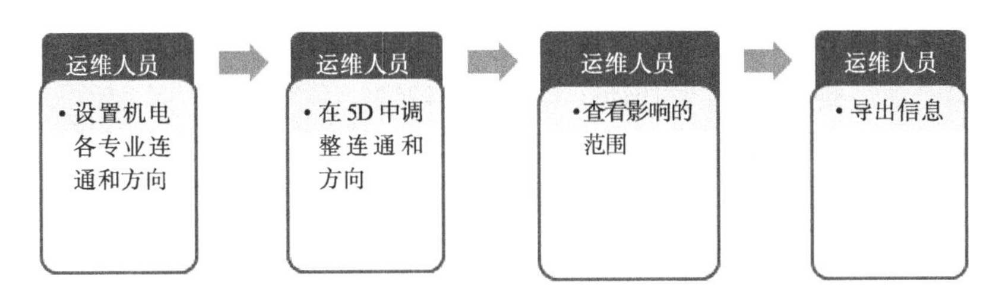

图 4-200　运维影响分析操作流程

4.7.2.1　生成连通及方向

运行连通及方向拓扑图生成工具，填入服务器，选择专业和楼层，添加任务后软件会在服务器把所选的模型生成连通及方向。

（1）管线的连通及方向拓扑图生成工具。拓扑图是把实物的连接方式用图形表现出来。管线的连通及方向拓扑图表达了管线之间以及各自内部的拓扑关系。拓扑关系是指图形元素之间相互空间上的连接、邻接关系并不考虑具体位置，这种拓扑关系是由数字化的点、线、面数据形成的以用户的查询或应用分析要求进行图形选取、叠合、合并等操作。在基于BIM的运维管理子系统中，拓扑图生成工具界面如图4-201所示。

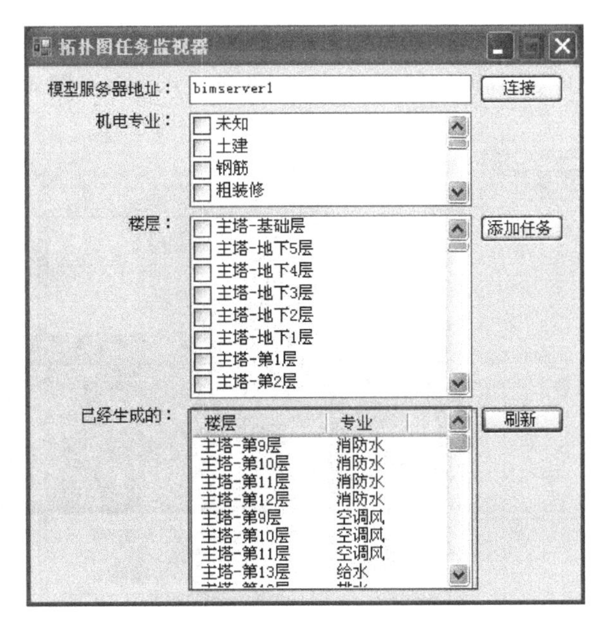

图 4-201　拓扑图生成工具界面

（2）楼层加载功能。利用“选择楼层”命令，勾选需要加载的楼层，之后系统就能够自动加载所选楼层的模型，参见图 4-202。

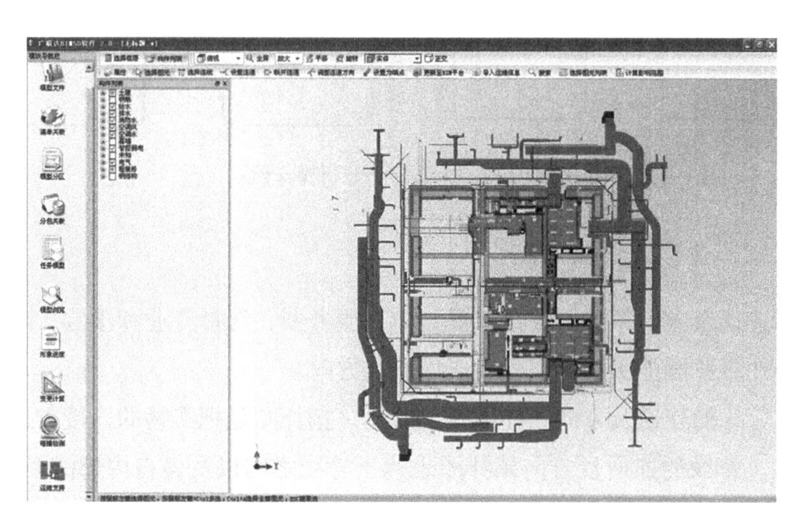

图 4-202　选择楼层

（3）选择图元和连线。BIM5D 软件的运维支持模块有两种选择功能，一种是选择图元，另一种是选择连线。单击“选择图元”按钮，可以选择图元的模型，蓝色为选中图元，参见图 4-203；单击“选择连线”按钮，单击左键可以选择连接线，连线选中颜色为白色，其连接的两个图元用两色表示，参见图 4-204。

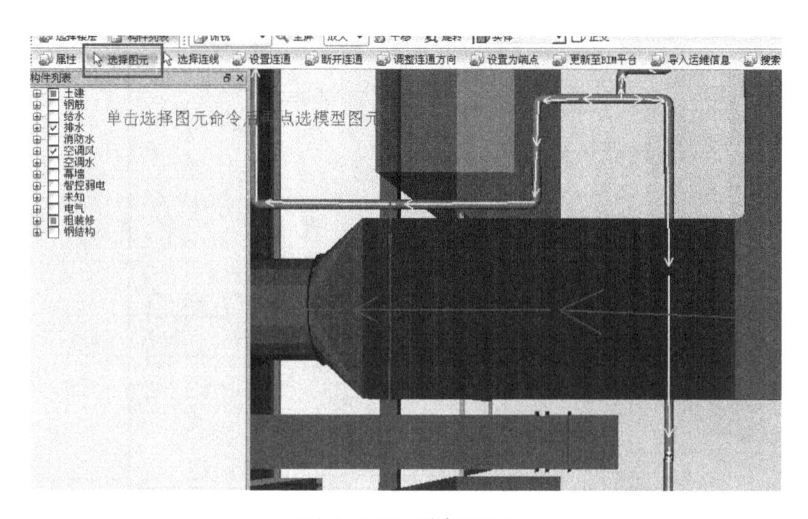

图 4-203　选择图元

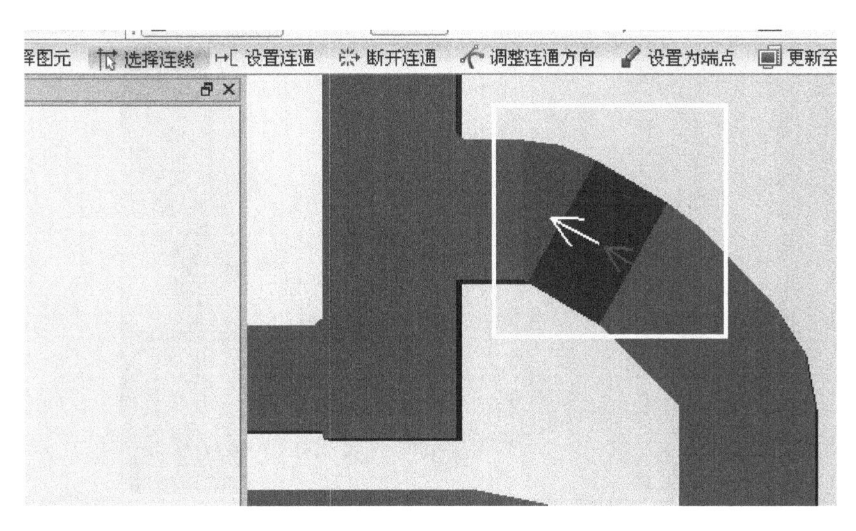

图 4-204　选择连线

（4）模型连通。在 BIM5D 软件的运维支持模块中，通过“设置连通”操作，BIM 系统会自动将图元设置为连通，参见图 4-205；通过“断开连通”操作，BIM 系统会断开图元的连通，参见图 4-206。

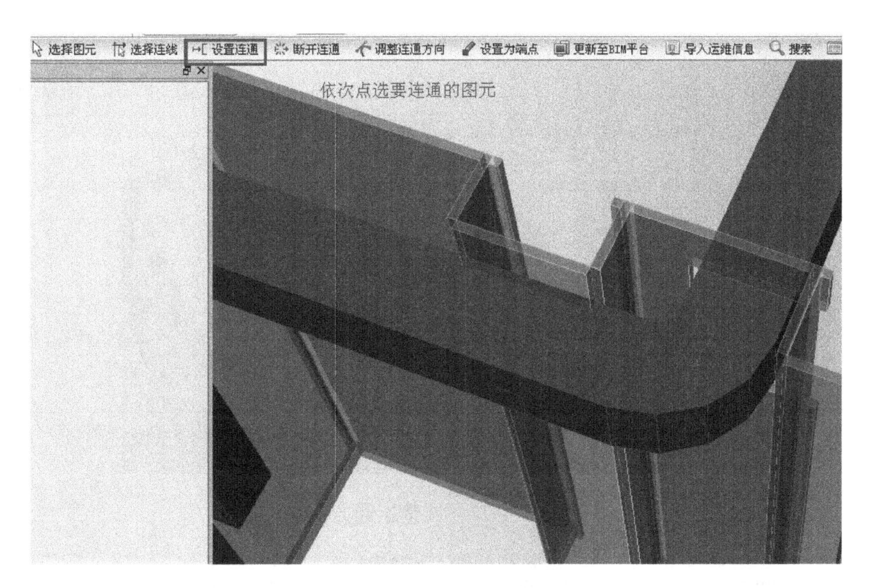

图 4-205　设置连通

图 4-206　断开连通

4.7.2.2　调整连通及方向

（1）调整连通方向。单击“调整连通方向”，左键点击需要调整方向的连线，系统会自动更改连通方向，右键结束命令。参见图 4-207。单击“选择连线”，左键单击要调整方向的连线，再点击“调整连通方向”，系统也会更改连通方向，右键结束命令。

图 4-207　调整连通方向

（2）设置为端点。单击“选择图元”，选一个图元作为起始端点，“Ctrl+ 左键”选择要调整方向的图元。单击“设置为端点”，软件会以设定的端点和要修改的方向，把连通的图元都逐一调整。参见图 4-208。

图 4-208　设置为端点

4.7.2.3　计算影响范围

（1）选择一个图元，点击“计算影响范围”按钮，系统会自动计算出该图元影响的其他图元及区域，参见图 4-209。

（2）在影响范围列表里，点击“导出为 Excel”按钮，可把受影响的图元导出为 Excel 文件，参见图 4-210。

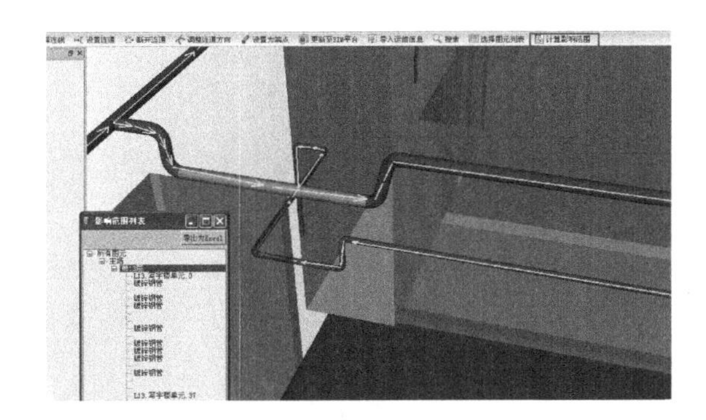

图 4-209　计算影响范围界面

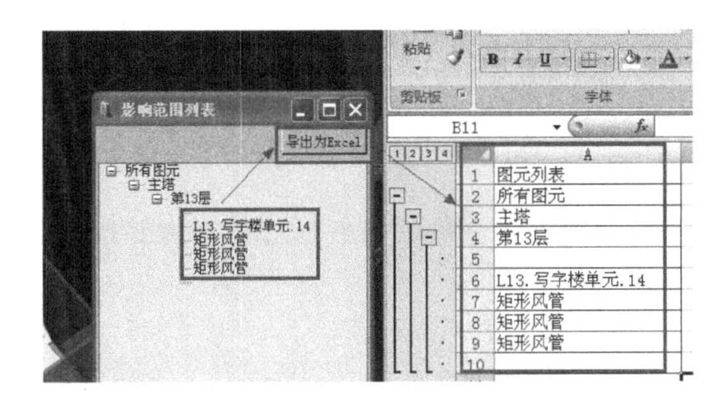

图 4-210　把受影响的图元导出为 Excel 文件

第 5 章 广州东塔项目 BIM 系统的主要特点与实施效果

通过以上章节的介绍，可见广州东塔项目 BIM 系统的特点体现在了项目管理的各个方面。在系统平台方面，东塔 BIM 系统相比于传统的 BIM 软件，具有模型集成度高、实时动态性强、管理维度全、信息数据积累量大、系统编码规则高效等特点。在进度、图纸、合同、成本、碰撞检查、劳务、运维方面，系统展现出了极大的优势，全面提升了这些项目管理工作的管理效率。本章将对广州东塔项目 BIM 系统的主要特点与实施效果进行详实的分析。

5.1 广州东塔项目 BIM 系统的主要特点

通过与传统项目管理软件的比较和与国内外现有 BIM 软件的对比分析，可以总结出广州东塔项目 BIM 系统的创新与领先之处，从而展现广州东塔项目 BIM 系统的主要特点。

5.1.1 广州东塔 BIM 系统与传统项目管理软件的比较

传统项目管理软件是将合同、材料、资料等相关信息录入系统作为台账进行管理，同时基于软件本身的内设机制，将各种信息按照一定的逻辑进行关联。该软件把企业管理中的财务控制、人才资源管理、风险控制、质量管理、信息技术管理（沟通管理）、采购管理等有效地进行整合，以达到高效、高质、低成本地完成企业内部各项工作或项目的目的。但传统项目管理软件的数据来源仍然是基于传统施工管理，软件只是起到录入和台账管理的作用，更多的是为项目的各环节协同工作及项目工作的审批流程服务。

在传统的项目管理软件中，侧重于过程数据的收集、汇总、整理、上报过程的处理，主要应用于对管理信息的统计和分析，为高层次的项目管理决策提供服务。这种模式下的项目管理系统，主要的工作量体现在基层管理能够提供完整、可靠的数据，但数据的质量和及时性则很难得到保证。

与传统项目管理软件相比，广州东塔项目 BIM 系统在进度管理、图纸管理、合同报量、合同变更、合同管理、成本管理、质量安全管理、劳务管理等管理领域都表现出了较为突出的优势，如表 5-1 所示。

广州东塔项目BIM系统与传统项目管理软件的对比　　表5-1

序号	功能模块	传统项目管理软件	BIM 系统优势
1	进度管理	1. 导入 PROJECT 文件 2. 在计划上手动填写完成时间 3. 通过完成时间进行计划预警	1. 计划跟踪是通过项目各施工部门施工日报填写进行反馈，数据真实、及时 2. 平台针对广州东塔项目进度偏差，有一系列的提醒和预警功能，同时可追踪到配套工作的完成情况，真正能帮助到施工单位对项目进度的掌控和管理
2	图纸管理	图纸没有关联性，没有版本管理，只能新增或覆盖，同时图纸信息没有状态记录，无法产生预警	1. 图纸和模型完全关联，可查询任意构件相关联的图纸信息 2. 图纸及其相关的图纸修改单、设计变更洽商单等附件均有关联关系，以保证查看者不遗漏相关信息 3. 图纸具有版本管理功能，保证查看者不回看错版本。同时可追溯之前版本图纸信息，便于开展变更索赔工作
3	合同报量	将传统方式统计的报量信息录入系统形成台账，供成本分析使用	通过模型和实体进度的关联，基于模型快速提取当期报量清单明细，让结果更准确，同时也极大提高了报量工作的效率
4	合同变更	传统模式进行变更费用的统计，只是作为台账管理及成本分析	将变更信息与图纸、模型进行关联，可通过变更前后模型对比，产生变更偏差工程量，辅助变更索赔
5	合同管理	将主、分包合同录入系统形成台账	将报量、变更、签证等相关信息和合同相关联，从而自动跟踪合同完成情况，对合同变更部分进行监控
6	成本管理	通过录入实际成本、目标成本、计划成本和实际收入，系统进行成本分析	实际成本、实际收入通过录入，预算成本通过模型工程量自动计算得出，系统自动进行比较，且具体的分析维度能追溯到具体清单项
7	质量安全管理	将质量安全文档录入系统形成台账，便于查询	将质量安全工作作为进度计划的配套工作进行系统自动分派和跟踪，相关责任人能自动提醒和预警。同时，项目及部门领导能随时查看相关质量安全问题以及工作的完成状况
8	劳务管理	人员信息、进出场情况均通过 Excel 导入，形成台账便于查询	人员信息、进出场情况读取项目门禁系统数据，实现数据交互

5.1.1.1　在进度管理领域中应用对比

在传统进度管理系统中，主要是按照三级进度计划管理的模式，将不同层级的计划文件管理起来，通过进度计划文档的管理，实现进度计划文档的查询。定期根据现场的进度情况，进行实际进度与进度计划的对比。由于工程实施过程中实物工程量、实际投入劳动力等统计数据的缺乏，导致发现偏差很容易、分析偏差原因却很难的现象。此外，因为采用进度计划文档的方式进行集中管理，导致现场的施工进展与进度管理系统中的不一致，造成了进度管理系统数据与现场实际数据的脱节，导致了系统出现两张皮的问题。

在广州东塔项目 BIM 系统的进度管理应用中，实现了进度计划的动态管理，从原来的计划文档缩小为任务项的管理，从传统的施工任务进度计划扩展到整个项目的管理工作计划。施工进度计划与 BIM 模型建立了双向关联。通过此关联，由 BIM 模型提供的工程量直接为进度计划编制提供工程量的参考。通过 BIM 模型，可以进行进度计划的模拟和方案的优化，直观地验证进度的可行性。通过模型，可直观形象地反映计划进度与实际进度的对比，直接掌握进度偏差的情况，并可通过 BIM 模型的实体施工进度、配套工作的进展、深化设计及方案的进展、施工机械的投运情况、材料进场的情况、合约及变更的执行情况等多维度分析进度偏差的原因。此外，基于建立系统的预警机制，对于关键线路上的里程碑进行完成时间预警、对于关键线路发生变化进行及时的预警，对于施工资源的投入量小于计划投入量的情况进行预警，实现了基于进度计划的工期、现场施工资源的动态预警管理。

5.1.1.2　在图纸管理领域中的应用对比

传统的图纸、变更管理能够进行集中的图纸目录归集和整理，但图纸目录归集和整理的工作量相当大，尤其是在深化设计的过程中，一份图纸存在多个版本，这就大大增加了图纸管理的工作量。在由施工总承包单位承担深化设计的情况下，为保证深化设计的时效性，传统的图纸、变更管理更面临着许多新的挑战。

在广州东塔项目 BIM 系统的图纸、变更管理应用中，通过对图纸、图纸版本、技术变更的全过程管理，建立基于 BIM 模型的三维空间图纸台账，实现了通过模型获取图纸、查看图纸的版本及相关的变更。通过对技术变更建立BIM模型，实现变更前后模型的对比，实现变更自动算量，为变更的索赔提供模型和数据支持。

5.1.1.3 在合同管理领域的应用对比

在传统的合同管理中，工作的重点在于合同文档的管理和定期地按合同进行报量结算的过程管理。对于合同文档的管理仅限于文档的备份，而要进行合同中条款的查询则需要很大的工作量，并且这种查询时刻都在项目上发生，占用了管理人员大量的精力。此外，预算员按照合同进行定期报量也很不方便，预算员需要清楚每月的工程进展，然后按照合同月底的报量方式，手工进行工程量的计算和查套清单进行报价。

在广州东塔项目BIM系统的合同管理应用中，从原来对合同文档的管理实现为合同条款的管理，将业主合同按照条款、关键字进行拆分，通过对关键字的检索，提高合同条款查询的工作效率。根据结构化的收入合同条款，总包单位可以快捷地建立合同范本，支持总包进行分包合同的管理。通过将收入清单和BIM模型进行关联，实现对甲方按月报量的工程量计算服务。将分包清单与BIM模型进行关联，实现对分包单位的按月进行工程量结算服务。

5.1.1.4 在成本管控领域的应用对比

在传统的成本管理中，施工企业中标后，参照投标过程中的报价，进行一次成本测算，根据成本测算进行成本的控制。在施工过程中，根据劳务合同、分包合同、租赁合同、材料采购合同等进行实际成本的测算。通过收入和实际成本的对比，分析项目的盈利能力。通过实际发生成本与预算成本的对比，实现对现场成本的控制。因为现场支出的口径与收入口径往往不一致，导致在施工过程中进行一次成本分析需要耗费大量的人力物力。

在广州东塔项目BIM系统的成本管控应用中，通过建立统一的成本核算项目，将收入清单、生产进度、支出清单与BIM模型建立关联，实现了动态的、自动化的、可视的收入、预算及实际支出的三算对比。通过将收入清单与BIM模型建立关联，实现根据BIM模型查看收入清单，通过BIM模型作为中介，将每月进度的完成情况体现在BIM模型后，根据完成的模型自动进行对业主的报量工作。将分包合同、劳务合同、机械租赁合同、现场临时用工单进行全过程的管理，通过与BIM模型建立关联，实现通过BIM模型查看应付给分包的支出等信息。通过标准化的成本科目的建立，实现以BIM模型为中介的收入和支出对应口径的动态管理过程，自动实现现场收入、现场支出的动态的、可视的计算与对比，实现动态的成本管控。

5.1.1.5　在质量、安全管理领域的应用对比

在传统的质量管理、安全管理中存在的一个主要问题，就是在质量、安全的控制过程中经常与进度计划发生冲突，为了保证质量、安全方面的要求，常常以牺牲进度为代价。此外，在质量、安全控制中，信息传递效率低，相关各方的参与度低，导致工作效率低下的事件时有发生。

在广州东塔项目BIM系统的质量、安全控制中，对质量、安全的控制从事后的控制进行前移，更多地进行事前的质量、安全控制。将质量、安全控制的工作编制为配套工作，并建立配套工作与生产进度协调一致的进度计划，实现质量、安全、进度的协同管理。通过应用BIM技术为现场进行质量、安全交底提供强大的可视化的支持。

5.1.1.6　在劳务管理领域的应用对比

在传统的劳务管理中，一般是通过建立现场的门禁系统，实现劳务人员出勤的统计和查询。而在广州东塔项目BIM系统的劳务管理应用中，通过集成门禁系统与BIM模型数据，实现自动的劳务出勤统计和分析。除此以外，还可以自动统计各工作面的劳务工人数量，为工作面进度分析，尤其是劳动力投入情况的分析提供切实的数据支持。

广州东塔项目BIM系统依托一个具有完整施工信息的BIM模型开展，通过项目管理过程数据与BIM模型进行关联，数据来源从模型数据统计而来，保证了数据产生的准确性。同时，基于这些数据展开项目管理工作，实现了进度管理、图纸管理、合同管理、变更管理、成本管理等各模块海量碎片化的数据通过BIM模型这一纽带相互关联，成为不可分割的整体。每一个系统管理的应用，都要引用和读取几个模块的数据信息，真正达到了项目繁多信息的有机整合。

5.1.2 广州东塔BIM系统与国内外现有BIM软件的对比分析

通过对市场上现有的BIM系统的较深入的调研，并根据我们对BIM的理解和应用需求，将广州东塔项目BIM系统与国内外相关软件在施工环节中BIM技术的应用功能模块进行对比（表5-2）。

广州东塔项目BIM系统与国内外相关软件在施工阶段BIM功能模块的对比　表5-2

软件公司	代表产品	使用阶段
广州东塔项目BIM系统	GCL、GGJ、BIM集成信息平台、BIM5D软件	施工、运维
AUTODESK	Revit\civil3d \navisworks	设计、施工
Bentley	AECOsim building designer\navigator	设计、施工、运维
达索	Catia\delmia\enovia	设计、施工、运维
天宝	Sketchup\Tekla \Quickpen \VICO	设计、施工
ITWO	ITWO P8	施工
鲁班BIM		施工

通过对比，我们了解到，国外的BIM软件由于起步早，在BIM的传统功能上，如建模、可视化、进度模拟、算量等应用较为成熟，但是本土化工作做得不好，在与中国标准规范的衔接和满足国内应用习惯方面表现不足、本地化构件资源较少，且系统产品价格昂贵。而国内的BIM软件还处于发展的起步阶段，可视化功能都与国外软件有一定差距，应用功能不全，尤其是在工程总承包项目管理方面的集成应用上基本属于空白。

广州东塔项目BIM系统是国内第一个由施工单位主动开展研究并且实现了总承包管理的系统，依据国内施工企业管理模式量身定制，利用BIM技术为施工现场管理提供可视化、集成化的信息数据支撑，适用于总承包施工项目现场管理。无论是施工管理模式的贴合度，还是工程模型的算量，完全符合国内施工企业工作人员的工作模式。该系统重点围绕施工总承包管理模式，开发了进度管理、工作面管理、图纸管理、合同管理、成本管理、运维管理、劳务管理等多个模块，在施工总承包管理应用上是国内其他 BIM 软件所无法企及的。

在系统性能方面，广州东塔项目 BIM 系统在模型加载、模型浏览速度、不同格式信息集成能力等方面的性能表现优越，系统操作界面简洁，操作方便。上线运行一段时间以来，系统运行稳定。

在数据标准和接口方面，建立了 BIM 平台与多个 BIM 应用软件（包括土建算量、Revit、钢结构 Tekla、机电 MagiCAD 及装修专业软件）的数据接口，可以直接导入设计模型，避免重复建模，减少工作量；同时，实现与其他系统，如进度软件（微软 Project）、Excel 等工具软件的数据接口，实现各级数据交换，解决基于 BIM 的建筑 BIM 协同建设平台的基础性问题，从而减少了手工重复录入模型及其他信息的工作量。

在模型处理能力方面，BIM 平台提供统一的模型处理，包括三维模型浏览、批注、视点管理、模型合并、附加文档、附加数据功能。平台为各个业务模块提供统一的模型浏览文件格式及模型浏览控件。

在功能设计方面，该系统攻克多项技术难题，实现以土建、钢筋、机电、钢构、砌筑等模型为基础，与项目管理的各领域的整合应用，包含进度管理、图纸管理、合同管理、成本管理、劳务管理、碰撞检查、运维管理等模块。

在通用性设计方面，系统通过灵活的架构设计、权限配置，以及开放的数据接口，充分考虑了系统的通用性设计要求，普遍适用于各种规模的工程项目。同时，随着系统的深入使用，还可以逐步积累出实体工作库、配套工作库、建模规则等有价值的知识数据，可应用于其他项目。

在应用效果方面，系统通过在建筑信息模型上集成海量的信息。在技术管理方面支持三维模型的动态浏览，实现图纸、进度、施工方案的可视化交底；直观展示各工作面实时工况、各专业之间的碰撞的情况；直观查看水、电、风的系统流向信息，并自动判断某一管道、阀组、设备等的影响范围。通过信息整合，可以复核进度计划的合理性，同时促进各业务部门工作计划协调一致。可快速查看图纸内容以及与图纸相关的变更、洽商等信息。在经济管理方面可快速获取构件的精确工程量和单价信息，支持项目实时的快速成本核算，加大成本控制的力度。并通过模型获取相关合同信息，指导合同的执行和履约。

5.1.3 广州东塔项目 BIM 系统的创新点及领先之处

5.1.3.1 在 BIM 系统设计与总承包管理的融合方面

（1）首次将 BIM 技术与施工总承包模式下的技术与管理相融合，提出了“基于 BIM 技术的施工总承包管理”的思路。利用自主研发的 BIM 技术手段，以涵盖施工总承包管理全方位信息的 BIM 模型为载体，以集成的各功能模块为工具，打通施工总承包模式下进度、资金、质量、安全、图纸、深化设计等所有管理和技术环节。

（2）通过标准化、模块化的新尝试，提升总包管理水平。针对国内项目管理个性化程度明显、标准化程度不高的突出问题，通过对施工总承包管理过程中标准业务的提炼，使之固化为系统中非常重要的组成部分，进而优化管理流程，通过标准化的手段，提升管理水平。具体体现在建模流程、实体工作、配套工作、实体施工日报、工作面交接流程及表格、图纸管理台账、合同管理台账、每日现场管理的安全、质量等的记录文档等。

5.1.3.2 在系统的技术研发方面

（1）提出并率先实现了总承包大量信息与模型快速关联的方法。通过给模型每个构件和进度、图纸、合约条款等海量信息赋予相同的身份属性（栋号、楼层、分区、专业、构件类型），实现了海量信息自动快速的批量与对应模型构件集成的功能，极大地提高了信息与模型集成的效率和准确性，解决了人为手动将信息与模型逐条挂接过程中工作量巨大、人为疏漏频发、查错修改极为困难等问题。

（2）创新设计并应用“实体工作库”和“配套工作包”，并通过自动提醒，使管理末端延伸至施工过程的各项业务。将实体工作及所有相关配套工作的内容、时间、逻辑关系模块化，积累生成 130 多个“工作包”，并通过自动提醒机制，使系统的管理末端延伸至项目各个部门的所有工作。各工作自动推送、多任务相互联动，信息传递高效准确及时，系统应用真正的“接地气”，而不是脱离生产及管理的一线业务。

（3）创新设计并成功应用了工作面灵活划分技术，在建筑信息模型中，根据施工阶段、专业、管理范畴及管理细度的需求，灵活划分管理分区（工作面），将该区域内的进度、图纸、质量、安全、工程量等信息串联起来，极大加深了总包管理的细度和深度。此外，可在系统中获取任意时间点该工作面的工作情况及各项信息。

（4）首次实现了 BIM 系统基于一个平台的各业务模块间灵活拆分、自由组合的应用模式，满足项目管理“私属定制”的现状及需求。鉴于项目管理的不可控性（时间、天气、人员、设备……）以及项目的管理需求，该系统将所有业务拆分成单个模块（组件），以模型为载体，以数据为纽带，既可实现超大体量项目全功能模块的集成应用，亦可根据各个小项目不同管理需求将各业务模块自由组合，“灵活插拔”，成本可高可低，功能可全可偏，既适用于总承包管理项目，同时亦适用于一般的小型项目。

5.1.3.3　在系统的实施效果方面

（1）首次成功研发并应用了由施工单位主导的，完全贴合施工总承包模式下技术及管理需求的 BIM 系统，实现了全功能的集成应用。依据国内施工项目管理模式量身定制，利用 BIM 技术为施工现场管理提供全方位可视化、集成化的信息数据支撑，适用于施工总承包项目现场管理。该系统开发了进度管理、工作面管理、图纸管理、合同管理、成本管理、运维管理、劳务管理等多个模块，完全贴合国内和港资施工总承包管理模式的需求，实现了技术与管理各项功能的集成与应用，这是目前国内外的各种 BIM 系统和软件仍然未做到的。

（2）通过大量数据不断的积累，支撑该系统在项目的成功应用，使项目在管理提升和成本节约方面取得了显著的效果。在应用后的短短半年内，模型和系统中快速积累生成了 977283 个模型图元、130 个“工作包”、754 项实体工作、清单 3700 余条、分包合同条款 660 余条、分包合同费用明细 3400 余项、各类业务台账登记输入模板 100 余个；发现多专业碰撞点共计 39176 处；发生模型、进度、图纸、工程量、图纸、签证、变更、合同、清单等海量信息交互应用共计 1161578 次。由这些数据可以直观看出，系统的应用给项目带来了巨大的好处，显著提升了管理的效率，节省了巨大的成本。

5.2 广州东塔项目 BIM 系统的实施效果

5.2.1 主要功能系统的实施效果

广州东塔项目在使用东塔 BIM 系统之后，极大地提升了进度、工作面、图纸、变更、合同、成本等建筑施工管理的工作效率。根据系统记录，BIM 系统中各类数据被项目人员引用的次数如表 5-3 所示。从 BIM 系统各应用次数统计可见，东塔 BIM 系统已经被应用到东塔项目施工过程的方方面面，成为了项目实施过程的一个重要工具。

广州东塔BIM系统各用途应用次数统计　　表5-3

用途	应用次数	用途	应用次数
模型浏览	20 余万人次	配套工作推送	1.5 万个
图纸查询	20 余万人次	图纸申报预警	2000 余次
进度任务项引用	80 余万条次	总包、分包清单条目引用	50 余万条次
各类提醒	2 万余次	模型属性及工程量引用	60 余万次
进度预警	360 余次	专业间有效碰撞	2600 余个

5.2.1.1 进度管理模块的实施效果

项目管理人员在进度管理工作中使用 BIM 系统后，在进度计划编制、进度计划跟踪、进度修正与追溯、进度模拟四个方面提升了管理效率。参见表 5-4。

BIM系统使用前后进度管理工作状态对比　　表5-4

应用点	BIM 系统使用前	BIM 系统使用后
进度计划编制	1. 复杂项目的进度计划编制困难 2. 形象进度使用 Excel 和横道图表示，理解抽象	1. 进度计划编制效率大幅提升 2. 实现 4D 可视化的形象进度展示，理解直观
进度计划跟踪	1. 每天填写施工日报，每周或每月报送项目部领导及甲方 2. 人工进行实时施工状况更新，更新频率低，无法实时与计划进度对比	1. 信息化施工日报，项目部领导每天实时查看当日施工情况 2. 获取实时的施工进展状况，与计划进度实时对比，计划实施与调整有了可靠依据

续表

应用点	BIM 系统使用前	BIM 系统使用后
进度修正与追溯	1. 在每周的项目例会上，通过形象进度表格，查看施工的进度状态。多在出现进度偏差后进行修正 2. 不能按照时间形成统一的施工状况记录，无法方便地进行工况回顾	1. 每天都查看各工作面的实体和配套工作进展状况，并自动预警、提醒项目实体、配套工作存在的问题。做到了事前管理，减少进度偏差 2.BIM 系统按时间记录施工实施状况，实现了整个项目周期任意时刻的工况回顾
进度模拟	1. 无法进行事先的进度模拟，只能依靠管理人员的经验发现进度计划制定过程中的问题 2. 无法进行施工工序的三维动态展示，只能依靠施工管理人员的经验发现施工的要点，容易产生失误。同时，各工作面的不同施工队伍相互配合困难	1. 实现了任意时间点工作进度的三维动态模拟。由此可发现进度计划不合理之处，及时修改 2. 通过事先观看三维动态施工模拟，了解施工工序的关键点和逻辑关系，减少了施工失误。同时，通过每日更新的实体工作进度动态，掌握各工作面的施工情况，方便相互配合

5.2.1.2 图纸管理模块的实施效果

项目管理人员在图纸管理方面使用 BIM 系统后，在图纸设计、图纸查询、深化图纸申报、图纸变更管理四个方面提升了管理效率。参见表 5-5。

BIM系统使用前后图纸管理工作状态对比　　表5-5

应用点	BIM 系统使用前	BIM 系统使用后
图纸设计	1. 各专业的设计人员各自进行自己专业领域的设计工作，造成各专业设计工作不协同，设计图纸碰撞较多 2. 传统的二维图纸深化设计，由于深化设计对精确度要求较高，二维图纸又较为抽象，容易产生设计错误。同时，施工人员对于二维深化设计图纸理解也容易产生偏差，造成施工失误	1. BIM 系统整合各设计专业的设计方案，为各专业提供统一的设计平台，帮助各设计团队协同工作。使用 BIM 系统之后，东塔项目设计图纸在设计初期发现了大量设计碰撞，明显减少了图纸使用阶段的各专业间的碰撞次数 2. 利用 BIM 模型，进行三维图纸深化设计。三维方案更加直观，明显减少了深化设计图纸的错误。施工人员直接观看三维的深化设计方案，明显减少了施工错误
图纸查询	对于复杂项目，施工图纸需要多人负责图纸查询工作	只需一人负责每次图纸的系统录入，BIM 系统直接呈现施工项目各施工部位的对应图纸。因此，施工人员可以快速查询到所需图纸
深化图纸申报	1. 千份数量级的申报内容，每份申报内容平均有 3 次申报，每次申报均产生相关附件信息 2. 汇总查询费时费力，每次汇总均需要 0.5 工日，查询也需耗费 1 小时以上 3. 整理不符合申报要求的申报内容，需要 0.5 工日	1. 发生申报及时录入系统,无需建立线下台账。每次申报的相关附件集中存储在 BIM 系统中 2. 系统实时汇总所有申报的深化图纸，不需要花费人力。深化图纸申报情况查询直接在 BIM 系统中进行，查询只需几秒钟 3.BIM 系统直接呈现出未通过的深化图纸，实时向申报人员预警提醒

续表

应用点	BIM 系统使用前	BIM 系统使用后
图纸变更管理	复杂项目施工图纸变更多，产生了多种版本的施工图纸，寻找最新版本的图纸困难	只需一人负责每次变更图纸的录入，系统可自动关联存储同一施工部位不同版本的施工图纸，直接在系统中呈现出此图纸的各版本信息

5.2.1.3 合同管理模块的实施效果

项目管理人员在合同管理方面使用BIM系统后，在合同执行进展查询、各方报量与工程变更结算、合同风险条款查询三个方面提升了管理效率。参见表5-6。

BIM系统使用前后合约管理工作状态对比　　表5-6

应用点	BIM 系统使用前	BIM 系统使用后
合同执行进展查询	查看某项合同执行进展情况，需要协调多名施工管理人员，平均更新一次合同执行进度需耗费1小时左右时间	通过合同与实体进度的关联，实时查询合同执行进度情况，查询效率大幅提升
各方报量与工程变更结算	1. 按照实体施工进度进行业主、分包报量和工程款结算，每次报量和工程款需人工计算 2. 发生变更后，需按照实际发生工程量重新进行工程量计算和工程款结算，平均每次变更的算量工作消耗1工日	1. 自动计算当期实体量，为业主、分包报量和工程款结算提供数据支撑 2. 按照变更图纸自动计算变更工程量，平均每份算量工作消耗2小时以内，效率大幅提升
合同风险条款查询	合同风险条款极易掌握不全面，容易发生合同执行失误。合同条款查询耗时多，对于编码整理不符合要求的合同，平均查询耗时0.5工日	直接在BIM模型中呈现合同信息，并可导出预警结果，帮助管理人员全面掌握项目的合同风险条款，减少合同执行失误

5.2.1.4 成本管理模块的实施效果

项目管理人员在成本管理方面使用BIM系统后，在成本核算、成本分析报告生成、收入来源查询三个方面提升了管理效率，参见表5-7。

BIM系统使用前后成本管理工作状态对比　　表5-7

应用点	BIM 系统使用前	BIM 系统使用后
成本核算	按季度进行成本核算，成本异常无法及时发现	利用BIM系统实时进行收入、预算成本、实际成本对应口径的三算对比，进行成本核算，及时发现异常，修正异常
成本分析报告生成	手动编辑报告，人工整合打印，平均每份报告耗时1个工日	成本管理人员通过BIM系统直接访问自动产生的成本报告，补充系统没有的数据。生成一份报告耗时减少到0.5个工日，效率提升
收入来源查询	无收入记录，收入来源追溯困难	BIM系统产生收入记录系统，收入来源追踪成为可能

5.2.2　系统总体实施效果

广州东塔项目在使用 BIM 系统之后，极大地提升了广州东塔项目的工作效率和管理水平，其实施效果主要体现在数据积累、工期提前、管理提升、成本节约、技术提升、品牌效应、人才培养、海量数据应用等八个方面。

5.2.2.1　数据积累

广州东塔项目 BIM 系统开创了国内超高层施工应用 BIM 集成数据库的先河，形成了切实可行的 BIM 实施方法，积累形成企业内部大数据库，复制推广到其他项目。具体的积累数据有：

（1）形成土建、钢筋、粗装修、钢结构、机电暗转、幕墙等各专业深化设计建模规范，参见图 5-1。

（2）形成了广州东塔项目 BIM 实施导则、BIM 技术标准、BIM 工作规范、BIM 成果交付标准等一系列 BIM 执行标准与规范。

（3）积累不同类型构件共计 500 多个。

（4）积累 70 多种实体工作包，共包含 336 项实体工作内容，参见图 5-2。

图 5-1　建模规范

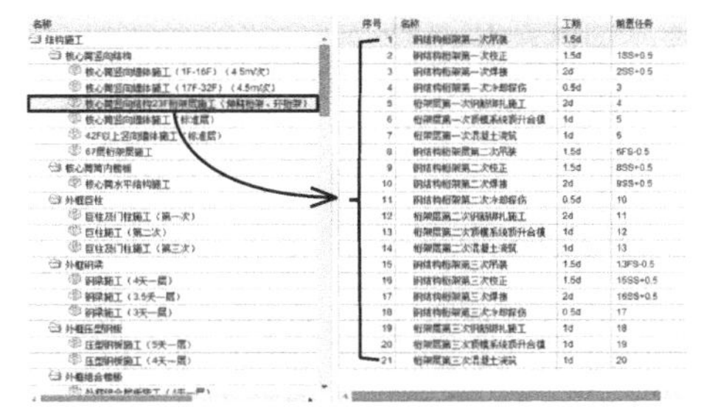

图 5-2　实体工作包

（5）积累了 60 多种配套工作包，包含 418 项配套工作内容。

（6）形成了初步的总包合同条款分类体系，积累总包清单 3700 余条，分包合同条款摘要 660 余条，分包合同费用明细 3400 余项。

（7）积累各类图纸、合同、成本、进度等台账登记输出模板 100 余个。

以上数据均可重复用于其他工程项目。

广州东塔项目通过施工过程中 BIM 应用的得失总结，形成了 BIM 项目实施方法论（图 5-3），已经成功复制推广到其他项目。

图 5-3　项目实施方法论

5.2.2.2　工期提前

广州东塔项目通过使用 BIM 系统，实现了“目标设定—模拟优化—跟踪对比—分析调整”的完整进度管控流程，对现场进度管理工作带来了极大的成效，主要体现在：

（1）有效地避免了由于信息传递不及时而导致的进度迟滞。

（2）有效地避免了由于工作任务分派不及时或不清晰导致的任务疏漏。

（3）通过 BIM 深化设计的应用，避免了现场安装过程中由于变更造成的讨论及整改。

（4）项目工作面看板的应用，避免了管理者对现场实际进度掌控不及时而造成的下达指令与现场实际施工状况脱节。

将 BIM 技术引入项目精细化管理，主塔楼结构实际工期比原计划提前 90 天完成，主塔楼标准层施工平均 4.5 天一层，预估节约成本（保守估计人 / 机每天 20 万元）1800 万元。

5.2.2.3　管理提升

作为国内第一个成功应用基于 BIM 的施工总承包项目管理系统的超高层项目，通过 BIM 技术有效地提升了管理水平，实现了实时的各业务各部门间的信息交互，减少了大量的沟通协调会议。

（1）改变沟通方式提高沟通效率。实时收集和共享各业务信息，直线沟通方式减少会议 20% 以上。

（2）工作面管理。有效解决了不同专业分包在同一个工作面的交叉作业管控难题。

（3）缩短成本核算周期。由原来的按季度执行缩短为按月执行。

（4）减少工程量审核 / 申报工作量。原来是 10 个预算员尚不能及时完成阶段审核，现在是3个人一周内可完成审核。

（5）提高图纸查询效率。模型、图纸、变更建立关联，快速准确定位所需图纸。

广州东塔项目BIM平台主要数据类别及数据统计次数如表5-8所示。

广州东塔项目BIM平台主要数据类别及数据统计次数　　表5-8

应用模块	应用点	价值说明	数据类别	数据统计（数据量、应用频率、模式）
模型应用	模型文件管理	各专业模型的统一管理，各专业模型文件信息、版本信息、PMI编号信息一目了然	1. 模型文件数量 2. 模型版本信息	1.6个专业112个楼层近400个模型文件 2.600多次修改的版本信息、修改内容、修改人、修改日期的记录和展示
模型应用	模型浏览	实现多专业模型的集成，通过三维模型展示为施工交底、解决图纸疑问提供参考，并查看各构件对应的图纸、进度、工程量等信息	楼层、专业、图元数量	1.6个专业112个楼层 2. 平台模型图元数量977283个（开发人员后台统计）
	任务模型	按照计划条项查看计划对应的模型及模型的工程量	1. 进度计划条项数量 2. 业主报量及分包报量数量	1. 总进度计划6378条任务 2. 业主报量3条，分包报量158条 3. 业主报量明细共计7333条，分包报量明细共计5900条
模型应用	碰撞检查	通过各专业的三维模型碰撞，在施工前提前发现设计错误，提高深化设计质量	1. 碰撞检查次数 2. 发现的碰撞数量	1. 每楼层进行过水暖电三个专业和土建钢结构专业的碰撞检查各三次 2. 碰撞数量合计：水专业18668个碰撞，暖通专业12367个碰撞，电气专业8141个碰撞
	基础数据	提前对项目静态数据进行批量维护，方便各应用过程调用，提高应用效率	1. 合作单位 2. 物资字典 3. 机械字典 4. 成本项目 5. 分区字典 6. 分项字典 7. 工作面	1. 合作单位：229 2. 物资字典：488 3. 机械字典：1214 4. 成本项目：19 5. 分区字典：969 6. 分项字典：36 7. 工作面类型：147
基础数据	配套工作处理与监控	通过配套工作的线上分派、处理和监控，通过提醒、预警、处理，提高项目日常管理工作效率	1. 配套工作包和配套工作数量 2. 每周配套工作线上处理数量	1.62个配套工作包，共包含418种配套工作 2. 共挂接并推送到各部门配套工作7924条 3. 每周处理配套工作数量约300多条

续表

应用模块	应用点	价值说明	数据类别	数据统计（数据量、应用频率、模式）
综合管理	计划编制与进度监控	实时了解施工进度情况及各工作面完成情况，及时发现进度风险与延误原因，保证施工进度顺利进行	1. 实体工作库及工序任务数量 2. 项目计划任务数量（总计划、子计划） 3. 施工日报填写数量 4. 进度预警数量	1.69 个实体工作包，共包含 336 个实体工作 2. 共计 13 个各类计划，合计 42433 条任务 3. 施工日报共填报 1597 份 4. 施工日报当日施工内容数量：13929 个 5. 材料进退场情况数量：1090 个 6. 主要质量管理情况数量：506 个 7. 主要安全管理情况数量：622 个 8. 当日存在主要质量问题情况数量：5 个 9. 当日存在主要安全问题情况数量：149 个 10. 当日施工验收情况数量：384 11.1148 条进度预警
进度管理	施工图管理	项目所有图纸在服务器进行统一管理，所有人员都可以很方便的在线进行图纸及其附属表单的查找、查看、下载，提高图纸查看的工作效率	1. 图纸数量 2. 图纸版本数量 3. 图纸附表数量	1. 图纸数量 2061 张 2. 包含各种版本图纸共计 2090 个（开发人员后台统计） 3. 各种图纸修改单数量 233 个（开发人员后台统计） 4. 各种技术咨询单数量 0 个（开发人员后台统计） 5. 各种设计变更洽商单数量 0 个（开发人员后台统计）
图纸管理	图纸申报	项目相关申报图纸的统一在线管理，所有人员都可以很方便的查找、查看、下载相应的申报图，并对图纸申报的情况一目了然	1. 机电、钢构申报图纸数量 2. 申报记录信息数量（每次送审分别统计） 3. 图纸预警信息数量	1. 图纸合计 4548 张 2. 申报记录数量：共有 5332 次申报记录（开发人员后台统计） 3. 图纸预警数量：截至目前共推送图纸预警信息 2753 条（开发人员后台统计）
	合同统一管理与查看	项目相关合同录入系统进行统一管理，方便项目人员查阅合同和费用明细	总包、专业分包、分供合同数量	1. 合同总计数量 289 项，其中总包合同 1 项，专业分包合同 159 项，分供合同 129 项 2. 总包清单 3724 条，分包合同条款摘要 663 条，分包合同费用明细 3366 项
合同管理	报量结算	1. 参考模型工程量，提高各项报量、结算工作的申请和审批效率 2. 形成报量结算台账，便于查询 3. 为成本核算提供依据	所有报量结算的总数量（业主报量、结算；专业分包报量、结算；劳务分包报量、结算；物资采购结算等）	各种报量结算 245 项，其中业主报量 3 项，报量明细共计 7333 条；分包报量 158 项，报量明细共计 5900 条，分包结算 84 项，结算明细共计 604

续表

应用模块	应用点	价值说明	数据类别	数据统计（数据量、应用频率、模式）
合同管理	变更签证	1. 参考模型工程量，提高变更费用索偿申请及分包签证审批效率 2. 形成台账，便于查询 3. 为成本核算提供依据	所有变更和签证的总数量	1. 所有变更签证数量 55 项 2. 专业分包签证费用明细项 2295 条 3. 劳务分包签证费用明细项 2445 条
成本管理	成本核算及分析	通过对各项报量、结算、变更、签证、材料消耗等费用的汇总统计，及时了解项目费用支出与收入情况，实现三算对比	1. 收入与支出挂接数量 2. 成本项目挂接数量 3. 材料消耗统计条项数量	1. 收入与支出挂接数量 238 项，共计 3066 条费用明细（开发人员后台统计） 2. 成本项目挂接数量 175 项，共计 5932 条费用明细（开发人员后台统计） 3. 材料消耗统计数量 1 项，共计 36 条材料明细

5.2.2.4　成本节约

广州东塔项目通过 BIM 技术的应用，主要从以下几个方面控制成本：

（1）碰撞检查。通过机电部对 BIM 模型的碰撞检查及机电深化设计，提前发现重大问题平均每层约 10 处，共 111 层，共 1110 处，并及时作出更正，以每处 3 万元整改成本计算，间接避免了现场返工拆改带来的损失约 3330 万元。

（2）采购和领料。从模型的材料量来管控现场材料采购和领料，使得东塔项目的材料消耗率皆低于 3%，低于行业基准值 30% ~ 35%。

东塔消耗钢筋约 6.8 万 t，保守估计节约成本:（68000 × 1.5%）× 3000 =3060000 元。

（3）节省管理成本。节省工期约 90 天，考虑项目管理人员工资、大型设备、工期延误罚款等因素，项目管理成本约 30 万 / 天，因此节省成本约 2700 万元。

5.2.2.5　技术提升

广州东塔项目充分利用 BIM 技术进行施工模拟，保障超高层复杂节点、大型设备的施工与安装顺利进行。

利用 MagiCAD 机电深化设计，施工过程中所有管线设备安装基本一次成活。

钢结构施工中，优化 12 类、500 多个伸臂桁架巨型柱节点，基本未出现重大返工。

大型施工组织措施进行优化，施工过程没发生较大幅度调整。

顶模与外框钢结构施工稳定保持4~5层的高差，而一般行业水平为5~8层，施工节奏更紧凑。

5.2.2.6 品牌效应

作为国内首个基于BIM的项目管理系统的成功应用项目，广州东塔项目受到了国内诸多BIM专家的肯定,已成为国内施工总包基于BIM的项目管理标杆项目。

2015年11月14日，经院士及专家鉴定，“基于BIM的施工总承包管理系统的研究与应用”整体达到国际先进水平，其中基于BIM的总承包管理技术及系统集成应用达到国际领先水平。

获得的奖项包括：

（1）2013年广州东塔项目基于BIM的项目管理系统荣获第一届工程建设BIM应用大赛一等奖（图5-4）。

图5-4 第一届工程建设BIM大赛领奖

（2）2014年广州东塔项目基于BIM的项目管理系统荣获第三届“龙图杯”BIM应用大赛施工组一等奖。

（3）2014年“百层高楼关键施工技术”获得国家科技进步二等奖。

（4）2015年广州东塔项目基于BIM的施工总承包管理系统荣获第五届全国建筑业企业管理现代化创新一等成果。

项目观摩情况：

（1）广州东塔项目施工过程中共接待300余家政府部门和企事业单位、约

2000 人次的参观。其中包括住房和城乡建设部领导、知名房地产公司、大型施工企业等。

（2）被邀请参加各类主题演讲近 20 次。包括：中国建筑业协会首届全国工程建设 BIM 应用的大赛颁奖典礼；第十七届建设行业企业信息化应用发展研讨交流会；第八届中国智慧城市工程建设 BIM 技术研讨会；中国建筑学会 2013 年建筑施工 BIM 应用论坛等。

5.2.2.7　人才培养

当前 BIM 行业的人才培养模式尚处于浅层次，BIM 工作基本依靠独立的 BIM 工作室进行开展，工作室成员没有项目施工实践经验，对专业知识的了解处于书本层面，从而造成 BIM 应用与实际现场脱节，成为摆设。广州东塔项目从 BIM 启动初期就明确了为企业培养“BIM+ 工程”复合型人才的目标，以项目部原班人员作为 BIM 培养对象，成为企业 BIM 的人才培养基地。

该项目专门组建共计 50 余人的 BIM 工作小组，参与 BIM 系统的实施与应用。

多位项目实施参与者、管理者成为企业 BIM 关键人才。

由于广州东塔 BIM 系统在项目实施的多个方面提升了工作效率，使得项目施工整体上取得了巨大成功，故该系统已逐步在多个项目被推广应用，并得到了进一步的升级优化。

5.3　总结与展望

5.3.1　总结

广州东塔项目成功地运用 BIM 系统，对施工过程进行了高效的管理。然而，由于极少有可借鉴的经验，项目在实施过程也遇到一些困难。项目管理人员通过克服项目执行中的困难，总结出了将来建筑施工工作运用 BIM 技术的经验与关键点，对后续的 BIM 项目有重要的借鉴意义。

5.3.1.1　明确应用目的

不同的施工项目有不同的特点，在运用 BIM 技术时也应该有相应的侧重点。

例如，大型复杂的施工项目，BIM技术就应该着重关注如何实现将复杂的施工流程清晰地展现给施工管理人员，因此，施工模拟功能就十分必要。

而对于一个简单常规的施工项目而言，由于施工逻辑简单明确，施工模拟功能就应该被放在相对次要的位置，若将BIM模拟投入过多，反而会提高BIM技术使用的不必要成本。而BIM技术的常用功能，如自动工程量计算等，应该成为这种简单的施工项目需要重点实现的功能。

因此，在项目实施和BIM系统使用之前，明确BIM应用的目的是十分重要的工作。一方面能够精简BIM系统,提高运行效率。另一方面能够减少成本投入，扩大项目的盈利空间。

5.3.1.2 全员参与BIM的研发与应用

从广州东塔BIM系统的实施过程，项目管理人员发现BIM系统功能的实现是基于每一个项目参与方，每一个部门，甚至是部门中每一个工作人员的共同工作。因此，BIM系统功能的实现依靠着所有工作人员共同使用系统，依靠BIM系统指导施工，并通过BIM系统辅助施工决策。这样才能保证BIM系统每一个功能模块高效运行，最大化BIM系统的各种功能。

因此，从广州东塔项目实施过程得出经验，高效的BIM系统不能仅依靠专职的BIM团队。设置专职的BIM团队，意味着将在已经较为牢固的项目人员组织架构中增加新的部门，无法保证新部门与其他部门合作顺畅。同时，设置专职的BIM团队意味着BIM系统需要依靠此团队来维护和实现功能，不能激励全体施工管理人员的积极性，导致其他施工管理人员不一定能够配合BIM系统实现其功能。其他施工管理人员也不会主动使用BIM系统进行施工管理，导致BIM功能得不到充分利用。

因此，高效的BIM系统需要依靠全员参与，不依靠专职团队。

5.3.1.3 强化三维深化设计

在东塔BIM实施过程中，最终形成的三维深化设计比例较少。因此，设计与施工工作并没能充分利用三维深化设计的优势。

一方面，三维深化设计使设计人员可以减少深化设计的失误。另一方面，三维的图形便于施工人员理解设计意图，掌握复杂节点的施工逻辑关系，进行精确的构件预制和安装工作。但由于最终形成的三维深化设计较少，这些优势没能很好发挥。

在将来的BIM施工项目中，应该提高三维深化设计比例，特别是关键节点的三维深化设计，发挥BIM技术三维模型的优势。

5.3.1.4　规范信息与管理流程

施工项目在实施过程中，很多工作都涉及大量的信息交互。引入BIM系统，改变了传统的信息交互方式。因此，在BIM系统投入使用之前，必须由项目参与各方共同制定统一规范的信息交互流程，避免在项目实施过程中因信息不统一导致重复工作和配合不协调现象的出现。

发展到今天，我国在建筑施工执行过程中已经有较为通用的管理流程，这些管理流程被所有的项目参与方认可，在每一个项目参与者概念中形成了思维定式。根据东塔项目的实际经验，管理人员发现改变这些管理流程是困难的。因此，在BIM技术开发与运用时，应该让BIM系统迎合已经成熟的管理流程，实现BIM技术的功能。而不应该轻易改变已有流程，这既不易成功，还容易引起管理人员的工作错误。

5.3.1.5　“一把手工程”

“一把手工程”是指项目的最高领导和管理人员直接负责重要决策和协调工作的工程。这种一把手工程在我国早期发展重点工程中效果显著。

“一把手工程”的实施体现了最高管理人员对于工作的重视程度，也引起了其他项目实施人员的重视，一定程度上减少甚至避免了一些工作责任上的推诿现象。最高管理人员亲自制定方案、召集会议、协调部门间利益、确定责任划分，能够使此工作有序、强力地得以推进，效果明显。

在施工项目的管理工作中推行BIM系统，也需要“一把手工程”的推行模式。因为传统的施工项目管理模式已经在每一位项目参与人员的思维中根深蒂固，使得他们对其他新生事物很容易产生最初的排斥情绪。项目的最高管理人员推行BIM，有利于迅速将BIM技术融入日常的施工管理工作中，消化项目管理团队中的抵触情绪，让每一位管理人员开始使用BIM系统，通过使用认识到BIM技术对于其工作效率提升的重要性，令他们在之后的工作中主动使用BIM技术。

5.3.2 展望

在基于 BIM 总承包的项目管理方面，广州东塔项目已经取得了初步的成果，将来需要进一步提升系统的稳定性，同时开发升级新的系统功能。进一步的系统开发方向主要为以下三个方面。

5.3.2.1 云数据存储平台

项目信息化、BIM 应用管理成果及实时数据，如何在异地进行浏览和操作，越来越被广大企业所关注。基于服务器、局域网为数据存储及协同工作手段，显然是无法满足这一要求的。然而，通过广域网实现大模型数据的快速加载，也受到网络速度、双方地理位置的影响。

下一步的工作设想是，组织开展课题研究，如何利用“云技术”进行数据远程大数据量传输手段，同时通过“云计算”来取代传统大型服务器，从而提高计算效率。

5.3.2.2 优化的模型平台

广州东塔项目模型平台在模型加载速度、模型压缩效率上有极大的突破，已经达到国际领先水平。然而，在模型的可视化效果、漫游展示、渲染功能、材质贴图等方面还存在缺陷。因此,BIM 系统的下一步开发方向是打造新的模型平台，采用更先进的图形平台技术，加强模型处理能力及渲染能力。

5.3.2.3 移动端应用

广州东塔项目 BIM 系统需要依据每天的工作日报，进行 BIM 模型的进度更新，在一定程度上依然是依靠人力进行系统更新。因此，如何将现场的数据实时地回传系统，也是 BIM 系统下一步的开发重点。具体构想是：

（1）打造移动端（IPAD、苹果及安卓手机）数据平台，实现浏览模型、进度、图纸、质量安全问题等应用，便于施工人员在现场获取 BIM 信息，指导施工。

（2）将移动端作为数据采集工具，完成照片采集、验收流程等工作。

（3）将系统中的提醒和预警等通知信息，以短信或通信信息的形式直接发送到相关人员手机客户端，保证相关人员第一时间获取信息。